"十三五"职业教育国家规划教材

高等职业教育电类课程
新形态一体化教材

国家职业教育电气自动化技术专业
教学资源库配套教材

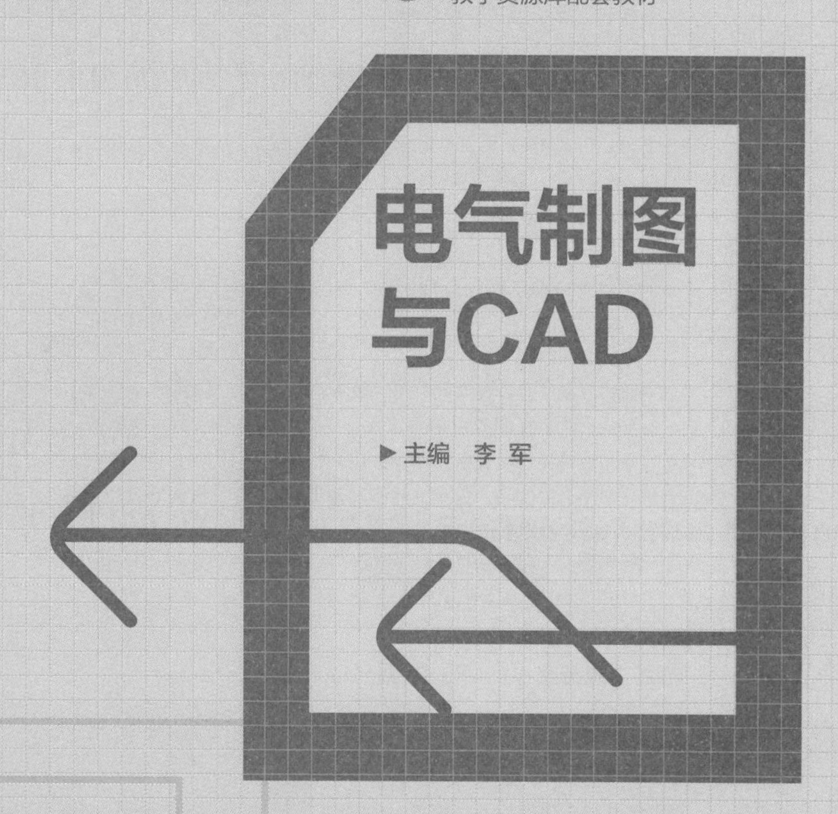

电气制图与CAD

主编 李军

高等教育出版社·北京

内容简介

本书是“十三五”职业教育国家规划教材，也是国家职业教育电气自动化技术专业教学资源库配套教材之一。本书从高等职业技术教育的教学特点出发，以 AutoCAD 软件应用为主旨构建教材体系，从最基本的知识和技能讲起，循序渐进、由易到难、理论与实践相结合，使读者能够在全面掌握电气制图规范与 AutoCAD 软件功能的基础上，达到熟练绘制建筑电气工程图的目的。

本书系统介绍电气制图规范、AutoCAD 基础、简单二维绘图命令、编辑命令、复杂二维绘图命令、文字与表格、尺寸标注、图块的应用与设计中心以及建筑电气工程图的绘制等内容。

本书实现了互联网与传统教育的完美融合，采用“纸质教材+数学课程”的出版形式，以新颖的留白编排方式，突出资源的导航，扫描二维码，即可观看微课等视频类数字资源，随扫随学，突破传统课堂教学的时空限制，激发学生自主学习的兴趣，打造高效课堂。资源具体下载和获取方式请见“智慧职教”报务指南。

本书可作为高职院校自动化类专业教材，也可供广大工程技术人员学习使用。

图书在版编目（CIP）数据

电气制图与 CAD/李军主编.--北京：高等教育出版社，2017.4(2021.9 重印)

ISBN 978-7-04-047080-2

Ⅰ.①电…　Ⅱ.①李…　Ⅲ.①电气制图-计算机制图-AutoCAD 软件-职业教育-教材　Ⅳ.①TM02-39

中国版本图书馆 CIP 数据核字(2017)第 000514 号

电气制图与 CAD
DIANQI ZHITU YU CAD

策划编辑　曹雪伟　　责任编辑　曹雪伟　　封面设计　赵　阳　　版式设计　徐艳妮
插图绘制　杜晓丹　　责任校对　张小镝　　责任印制　耿　轩

出版发行　高等教育出版社
社　　址　北京市西城区德外大街 4 号
邮政编码　100120
印　　刷　固安县铭成印刷有限公司
开　　本　850mm×1168mm　1/16
印　　张　13.5
字　　数　280 千字
购书热线　010-58581118
咨询电话　400-810-0598
网　　址　http://www.hep.edu.cn
　　　　　http://www.hep.com.cn
网上订购　http://www.hepmall.com.cn
　　　　　http://www.hepmall.com
　　　　　http://www.hepmall.cn
版　　次　2017 年 4 月第 1 版
印　　次　2021 年 9 月第 7 次印刷
定　　价　35.50 元

物 料 号　47080-A0

“智慧职教”服务指南

“智慧职教”是由高等教育出版社建设和运营的职业教育数字教学资源共建共享平台和在线课程教学服务平台，包括职业教育数字化学习中心平台（www.icve.com.cn）、职教云平台（zjy2.icve.com.cn）和云课堂智慧职教App。用户在以下任一平台注册账号，均可登录并使用各个平台。

- 职业教育数字化学习中心平台（www.icve.com.cn）：为学习者提供本教材配套课程及资源的浏览服务。

登录中心平台，在首页搜索框中搜索“电气制图与CAD”，找到对应作者主持的课程，加入课程参加学习，即可浏览课程资源。

- 职教云（zjy2.icve.com.cn）：帮助任课教师对本教材配套课程进行引用、修改，再发布为个性化课程（SPOC）。

1. 登录职教云，在首页单击“申请教材配套课程服务”按钮，在弹出的申请页面填写相关真实信息，申请开通教材配套课程的调用权限。

2. 开通权限后，单击“新增课程”按钮，根据提示设置要构建的个性化课程的基本信息。

3. 进入个性化课程编辑页面，在“课程设计”中“导入”教材配套课程，并根据教学需要进行修改，再发布为个性化课程。

- 云课堂智慧职教App：帮助任课教师和学生基于新构建的个性化课程开展线上线下混合式、智能化教与学。

1. 在安卓或苹果应用市场，搜索“云课堂智慧职教”App，下载安装。

2. 登录App，任课教师指导学生加入个性化课程，并利用App提供的各类功能，开展课前、课中、课后的教学互动，构建智慧课堂。

“智慧职教”使用帮助及常见问题解答请访问help.icve.com.cn。

国家职业教育电气自动化技术专业教学资源库配套教材编审委员会

总　序

高等职业教育专业教学资源库建设项目是教育部、财政部为深化高职院校教育教学改革，加强专业与课程建设，推动优质教学资源共建共享，提高人才培养质量而启动的国家级建设项目。2014年6月，电气自动化技术专业被教育部、财政部确定为高等职业教育专业教学资源库立项建设专业，由淄博职业学院主持建设电气自动化技术专业教学资源库。

2014年6月，电气自动化技术专业教学资源库建设项目正式启动建设。按照教育部提出的建设要求，建设项目组聘请了哈尔滨工业大学王子才教授（中国工程院院士，系统控制专家）担任资源库建设总顾问，确定了淄博职业学院、山东商业职业技术学院、威海职业学院、黄冈职业技术学院、深圳职业技术学院、陕西工业职业技术学院、邢台职业技术学院、湖南铁道职业技术学院、浙江机电职业技术学院、山东化工技师学院、烟台职业学院、南京科技职业学院、日照职业技术学院、山西职业技术学院、山东轻工职业学院15所院校和西门子（中国）有限公司、三菱电机（上海）有限公司、山东星科智能科技股份有限公司、济南智赢动画设计有限公司等12家企业作为联合建设单位，形成了一支学校、企业、行业紧密结合的建设团队。

电气自动化技术专业教学资源库建设遵循"一体化设计、结构化课程、颗粒化资源"的逻辑，在教学改革的基础上，通过广泛调研论证，制订电气自动化技术专业普适性人才培养方案，构建岗位能力目标指向明确的课程体系。根据电气自动化技术专业领域特点，构建"专业平台+行业应用"的资源体系；对知识结构、资源属性进行整体设计，建设行业企业、专业、课程、颗粒化4个层次的资源。

（1）行业企业信息资源：包括行业信息，企业信息，职业岗位信息，企业文化及发展，新技术、新装备、新工艺、新应用介绍，职业资格标准，政策法规，相关技术标准等；

（2）专业资源：包括专业建设、专业文化、名师专家、技能大赛、创业就业等资源；

（3）课程资源：包括教学设计、教学实施、教学过程记录、教学评价等所有教学环节的资源；

（4）颗粒化资源：分为基本资源、拓展资源和冗余资源三部分，覆盖2736个知识点和岗位技能点，包括视频、音频、动画、文本、图片、PPT等类型。

此外，选取电气自动化技术在化工、冶金、建材、智能装备制造、电力5个行业的典型控制系统及控制过程，建设5个企业案例，汇集"行业应用"资源；开发智能化资源库平台，对其功能进行整体设计，为用户提供良好的体验；构建建设与共享机制，确保资源质量和共享率，为应用推广奠定基础。

本套教材是"国家职业教育电气自动化技术专业教学资源库"建设项目的重要成果之一，也是资源库课程开发成果和资源整合应用实践的重要载体。教材体例新颖，具有以下鲜明特色。

第一，根据电气自动化技术专业的普适性人才培养方案确定课程体系和教材体系。项目组对企业职业岗位进行调研，按照电气自动化技术专业顶层设计对课程进行明确划分，做到逻辑一致，内容相谐，既使各课程之间知识、技能按照专业工作过程关联化、顺序化，又避免了不同课程之间内容的重复，实现了顶层设计下职业能力培养的递进衔接。

第二，有效整合教材内容与教学资源，打造立体化、线上线下、平台支撑的新型教材。学生不仅可以依托教材完成传统的课堂学习任务,还可以通过“智慧职教”平台学习与教材配套的微课、动画、技能操作视频、教学课件、文本、图片等资源(在书中相应知识点处都有资源标记)。其中,微课及技能操作视频等资源还可以通过移动终端扫描对应的二维码来学习。

第三,传统的教材固化了教学内容,不断更新的电气自动化技术专业教学资源库提供了丰富鲜活的教学内容,极大丰富了课堂教学内容和教学模式,使得课堂的教学活动更加生动有趣,极大提高了教学效果和教学质量。

第四,本套教材装帧精美,采用双色印刷,并以新颖的版式设计,突出、直观的视觉效果搭建知识、技能与素质结构,给人耳目一新的感觉。

本套教材的编写历时近三年,几经修改,既具积累之深厚,又具改革之创新,是全国15所院校和12家企业的200余名教师、企业工程师的心血与智慧的结晶,也是电气自动化技术专业教学资源库三年建设成果的集中体现。我们相信,随着电气自动化技术专业教学资源库的应用与推广,本套教材将会成为电气自动化技术专业学生、教师、企业员工立体化学习平台中的重要支撑。

国家职业教育电气自动化技术专业教学资源库项目组

2017年3月

前 言

电气制图与 CAD 是自动化技术创新创业型高技能人才必须具备的基本技能,也是高职院校自动化类专业的一门重要的专业技能课程。

本书以训练读者的电气制图技能为目标,详细介绍了 AutoCAD 软件的操作方法、电气工程所涉及的常用电气图的基础知识、典型电气图的绘制方法。关于 AutoCAD 软件的版本,从学习和应用的角度综合考虑,选择的是 AutoCAD 2010 版本。

本书特色如下:

(1) 每个知识点都配备了微课讲解。

(2) 对于每个命令基本上都配备了大量的上机操作题及相应的操作讲解(视频文件和 DWG 文件)。

(3) 配备了单选题和多选题的题库,方便教师组题测试学习者的学习情况或者学习者进行自测。

(4) 在讲解命令的使用时,将命令行提示在书中反映出来,使学习者能够真正掌握每个命令的使用方法,从而达到举一反三、融会贯通的目的。

(5) 通过对建筑电气工程图的绘制过程讲解,使学习者能够掌握利用 AutoCAD 进行工程设计的完整过程和使用技巧。

本书配套大量的教学资源,包括教学课件、微课、上机操作题及相应的操作讲解(视频文件和 DWG 文件)、试题库、教学大纲和授课计划等,在书中相应知识点处都有对应的资源标注,读者可以到"智慧职教"平台学习,其中,微课还配有二维码标志,读者可以通过手机等移动终端扫码观看,部分资源也可以联系编辑获取(1548103297@ qq.com)。

本书由山东商业职业技术学院李军任主编,晁风芹和朱金峰任副主编,参加编写的还有山东商业职业技术学院王继梅、田峰、李金霞、杜英玲、苏燕和周恒超。

由于编者的水平有限,书中难免存在错误和不足之处,恳请广大读者批评指正。

编　者

目 录

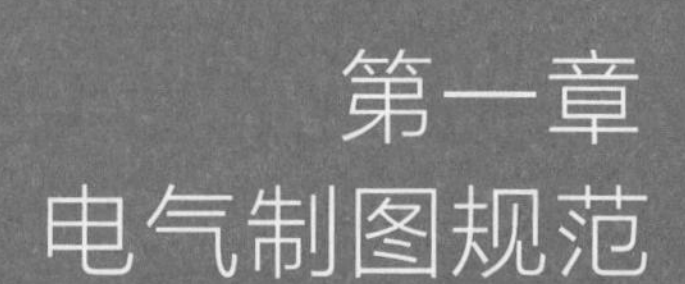

第一章 电气制图规范

第一节 电气工程图的分类及特点

课件

电气制图规范

一、电气工程图的分类

电气工程图是阐述电气工程的构成和功能,描述电气装置的工作原理,提供安装接线和维护使用信息的施工图。由于各项电气工程的规模不同,反映该项工程的电气图的种类和数量也各不相同。电气工程图的分类如图 1-1 所示。

1. 电气系统图

电气系统图主要表示整个工程或其中某一项目的供电方式和电能输送之间的关系,有时也用来表示某一装置各主要组成部分的电气关系。

电气系统图是一种简图,由符号或带注释的框绘制而成,用来粗略表示系统、分系统装置或设备的基本组成、相互关系及其主要特征,为进一步编制详细的技术文件提供依据,供操作和维修时参考。图 1-2 所示为某照明配电箱的电气系统图。

微课

电气工程图的分类及特点

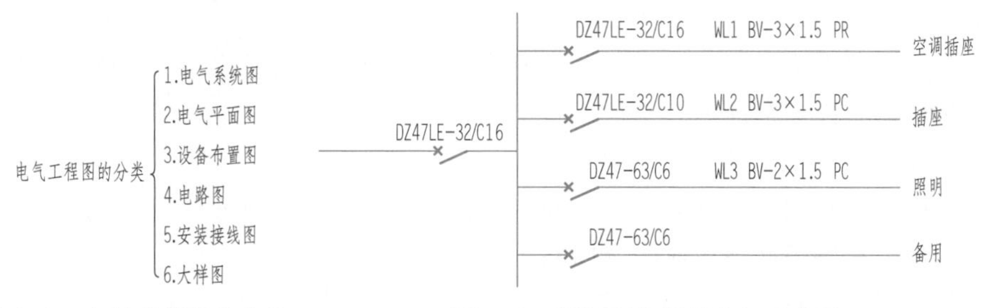

图 1-1　电气工程图的分类　　图 1-2　照明配电箱的电气系统图

2. 电气平面图

电气平面图用来表示各种电气设备与线路的平面布置,是进行建筑电气设备安装的重要依据。电气平面图包括外电总电气平面图和各专业电气平面图。外电总电气平面图是以建筑总平面图为基础,绘制出变电所、架空线路、地下电力电缆等的具体位置并注明有关施工方法的图纸。在有些外电总电气平面图中还注明了建筑物的面积、电气负荷分类、电气设备容量等。电气平面图有动力电气平面图、照明电气平面图、变电所电气平面图、防雷与接地电气平面图等,电气平面图在建筑平面图的基础上绘制。由于电气平面图缩小的比例较大,因此不能表现电气设备的具体位置,只能反映电气设备之间的相对位置关系。图 1-3 所示为某系统照明电气平面图。

3. 设备布置图

设备布置图主要表示各种电气设备的布置方式、安装方式及其相互关系,由平面图、立面图、断面图、剖面图及各种构件详图等组成。设备布置图一般都是按三视图的原理绘制,与一般机械工程图没有原则性的区别。

4. 电路图

电路图主要表示某一具体设备或系统的电气工作原理,用来指导设备或系统的安装、接线、调试、使用与维护,如图 1-4所示。

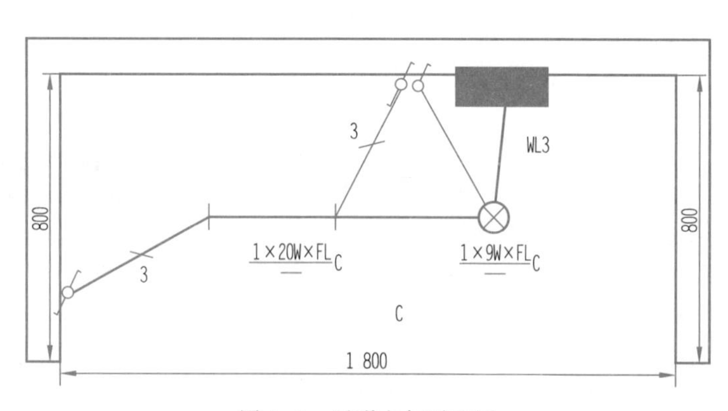

图 1-3 照明电气平面图

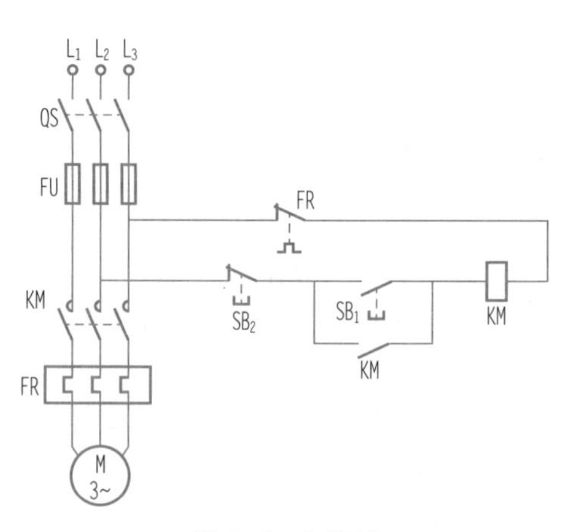

图 1-4 电路图

5. 安装接线图

安装接线图主要表示某一设备内部各种电气元件之间的位置关系及接线关系,用来指导电气安装、接线、查线,是与电路图相对应的一种图,如图 1-5 所示。

6. 大样图

大样图主要表示电气工程中某一部分或某一部件的具体安装要求和做法,其中有一部分选用的是国家标准图。

二、电气工程图的特点

(1) 电气工程图大多是采用统一的图形符号并加注文字符号绘制而成的。

(2) 电气线路都必须构成闭合回路。

(3) 线路中的各种设备、元件都是通过导线连接成为一个整体的。

(4) 在进行电气工程图识读时,应阅读相应的安装工程图,以了解相互间的配合关系。

(5) 电气工程图对于设备的安装方法、质量要求以及使用维修方面的技术要求等

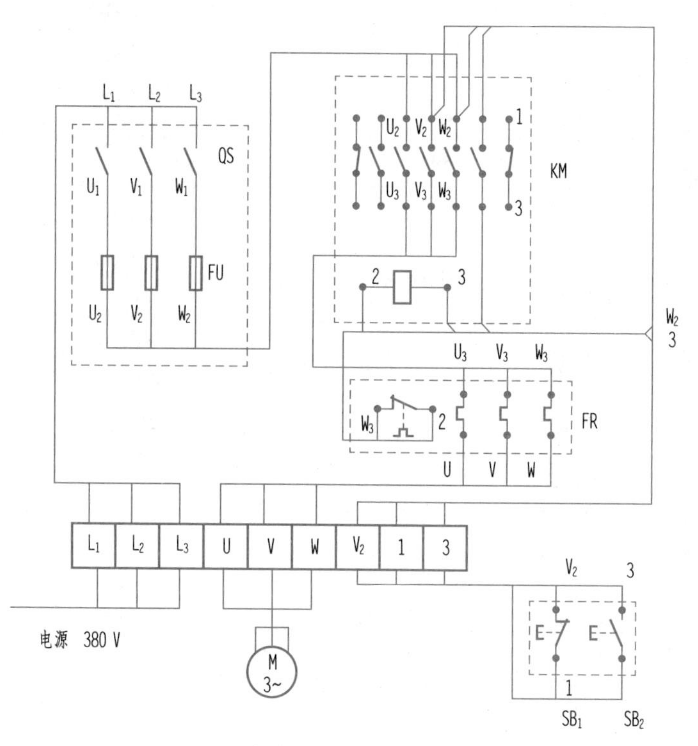

图 1-5　安装接线图

往往不能完全反映出来，所以在阅读图纸时，有关安装方法、技术要求等问题，要参照相关图集和规范。

一项工程的电气施工工程图的首页内容包括电气工程图的目录、图例、设备明细表、设计说明等。图例一般是列出本套图纸涉及的一些特殊图例；设备明细表只列出该项电气工程中主要电气设备的名称、型号、规格和数量等；设计说明主要阐述该电气工程设计的依据、基本指导思想与原则，补充图中未能表明的工程特点、安装方法、工艺要求、特殊设备的使用方法及其他使用与维护注意事项等。对于图纸首页的阅读，虽然不存在更多的方法问题，但首页的内容是需要认真读的。

第二节　电气制图的规范

一、电气设计图纸格式

微课

1. 图幅

图幅是指图纸幅面的大小，所有绘制的图纸都必须在图纸幅面以内。GB/T 18135—2008《电气工程 CAD 制图规则》中对图幅及格式都有相关规定，绘制电气工程图时必须严格遵守。

电气制图的规范

电气工程图纸采用的基本幅面有 5 种，包括 A0、A1、A2、A3 和 A4。各种图幅的相应尺寸见表 1-1。图幅可分为横式和立式幅面。

表 1-1 图幅尺寸 （单位：mm）

幅面	A0	A1	A2	A3	A4
长	1189	841	594	420	297
宽	841	594	420	297	210

2. 图框

（1）图框尺寸。在电气工程图中，确定图框的尺寸（表 1-2）有两个依据：一是图纸是否需要装订；二是图纸幅面的大小。需要装订时，装订的一边就要留装订边。图 1-6为不留装订边的图框，图 1-7 为留有装订边的图框，右下角矩形区域表示标题栏。

表 1-2 图纸图框尺寸 （单位：mm）

幅面	A0	A1	A2	A3	A4
e	20		10		
c	10			5	
a	25				

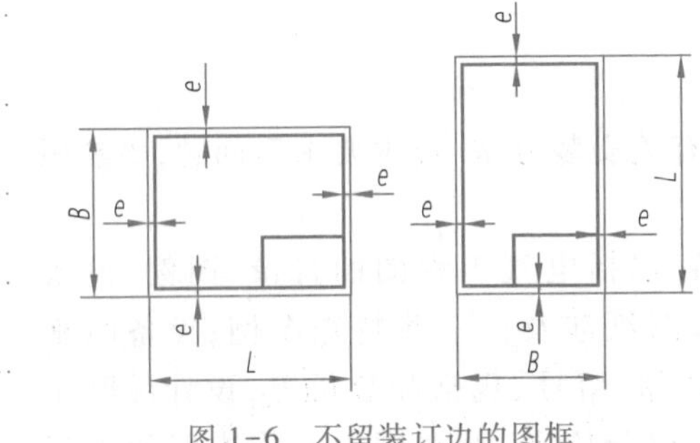

图 1-6 不留装订边的图框

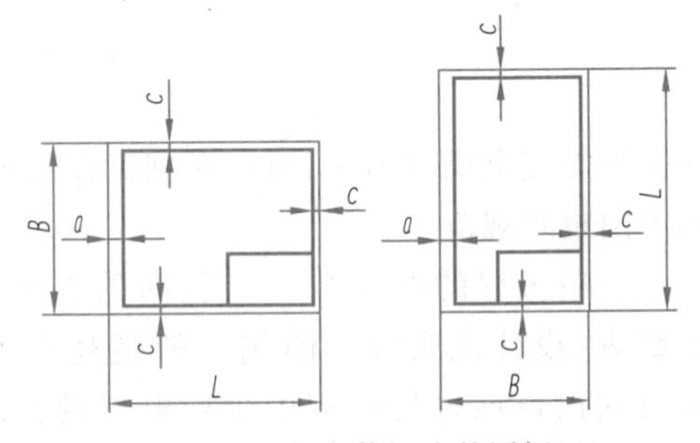

图 1-7 留有装订边的图框

（2）图纸线宽。图纸的内框线根据不同的幅面、不同的输出设备宜采用不同的线宽，见表 1-3；各种图纸的外框线均为 0.25mm 的实线。

表 1-3 图纸内框线宽 （单位：mm）

图纸大小幅面	绘图机类型	
	喷墨绘图机	笔试绘图机
A0、A1	1.0	0.7
A2、A3、A4	0.7	0.5

3. 标题栏

标题栏一般由名称、代号区、签字区、更改区及其他区组成，用于说明图的名称、编号、责任者的签名，以及图中局部内容的修改记录等。各区的布置形式有多种，而且不同单位的标题栏也各有特色。根据幅面的大小推荐两种比较通用的格式，分别如

图 1-8和图 1-9 所示。

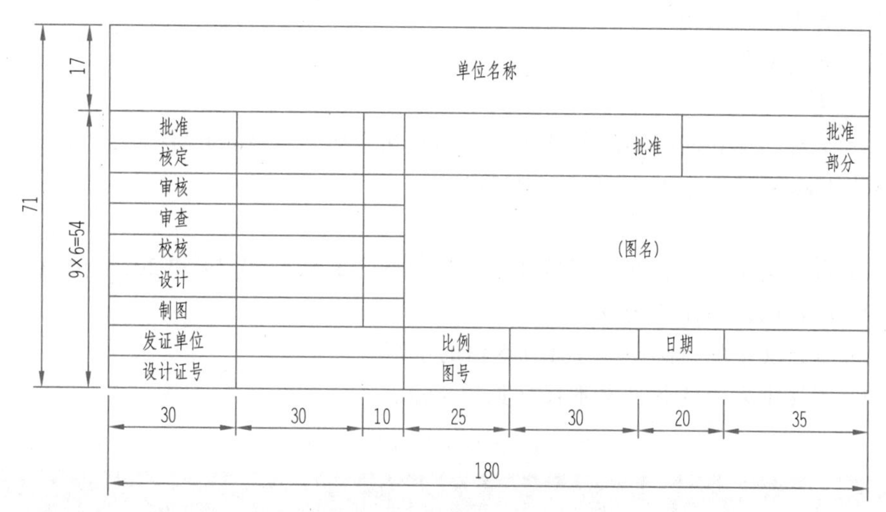

图 1-8　设计通用标题栏(A0 和 A1 幅面)

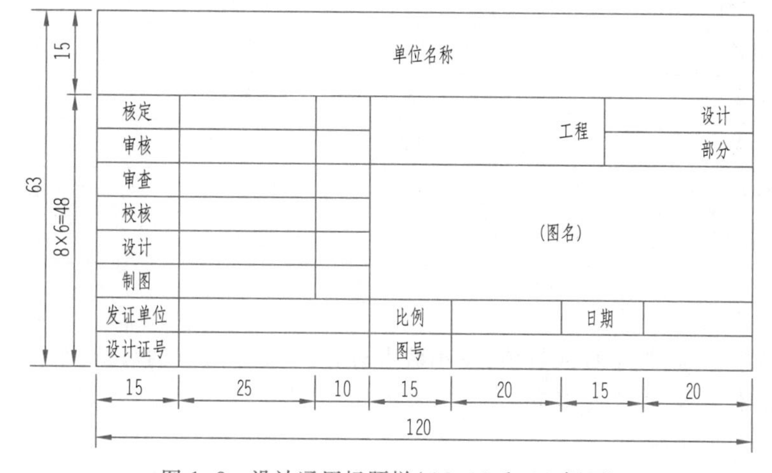

图 1-9　设计通用标题栏(A2、A3 和 A4 幅面)

二、电气设计使用图线

不同的电气图,对图线、字体和比例有不同的要求。国家标准对电气工程图的图线、字体和比例做出了相应的规定,其中图线的相关要求如下。

1. 基本图线

标准规定电气工程图中常用的线型有实线、虚线、点画线、波浪线及双折线等。

2. 图线的宽度

图线的宽度应根据图纸的大小和复杂程度,在下列数值中选择:0.18 mm,0.25 mm,0.35 mm,0.5 mm,0.7 mm,1 mm,1.4 mm 和 2 mm。

在电气工程图中,图线一般只用两种宽度,分别为粗实线和细实线,其宽度之比为 2∶1。在通常情况下,粗线的宽度采用 0.5 mm 或 0.7 mm,细线的宽度采用0.25 mm或 0.35 mm。

在同一图纸中，同类图线的宽度应基本保持一致，虚线、点画线及双点画线的画长和间隔长度也应大致相等。

三、电气工程文字

1. 字体

电气工程图样和简图中的所选汉字应为长仿宋体。在 AutoCAD 中，汉字字体也可以用 Windows 系统自带的“仿宋　GB2312”。

2. 文本尺寸高度

(1) 常用文本尺寸宜在以下尺寸中选择：1.5，3.5，5，7，10，14 和 20，单位为 mm。

(2) 字符的宽高比值为 0.7。

(3) 各行文字的行距不应小于 1.5 倍的字高。

(4) 图样中采用的各种文本尺寸见表 1-4。

表 1-4　图样中各种文本尺寸　（单位：mm）

文本类型	中文		字母及数字	
	字高	字宽	字高	字宽
标题栏图名	7~10	5~7	5~7	3.5~5
图形图名	7	5	5	3.5
说明抬头	7	5	5	3.5
说明条文	5	3.5	3.5	1.5
图形文字标注	5	3.5	3.5	1.5
图号和日期	5	3.5	3.5	1.5

3. 表格中的文字和数字

(1) 数字书写：带小数的数值，按小数点对齐；不带小数点的数值，个位对齐。

(2) 文本书写：正文左对齐。

4. 电气图纸比例

电气工程图中图形与实物相应要素的线性尺寸之比称为比例。需要按比例绘制图样时，应从表 1-5（推荐比例）中所规定的系列中选取适当的比例。

表 1-5　推 荐 比 例

类别	推荐比例		
放大比例	50 : 1	5 : 1	2 : 1
原值比例		1 : 1	
缩小比例	1 : 2	1 : 5	1 : 10
	1 : 20	1 : 50	1 : 100

为了能从图样上得到实物大小的真实信息，应尽量采用原值比例绘图。绘制大而简单的元件采用缩小比例；绘制小而复杂的电气元件可采用放大比例。不论采用缩小还是放大的比例绘图，图样中所标注的尺寸，均为电气元件的实际尺寸。

对于同一张图样上的各个图形，原则上应采用相同的比例绘制，并在标题栏内的“比例”一栏中进行填写。比例符号以“：”表示，如 1：1 或 1：2 等。当某个图形需采用不同比例绘制时，可在视图名称的下方以分数的形式标注出该图形所采用的比例。

本节所介绍的内容是电气 CAD 图绘制过程中最基本的规范，与电气制图相关的国家标准详细资料可参见中国标准出版社出版的《电气制图国家标准汇编》一书中的相关标准部分。除了以上这些相关标准外，在《电气制图》和《电气简图用图形符号》国家标准中，还引用了大量 IEC（国际电工委员会）、ISO（国际标准化组织）标准。

第三节 电气符号的构成和分类

一、电气符号的构成

微课

电气符号的构成和分类

电气符号首先由电气图形符号和电气文字符号两个重要部分构成。文字符号一般由单字母或者双字母构成，用来表示各种电气设备、装置或者元器件。表 1-6 给出了部分电气设备的符号说明。

表 1-6 部分电气设备的符号及其说明

名称	图形符号	文字符号		说明
		新国标 （GB/T5094—2003 GB/T20939—2007）	旧国标 （GB7159—1987）	
发生器	G	GF	GS	电能发生器一般符号 信号发生器一般符号 波形发生器一般符号
	G			脉冲发生器
蓄电池		GB	GB	原电池、蓄电池或蓄电池组，长线代表阳极，短线代表阴极
				光电池
变换器		TB	B	变换器一般符号
整流器			U	整流器
				桥式全波整流器

续表

名称	图形符号	文字符号		说明
		新国标（GB/T5094—2003 GB/T20939—2007）	旧国标（GB7159—1987）	
变频器		TA		变频器 频率由 f_1 变到 f_2，f_1 和 f_2 可用输入和输出频率数值代替
触点		KF	KA KM KT KI KV 等	动合（常开）触点 本符号也可用做开关的一般符号
				动断（常闭）触点
延时动作触点			KT	当操作器件被吸合时延时闭合的动合触点
				当操作器件被释放时延时断开的动合触点
				当操作器件被吸合时延时断开的动断触点
				当操作器件被释放时延时闭合的动断触点

电气图形符号一般由一般符号、限定符号、方框符号以及标记或字符构成。

（1）一般符号：可以用来表示产品特征的简单符号。一般符号可以直接用于电气绘图中，也可以加上限定符号后一起使用。

（2）限定符号不能单独使用，必须同其他符号组合使用，构成完整的图形符号。如交流电动机的图表符号，由文字符号、交流的限定符号以及轮廓要素组成，如图 1-10 所示。

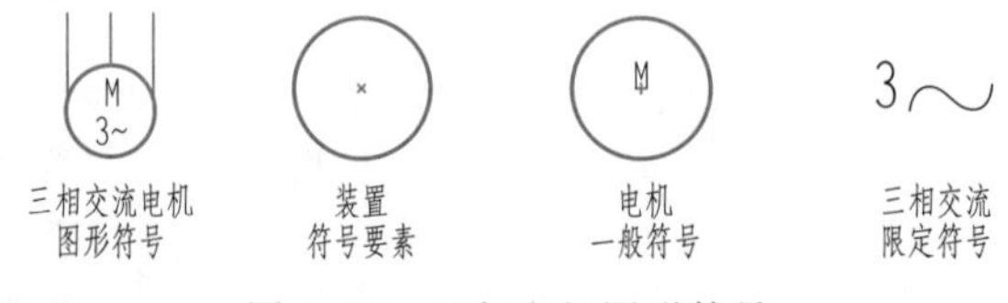

图 1-10 三相电机图形符号

又如自动增益控制放大器，由表示功能单元的符号要素、表示放大器的一般符号、表示自动控制的限定符号以及 dB 组成，如图 1-11 所示。

（3）方框符号一般用在使用单线表示法的图中，如系统图和框图中，由方框符号内带有限定符号以表示对象的功能和系统的组成，如整流器图形符号，由方框符号内带有交流和直流的限定符号以及可变性限定符号组成，如图1-12所示。

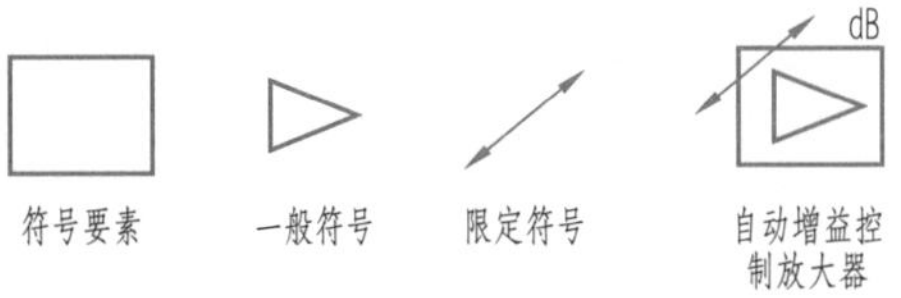

符号要素　一般符号　限定符号　自动增益控制放大器　dB

图1-11　自动增益控制放大器图形符号

整流器

图1-12　整流器图形符号

二、电气图形符号的分类

(1) 导线和连接器件：各种导线、接线端子和导线的连接器件、电缆附件等。

(2) 无源元件：包括电阻器、电容器和电感器等。

(3) 半导体管和电子管：包括二极管、三极管、晶闸管、电子管和辐射探测器等。

(4) 电能的发生和转换：包括绕组、发电机、电动机、变压器和变流器等。

(5) 开关、控制和保护装置：包括触点(触头)、开关、开关装置、控制装置、电动机起动器、继电器、熔断器、间隙和避雷器等。

(6) 测量仪表、灯和信号器件：包括指示器和记录仪表、热电偶、遥测装置、电钟、传感器、灯、扬声器和蜂鸣器等。

(7) 电信交换和外围设备：包括交换系统、选择器、电话机、电报和数据处理设备、传真机、换能器、记录和播放器等。

(8) 电信传输：包括通信电路、天线、无线电台及各种电信传输设备。

(9) 电力、照明和电信装置：包括发电站，变电站，网络、音响和电视的电缆配电系统，开关，插座引出线，电灯引出线和安装符号等。

(10) 二进制逻辑元件：包括组合和时序单元，运算器，延时单元，双稳态、单稳态和非稳态单元，位移寄存器，计数器和存储器等。

(11) 模拟元件：包括电源、函数发生器、放大器和电子开关等。

即测即评一

第二章 AutoCAD 基础

第一节 操作界面

课件

AutoCAD 基础

一、启动 AutoCAD 2010

在计算机上安装好 AutoCAD 2010 软件之后,桌面上会出现启动图标快捷方式

。在"开始"菜单中也会创建一个 AutoCAD 2010 的程序组。因此,用户可以通过以下几种方式来启动 AutoCAD 2010。

微课

启动 AutoCAD 2010

(1) 通过桌面上的启动图标快捷方式。方法为双击桌面上的 AutoCAD 2010 图标。

(2) 通过"开始"程序菜单。找到 AutoCAD 2010 程序组,单击该菜单中的相应程序就可以启动 AutoCAD 2010。

(3) 通过打开已有的 AutoCAD 2010 文件启动。如果用户计算机中有 AutoCAD 2010 图形文件,双击该扩展名为.dwg 的文件,也可启动 AutoCAD 2010 并打开该图形文件。

二、AutoCAD 2010 的工作界面

微课

AutoCAD 2010 的工作界面

用 AutoCAD 2010 进行绘图的界面(即工作界面)有三种形式:AutoCAD 经典、三维建模和二维草图与注释。用户可以在各工作界面之间切换。

AutoCAD 2010 的经典工作界面如图 2-1a 所示,主要包括标题栏、菜单栏、工具栏、绘图窗口、坐标系图标、命令行及文本窗口、状态栏以及窗口按钮和滚动条等,本书不做说明的情况下都以经典工作界面来介绍 AutoCAD 2010 的应用,其二维草图与注释工作界面如图 2-1b 所示。

(a) 经典工作界面

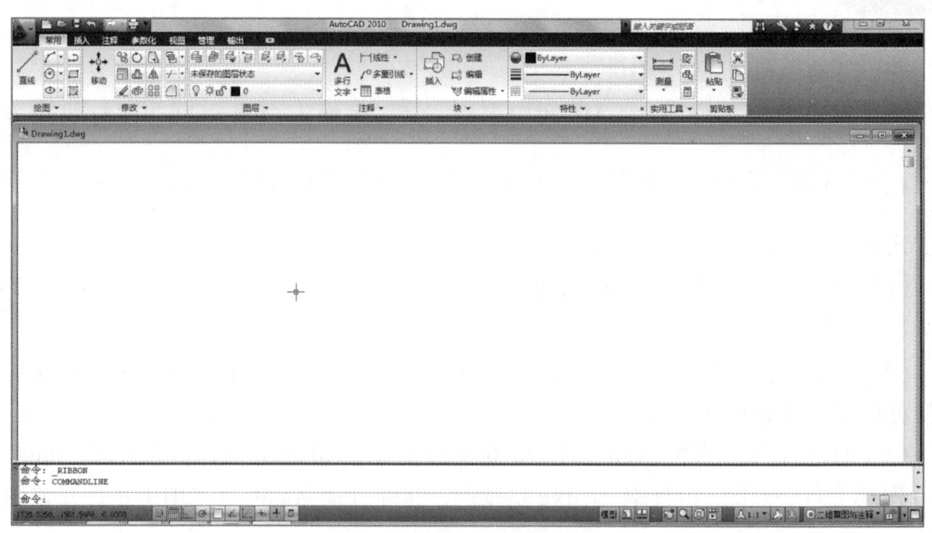

(b) 二维草图与注释工作界面

图 2-1 AutoCAD 2010 的工作界面

标题栏

三、标题栏

标题栏位于 AutoCAD 2010 工作界面的最上面，用于显示当前正在运行的程序名及文件名等信息，如果是 AutoCAD 2010 默认的图形文件，其名称为 Drawing*N*.dwg（*N* 是数字，*N* = 1，2，3，⋯，表示第 *N* 个默认图形文件）。单击标题栏最右端的按钮 — □ X，可以最小化、最大化或关闭工作界面。

标题栏中的信息中心提供了各种信息，如需要寻找一些问题的答案，可以在文本框中输入问题，然后单击按钮，就可获得相关的帮助信息。单击信息中心按钮，可以获得最新的软件更新、产品支持公告和其他服务的直接连接；单击按钮，可以保存一些重要的信息。

微课

菜单浏览器

四、菜单浏览器及菜单栏

1. 菜单浏览器

AutoCAD 2010 中文版用户工作界面的左上角是一个菜单浏览器按钮，单击它可以弹出如图 2-2 所示的按钮菜单，用该按钮可以方便用户快捷地访问近期编辑的文档和一些常用的命令。

2. 菜单栏

菜单栏是 AutoCAD 2010 的主菜单，位于标题栏下方，由“文件”、“编辑”、“视图”、“插入”、“格式”、“工具”、“绘图”、“标注”、“修改”、“参数”、“窗口”和“帮助”共 12 个菜单项组成。用户只要单击其中任何一个选项，便可以得到它的子菜单。菜单栏几乎包括了 AutoCAD 2010 中全部的功能和命令。AutoCAD 2010 的菜单栏具有以下特点：

（1）右侧有小三角的菜单命令，表示它还有子菜单。

（2）右侧有省略号的菜单命令，表示单击该菜单命令后会打开一个对话框。

（3）右侧没有内容的菜单命令，表示单击后会直接执行相应的 AutoCAD 命令。

3. 快捷菜单

快捷菜单又称为上下文关联菜单、弹出菜单。在绘图区域、工具栏、状态栏、模型与布局选项卡及一些对话框上单击鼠标右键时将弹出一个快捷菜单，该菜单中的命令与 AutoCAD 2010 当前状态相关，可以在不必启用菜单栏的情况下，快速、高效地完成某些操作。

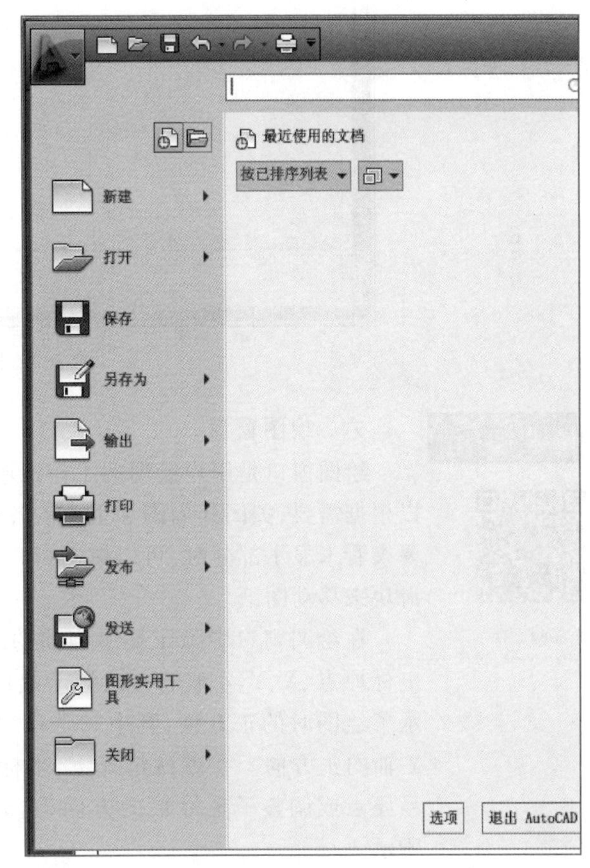

图 2-2　菜单浏览器的按钮菜单

五、工具栏

工具栏是应用程序调用命令的另一种方式。工具栏位于菜单栏下方，包含许多由图标表示的命令按钮，用户可以方便快捷地调用各种命令。在 AutoCAD 2010 中，系统共提供了 40 多个已命名的工具栏，将光标移至某个命令的按钮上，稍停片刻就会显示相应的功能提示。在默认情况下，“标准”、“工作空间”、“属性”、“绘图”和“修改”等工具栏处于打开状态。

如果要显示当前隐藏的工具栏，可在任意工具栏上单击鼠标右键（右击），然后通过选择所需命令显示相应的工具栏。图 2-3 给出了固定工具栏和浮动工具栏。

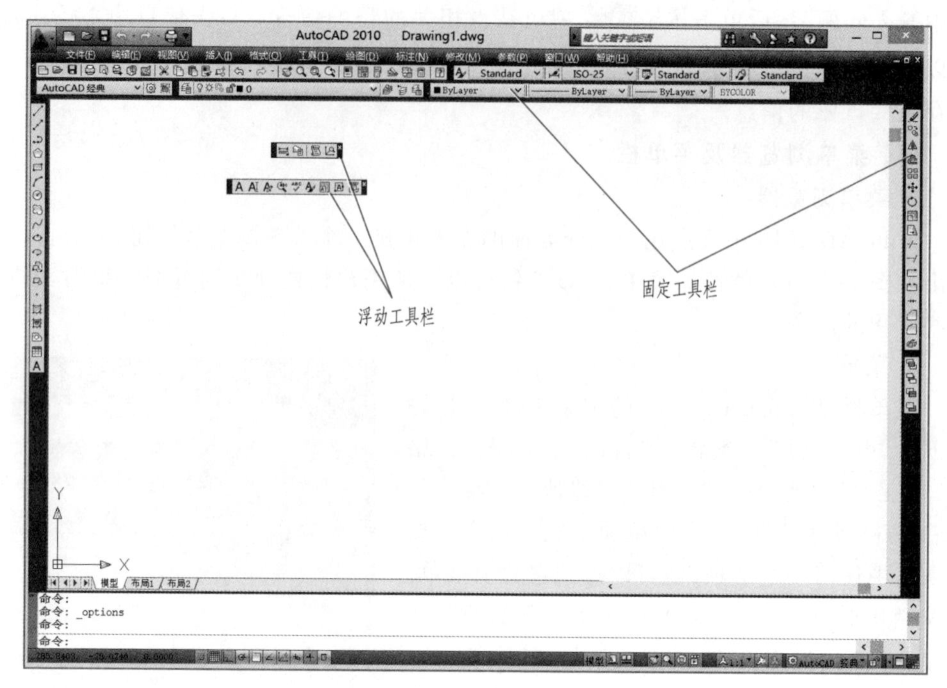

图 2-3 固定工具栏和浮动工具栏

微课

绘图窗口

六、绘图窗口

绘图窗口是用户绘图的工作区域,所有的绘图结果都反映在这个窗口中。用户可以根据需要,关闭其周围和里面的各个工具栏,以增大绘图空间。如果图纸比较大,需要查看未显示部分时,可以单击窗口右边与下边滚动条上的箭头,或拖动滚动条上的滑块来移动图纸。

在绘图窗口中除了显示当前的绘图结果外,还显示了当前使用的坐标系类型及坐标原点、X、Y、Z 轴的方向等。绘图窗口的左下方显示了坐标系的图标,该图标指示了绘图时的正方位,其中"X"和"Y"分别表示 X 轴和 Y 轴,而箭头指示着 X 轴和 Y 轴的正方向。在默认情况下,坐标系为世界坐标系(WCS)。如果重新设置了坐标系原点或调整了坐标轴的方向,这时坐标系就变成了用户坐标系(UCS),如图 2-4 所示。

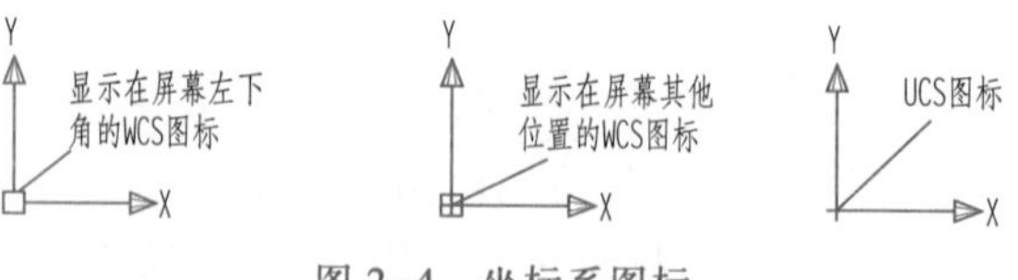

图 2-4 坐标系图标

绘制二维图形时,X、Y 平面与屏幕平行,而 Z 轴垂直于屏幕(方向向外),因此看不到 Z 轴。

绘图窗口的下方有"模型"和"布局"选项卡,单击它们可以在模型空间和图纸空间之间来回切换。

七、命令行与文本窗口

微课

命令行与文本窗口

1. 命令行

命令行位于绘图窗口的底部，显示用户从键盘输入的命令和 AutoCAD 提示信息的地方。在默认状态下，AutoCAD 在命令窗口保留最后 3 行所执行的命令或提示信息。用户可以通过拖动窗口边框的方式来改变命令窗口的大小。在 AutoCAD 2010 中，可以将命令行拖放为浮动窗口，如图 2-5 所示。

2. 文本窗口

文本窗口是记录 AutoCAD 2010 命令的窗口，是放大的命令行窗口，它记录了用户已执行的命令，也可以用来输入新命令。在 AutoCAD 2010 中，用户可以选择“视图”→“显示”→“文本窗口”命令、或执行 TEXTSCR 命令或按 F2 键来打开文本窗口。

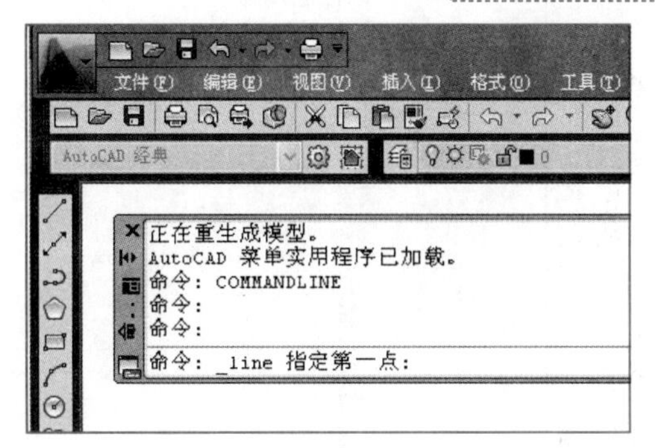

图 2-5 浮动的命令行

八、状态栏

状态栏位于绘图界面的底部，如图 2-6 所示。它可以用来显示 AutoCAD 2010 当前的状态、当前的坐标、命令和功能按钮的帮助说明等，如坐标显示当前光标在绘图窗口内的所在位置，捕捉控制是否使用捕捉功能，线宽控制是否使用线条的宽度等。

微课

状态栏

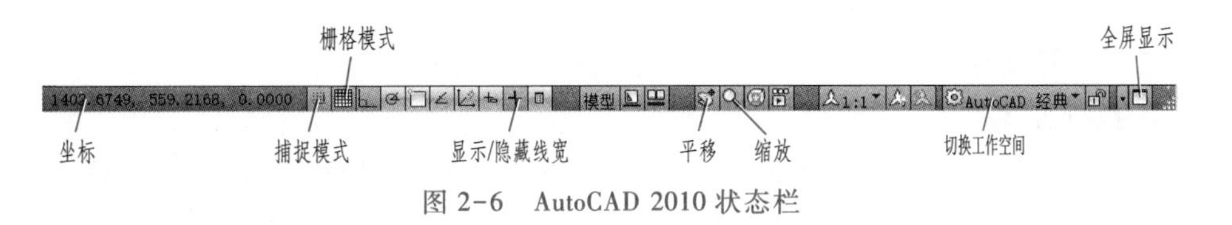

图 2-6 AutoCAD 2010 状态栏

第二节 文件管理

微课

新建文件

一、新建文件

1. 执行方式

默认情况下启动 AutoCAD 2010，就可以直接进入绘制新图形的界面。如果 AutoCAD 软件已经启动，可以用以下几种方法创建新的图形文件。

(1) 选择“文件”→“新建”菜单命令，打开新的图形文件。

(2) 单击标准工具栏中的“新建”按钮。

(3) 在命令行输入命令：New 或者 Qnew。

2. 操作步骤

通过以上任一种方法启用“新建”命令后，系统将弹出如图 2-7 所示的“选择样板”对话框，利用“选择样板”对话框创建新文件的步骤如下：

(1) 在“选择样板”对话框中列出了许多标准的样板文件，用户可从中选取合适的一种样板文件。

(2) 单击“打开”按钮，将选中的样板文件打开，此时用户即可在该样板文件上创建图形。用户直接双击列表框中的样板文件，也可将该文件打开。

（3）用户还可以单击“选择样板”对话框中右下端中的“打开”按钮右侧的▾按钮，系统将弹出如图 2-8 所示的下拉菜单，选取其中的“无样板打开-公制（M）”选项，即可创建空白文件。

图 2-7 “选择样板”对话框

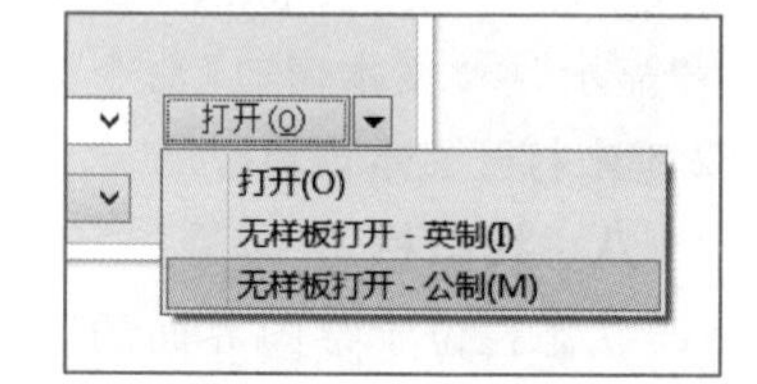

图 2-8 创建空白文件

如果在工作中绘制多幅图样的尺寸与单位基本相同，可以创建自己的样板文件，从而提高绘图效率。

微课

打开文件

二、打开文件

1. 执行方式

当用户要对原有文件进行进一步修改完善或是进行打印输出时，就要利用“打开”命令将其打开，从而进行浏览或编辑。一般来说，打开已有的图形文件有以下三种方法：

（1）选择菜单“文件”→“打开”菜单命令。

（2）单击标准工具栏中的“打开”按钮。

（3）在命令行输入命令：OPEN。

利用以上任意一种方法，AutoCAD 将弹出如图 2-9 所示“选择文件”对话框，当选中需要打开的文件时，对话框右侧的“预览”框中将显示该图形的预览图像。

2. 操作步骤

在“选择文件”对话框中打开图形的方法有两种：一种方法是直接双击要打开的图形文件；另一种方法是先选中图形文件，然后再单击对话框右下角的“打开”按钮，这时图形可以以“打开”、“以只读方式打开”、“局部打开”和“以只读方式局部打开”四种方式打开，如图 2-10 所示，如果是以“打开”和“局部打开”的方式打开图形文件，则可以对文件进行编辑，但如果是以“以只读方式打开”或“以只读方式局部打开”的方式打开图形文件，则不能对图形文件进行编辑。

AutoCAD 2010 中可以打开不同种类的文件，默认的图形文件是.dwg 形式的文件，用户也可以在“选择文件”对话框中文件类型下选择样板文件（.dwt）、图形交换文件（.dxf）（用文本形式存储的图形文件）以及标准文件（.dws）（包含标准图层、标准样式、线型和文字样式的样板文件）。

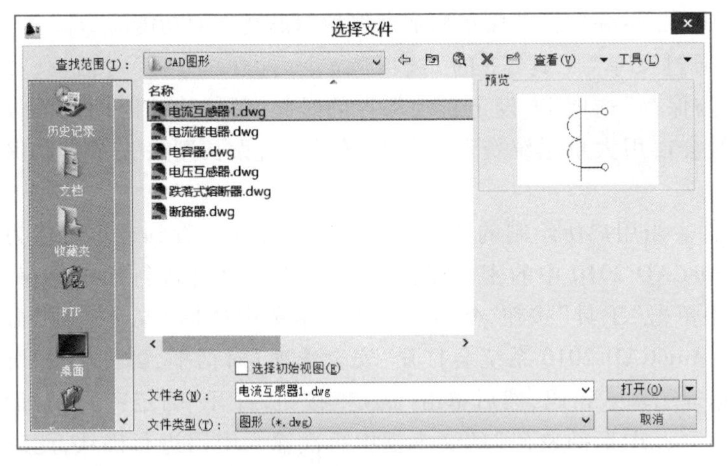

图 2-9　“选择文件”对话框

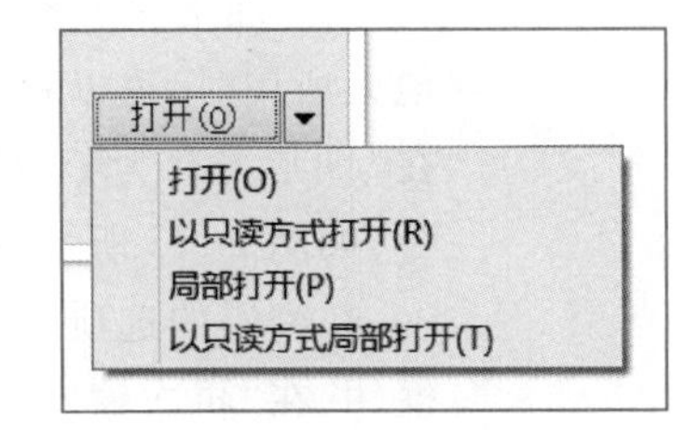

图 2-10　打开图形文件的四种方式

三、保存与关闭文件

微课
保存与关闭文件

1. 保存文件

（1）图形绘制完毕后，准备保存文件时，可以直接单击工具栏上的“保存”按钮；还可以调用“文件”菜单下的“保存”命令；或者单击“菜单浏览器”按钮，在弹出的菜单中选择保存命令，以当前使用的图形文件名来保存文件，也可以单击“菜单浏览器”按钮，在弹出的菜单中选择“另存为”→“AutoCAD 图形”命令，以新的名称来保存图形文件。

（2）此外，也可以在命令窗口直接输入 QSAVE，保存当前图形文件。如果选择在命令窗口输入“另存为”的命令，可以输入 SAVE 或者是 SAVEAS。需要注意 SAVE 与 SAVEAS 是有区别的，SAVE 执行以后，原来的文件仍然是当前文件，而 SAVEAS 执行以后，另存为的文件变成了当前文件。

（3）第一次保存创建的图形文件时，系统将打开“图形另存为”对话框，如图 2-11 所示，文件将以默认的格式.dwg 和默认的名称（如 Drawing1.dwg）来保存文件，用户可以根据自己的需要更改保存的文件名和文件类型。

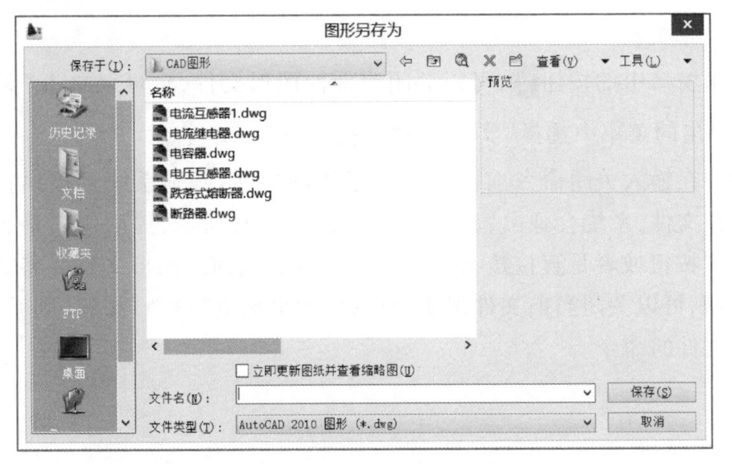

图 2-11　“图形另存为”对话框

(4) 在 AutoCAD 2010 中,系统有自动保存和加密保护图形文件的功能。

① 设置自动保存。通过菜单“工具”下的“选项”命令,打开“选项”对话框,如图 2-12所示,选择“打开与保存”选项卡,设定自动保存的时间间隔,建议时间间隔设置在 5~15 min 以内,太短会占用大量系统资源,影响工作效率;太长则失去了自动保存的意义。

② 加密保护图形文件。当用户所绘制的图形文件不希望被他人看到或不希望为他人所用时,可以利用 AutoCAD 2010 中的密码保护功能,对图形文件进行加密保存。在“图形另存为”对话框中单击“工具”按钮,然后在弹出的菜单中选择“安全选项”命令,如图 2-13 所示,此时 AutoCAD 2010 系统会打开“安全选项”对话框,如图 2-14所示,在密码的选项中,根据提示输入密码,然后单击“确定”按钮,打开“确定密码”对话框,并在“再次输入用于打开此图形的密码”的文本框中再次输入密码进行确认,此时这个文件已经加密,当用户下次打开该文件时,系统就会提示用户输入密码,否则不能打开文件。

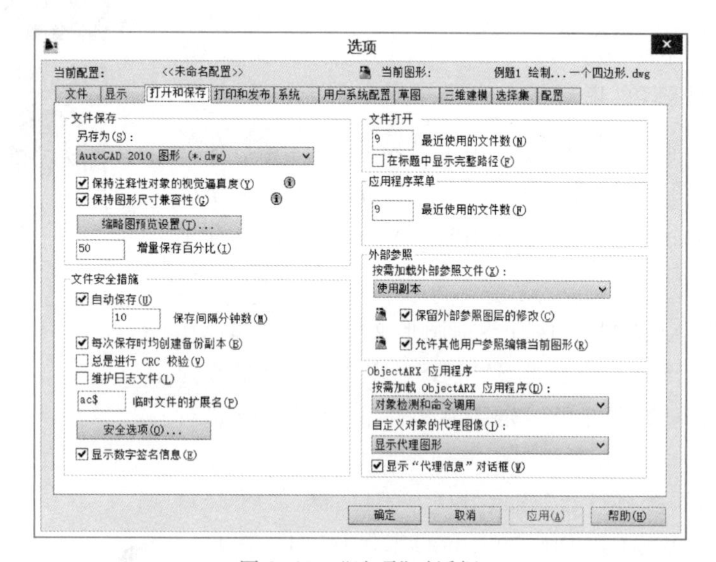

图 2-12 “选项”对话框

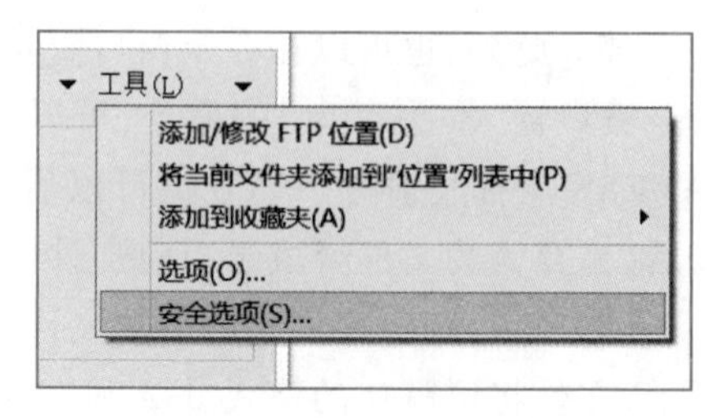

图 2-13 “安全选项”命令

2. 关闭图形文件

直接单击窗口中的按钮,可以关闭当前的图形文件,也可以单击“菜单浏览器”按钮,在弹出的菜单中选择“文件”→“关闭(close)”命令。

如果用户在输入关闭命令前已经保存了该图形文件,则系统直接执行关闭命令,如果没有保存文件,系统会弹出警告对话框,如图 2-15所示,提醒用户是否保存文件,单击“是(Y)”按钮或者是直接按 Enter 键,可以保存当前的图形文件并将其关闭;单击“否(N)”按钮,可以关闭当前文件但不会保存;如果单击“取消”按钮,则系统会取消关闭当前图形文件的命令。

图 2-14 “安全选项”对话框

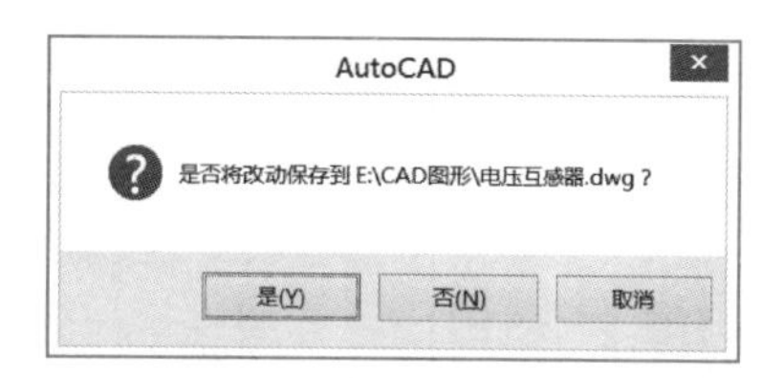

图 2-15 警告对话框

第三节 设置工作界面

微课

设置参数选项

一、设置参数选项

1. 执行方式

用户可以使用“选项”对话框，该对话框主要用来设置图形显示、打开、打印和发布等参数。可选择“工具”→“选项”命令项，或者是在命令行中直接输入“options”，打开如图 2-16 所示的“选项”对话框，该对话框中包括 10 个选项卡。

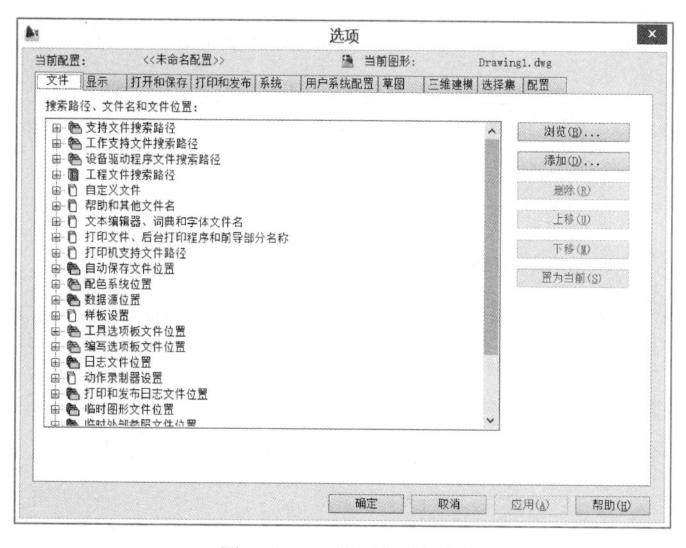

图 2-16 “选项”对话框

2. 选项说明

(1) “文件”选项卡用于确定 AutoCAD 2010 搜索支持文件、驱动程序文件、菜单文件和其他文件时的路径，以及用户定义的一些相关设置。

(2) “显示”选项卡用于设置窗口元素、布局元素、显示精度、显示性能、十字光标大小和淡入度控制等显示属性。其中最常执行的操作为改变图形窗口的颜色和光标大小。

绘图区域的默认背景是黑色的，绘图线条是白色的，用户可以修改绘图区域的背景颜色，单击“显示”选项卡，如图 2-17 所示，再单击“窗口元素”中的“颜色”按钮，系统将打开如图 2-18 所示的“图形窗口颜色”对话框。在“颜色”下拉列表框中，选择需要的背景颜色，然后单击“应用并关闭”按钮，即可改变绘图区域的背景颜色。

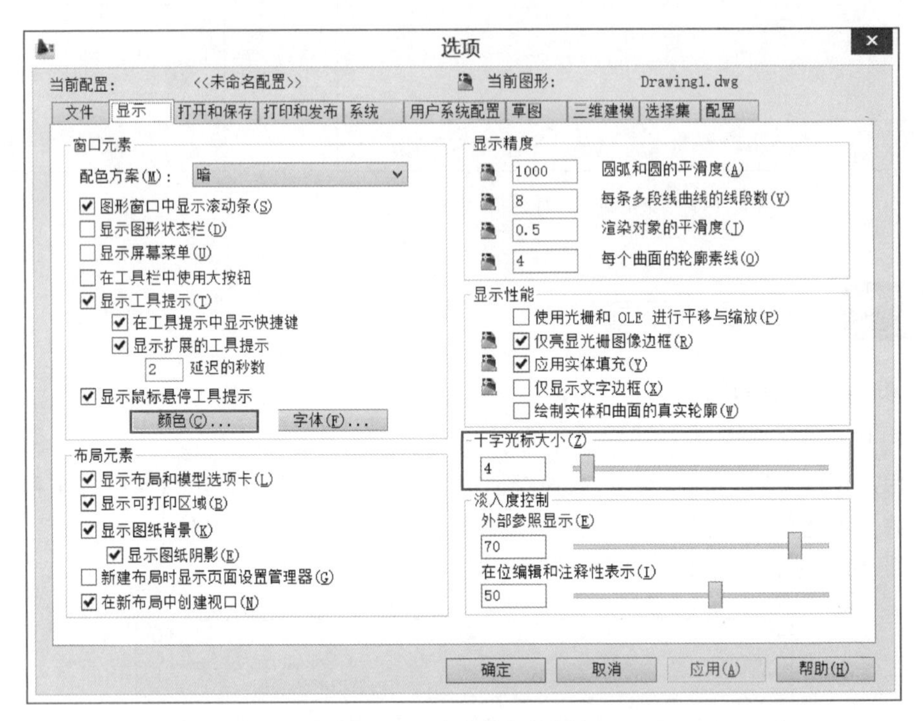

图 2-17 “选项”对话框

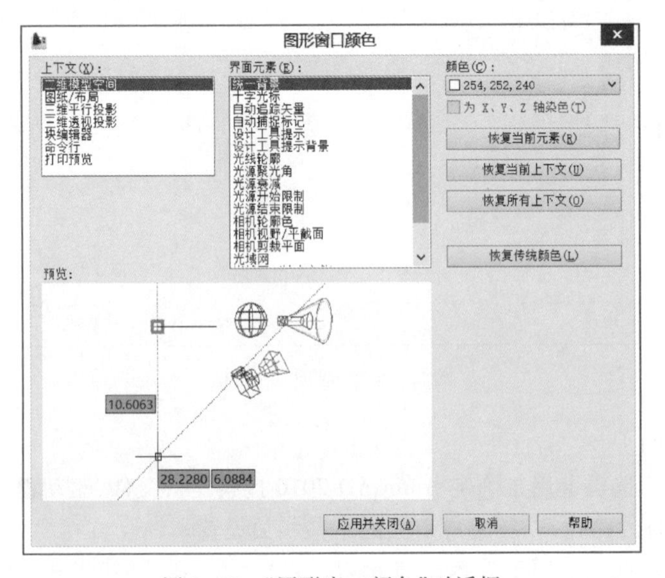

图 2-18 “图形窗口颜色”对话框

可以通过拖动图 2-17“显示”选项卡中“十字光标大小”组的滑块修改光标的大小。

(3) “打开和保存”选项卡用于设置是否自动保存文件以及指定保存文件时的时间间隔,是否维护日志以及是否加载外部参照等。

(4) “打印和发布”选项卡用于设置 AutoCAD 2010 的输出设备。在默认情况下,输出设备为 Windows 打印机。

(5) “系统”选项卡用于设置当前三维图形的显示特性、是否显示 OLE 特性对话框、是否显示所有警告信息、设置定点设备、是否检查网络连接、是否显示启动对话框以及是否允许设置长符号等。

(6) “用户系统配置”选项卡用于设置是否使用快捷菜单和对象的排序方式以及进行坐标数据输入的优先级设置。

(7) “草图”选项卡可以设置自动捕捉、自动追踪、对象捕捉标记框的颜色和大小,以及靶框的大小。一般来说,在绘图过程中如果没有特殊需求,不需要进行设置。

(8) “三维建模”选项卡可以对三维绘图模式下的三维十字光标、三维对象、UCS 图标、动态输入光标和三维导航等选项进行设置。

(9) “选择集”选项卡用于设置拾取框大小、夹点大小等。

(10) “配置”选项卡主要用于实现新建系统配置文件、重命名系统配置文件以及删除系统配置文件等操作。

二、设置图形单位

微课

设置图形单位

不同的单位其显示格式是不同的。AutoCAD 允许灵活地更改工作单位,可以设定或选择角度类型、精度和方向。这样可以满足不同领域的设计人员设计创作,以适应不同的工作需求。

1. 执行方式

启用“图形单位”命令有两种方法:

(1) 选择“格式”→“单位”菜单命令。

(2) 直接输入命令:UNITS。

启用“图形单位”命令后,系统将弹出如图 2-19 所示的“图形单位”对话框。在该对话框分别设置图形长度、角度的类型和精度等以及光源的强度单位等参数。

2. 选项说明

在测量长度的单位中,包括科学、小数、工程、建筑或分数标记法。其中,工程与建筑类型是以英寸和英尺显示,每一个图形单位代表一英寸。其他的类型没有这样的设定。

要设置一个角度单位,可以在“图形单位”对话框的“角度”下拉列表中选择一种角度类型,并在“精度”下拉列表中选择精度类型。此时在“输出样例”区域显示了当前精度下的角度类型样例。

AutoCAD 2010 在默认情况下是按逆时针方向进行正角度测量的,如要调整为顺时针方向,则只需启用“顺时针”复选框。

在“图形单位”对话框中,单击“方向”按钮,系统将弹出如图 2-20 所示的“方向控制”对话框。可根据设计的需要对图形单位的起始角度进行调整。角度方向将控制测量角度的起点和测量方向，默认起点角度为 0°，方向为正东。

图 2-19 “图形单位”对话框

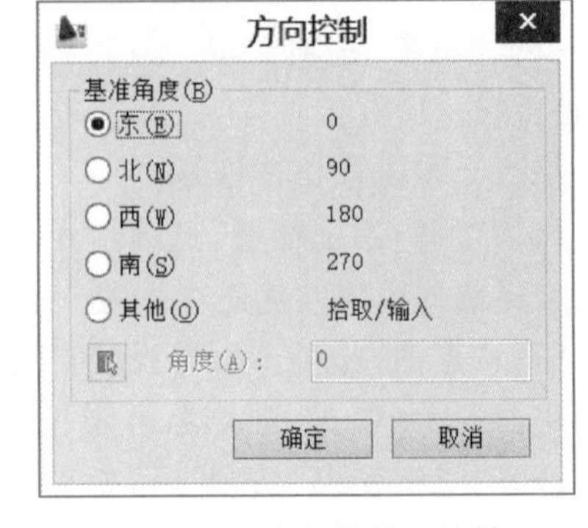

图 2-20 “方向控制”对话框

如果选择“其他”单选按钮，则可以单击拾取角度按钮，切换到图形窗口中选取两个点来确定基准角度的 0°方向。

微课

设置图形界限

三、设置图形界限

图形界限就是 AutoCAD 2010 绘图区域，相当于手工绘图时图纸的大小。设定合适的绘图界限，有利于确定图形绘制的大小、比例及图形之间的距离，有利于检查图形是否超出“图框”，便于打印和输出。

图纸一般有 5 种比较常见的规格，分别是 A0(1189×841)、A1(841×594)、A2(594×420)、A3(420×297) 和 A4(297×210)。在 AutoCAD 2010 中绘制图形时，通常是按照 1∶1的比例进行绘图的，所以用户在绘制施工图或者实物图时，需要参照实际尺寸来设置图形的界限。

1. 执行方式

设置图形界限有两种方法：

(1) 选择“格式”→“图形界限”菜单命令；

(2) 直接输入命令：Limits。

2. 操作步骤

启用设置“图形界限”命令后，命令行提示如下：

命令：_limits

重新设置模型空间界限：

指定左下角点或[开(ON)/关(OFF)]<0.0000,0.0000>：(如果直接按 Enter 键，则默认左下角位置的坐标为(0,0))

指定右上角点<XXX,XXX>：(输入右上角的坐标)

此时按 Enter 键，即可确定图幅尺寸。在执行图形界限操作之前，如果启用状态栏中的“栅格”功能，可以查看图限的设置效果，它确定的区域是可见栅格指示的区域。

第四节　图形显示控制

一、视图缩放

微课

视图缩放

用户若要对图形中的某个区域的细节进行编辑，可以对其进行放大以便于查看。用户可以通过放大和缩小操作来改变视图的比例，类似于使用相机进行缩放。在AutoCAD 2010环境中，有许多种方法可以进行缩放视图操作，选择“视图”→“缩放”命令，在其下级菜单中将显示缩放的各种方法，如图2-21所示。缩放只会改变视图的比例，而不会改变图形中对象的绝对大小。

除此之外，用户还可通过在工具栏上单击“缩放”按钮，或者是在命令行输入或动态输入“ZOOM”命令（快捷键“Z”）。

若用户选择“视图”→“缩放”→“窗口”命令，系统将提示如下信息：

命令：´_zoom

指定窗口的角点，输入比例因子（nX或nXP），或者

[全部(A)/中心(C)/动态(D)/范围(E)/上一个(P)/比例(S)/窗口(W)/对象(O)] <实时>:

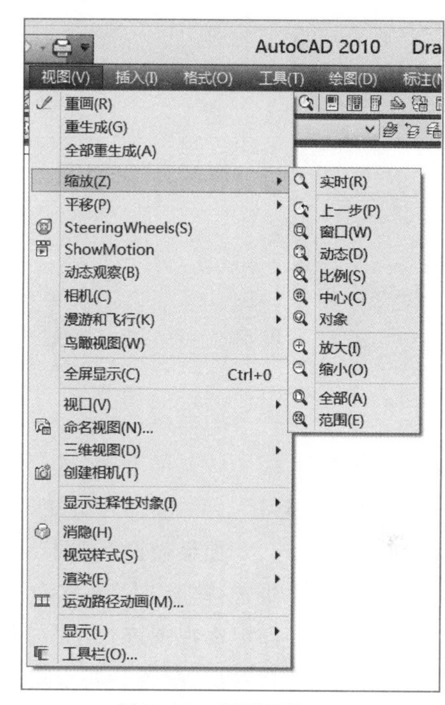

图2-21　视图缩放

在该提示信息中给出了多个选项，各个选项的含义如下：

（1）全部(A)：用于在当前视口显示整个图形，其大小取决于图限设置或者有效绘图区域。

（2）中心(C)：该选项要求确定一个中心点，然后给出缩放系数（后跟字母X）或一个高度值。之后，AutoCAD将按缩放系数或高度值缩放显示中心点区域的图形，所选的中心点将成为视口的中心点。如果保持中心点不变，而只想改变缩放系数或高度值，则在新的“指定中心点：”提示符下按Enter键即可。

（3）动态(D)：该选项集成了平移命令或缩放命令中的“全部”和“窗口”选项的功能。使用时，系统将显示一个平移观察框，拖动它至适当位置并单击鼠标左键，将显示缩放观察框，并能够调整观察框的尺寸。随后，如果单击鼠标左键，系统将再次显示平移观察框。如果按Enter键或单击鼠标右键，系统将利用该观察框中的内容填充视口。

（4）范围(E)：用于将图形在视口内最大限度地显示出来。

（5）上一个(P)：用于恢复当前视口中上一次显示的图形，最多可以恢复10次。

（6）窗口(W)：用于缩放一个由两个角点所确定的矩形区域。

（7）比例(S)：该选项将当前窗口中心作为中心点，并且依据输入的相关参数值进行缩放。

二、视图平移

微课

视图平移

用户可以平移视图以重新确定其在绘图区域中的显示位置。用户可通过以下任意一种方法来启动平移视图。

（1）选择“视图”→“平移”→“实时”菜单命令，如图 2-22 所示。

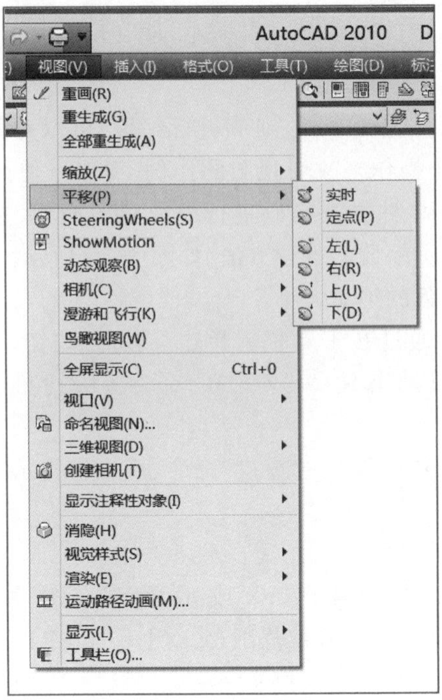

图 2-22　平移视图

（2）单击“标准”工具栏的“实时平移”按钮。

（3）在命令行输入或动态输入“Pan”命令（快捷键“P”）。

如果通过“视图”→“平移”→“实时”菜单命令来进行平移视图，可以有多种选择：当选择“实时”平移命令后，光标形状将变为“手”的形状，按住鼠标左键并进行拖动，即可将视图进行左右、上下移动操作，但视图的大小比例并没有改变；选择“定点”平移命令后，系统会要求用户输入两个点，视图将按照两点之间的直线轨迹移动；如果选择“上”、“下”、“左”、“右”，则视图会向相应的方向移动。

第五节　AutoCAD 的基本操作

微课

命令调用方式

一、命令调用方式

在 AutoCAD 2010 中文版中，命令是 AutoCAD 2010 绘制与编辑图形的核心。用户执行的每一个操作都需要启用相应的命令。一般情况下，用户可以通过以下方式执行 AutoCAD 2010 的命令：

1. 通过键盘输入命令

当在命令窗口中给出的最后一行提示为“命令:”时，可以通过键盘输入命令，然后按 Enter 键或 Space 键的方式执行该命令。

2. 通过菜单执行命令

选择下拉菜单或菜单浏览器中的某一命令，可以执行相应的操作。

3. 通过工具栏执行命令

单击工具栏上的某一按钮，也能够执行相应的 AutoCAD 命令。

很显然，通过菜单和工具栏执行命令更为方便、简单。

4. 重复执行命令

当完成某一命令的执行后，如果需要重复执行该命令，除可以通过上述 3 种方式执行该命令外，还可以用以下方式重复命令的执行：

（1）直接按键盘上的 Enter 键或按 Space 键。

（2）使光标位于绘图窗口，单击鼠标右键，AutoCAD 将弹出快捷菜单，并在菜单的第一行显示重复执行上一次所执行的命令，选择此命令即可。

二、点的坐标形式

微课

点的坐标形式

在绘图过程中要精确定位某个对象时，必须以某个坐标系作为参照，以便精确拾取该点的位置。通过 AutoCAD 2010 的坐标系可以提供精确绘制图形的方法，可以按照非常高的精度标准，准确地设计并绘制图形。

1. 坐标系表示方法

一般来说，在 AutoCAD 2010 中，点的坐标可以使用直角坐标与极坐标两种方法表示。

（1）直角坐标系。直角坐标系又称笛卡儿坐标系，由一个原点（坐标为（0，0））和两个通过原点的、相互垂直的坐标轴构成。其中，水平方向的坐标轴为 X 轴，以向右为其正方向；垂直方向的坐标轴为 Y 轴，以向上为其正方向。平面上任何一点 P 都可以由 X 轴和 Y 轴的坐标所定义，即用一对坐标值（x，y）来定义一个点。可以使用分数、小数或科学记数等形式表示点的 X 轴、Y 轴坐标值，坐标间用逗号隔开，例如点（8，10）。

（2）极坐标。极坐标系由一个极点和一个极轴构成，极轴的方向为水平向右。平面上任何一点 P 都可以由该点到极点的连线长度 L（L 必须大于零）和连线与极轴的交角（极角，逆时针方向为正）所定义，即（长度<角度）。

但是在有些情况下，由于条件的限制，用户需要直接通过点与点之间的相对位移来绘制图形，而不想指定每个点的绝对坐标。为此，AutoCAD 2010 提供了使用相对坐标的办法。所谓相对坐标，就是一个点与另一个点的相对位移值。在 AutoCAD 2010 中，相对坐标用@ 标识，是在绝对坐标表达方式前加上@ 的符号。

例如，某一直线的起点坐标为（5，10）、终点坐标为（15，10），则终点相对于起点的相对坐标为（@ 10，0），用相对极坐标表示应为（@ 10<0）。

2. 坐标的显示

当用户的光标在绘图区域移动时，在屏幕底部状态栏中显示当前光标所处位置的坐标值，该坐标值有三种显示状态，如图 2-23 所示。

（1）绝对坐标状态：显示光标所在位置的坐标。

（2）相对极坐标状态：在相对于前一点来指定第二点时可使用此状态。

（3）关闭状态：颜色变为灰色，并“冻结”关闭时所显示的坐标值。

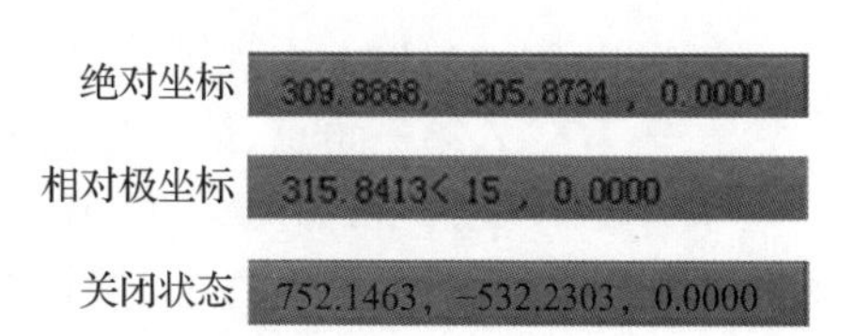

图 2-23　坐标值的三种显示状态

 微课

选择对象的方法

三、选择对象的方法

在编辑图形之前，首先需要进行选择图形对象的操作，每当用户执行编辑命令时，系统通常提示“选择对象:”，AutoCAD 2010 为用户提供了多种选择对象的方式，对于不同图形、不同位置的对象，可使用不同的选择方式，这样可提高绘图的工作效率。当选择了对象之后，AutoCAD 2010 用虚像显示被选中的对象以示醒目。每次选定对象后，“选择对象:”提示会重复出现，直至按 Enter 键或右击才能结束选择。

1. 选择对象的方法

(1) 直接单击法。直接单击法是一种默认的选择方式，当提示“选择对象”时，移动光标，当光标压住所选择的对象时，单击鼠标，此时该对象变为虚线则表示被选中，如图 2-24 所示，如果还要选择其他图形，可以继续单击其他对象。

如果先启用了某个编辑命令，例如：选择“删除”命令，“十”字光标变成一个小方框，这个小方框叫“拾取框”。在命令行出现“选择对象:”时，用“拾取框”单击所要选择的对象即可将其选中，被选中的对象以虚线显示，如图 2-25 所示。如果需要连续选择多个图形元素，可以继续单击需要选择的图形。

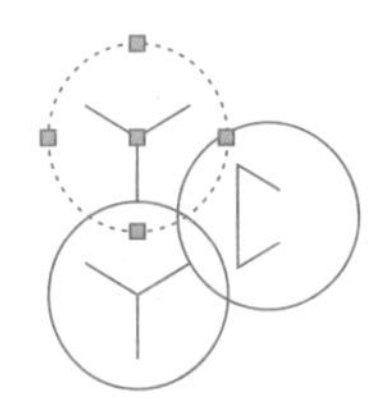

图 2-24 用鼠标单击选择对象

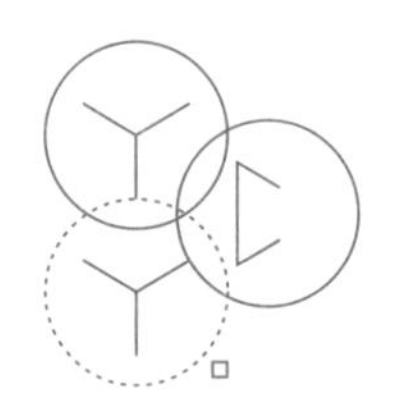

图 2-25 用“拾取框”选择对象

(2) 全部方式。当用户执行编辑命令时，系统提示“选择对象”，此时输入 All 后按 Enter 键，即选中绘图区中的所有对象。

下面以“删除”命令为例。

命令:_erase //单击工具栏上的删除按钮，执行删除命令

选择对象:all //输入“all”，选择全部对象

找到 4 个

选择对象: //按 Enter 键，结束命令，所有图形均被删除

(3) 窗口方式。用户可以以窗口的方式来选择图形对象，当系统提示“选择对象”，或者是在执行编辑命令之前，用鼠标指定窗口的一点，然后移动鼠标，再单击另一点确定一个矩形窗口。这个矩形窗口可以选中图形对象。但是需要注意的是：如果在白色的背景下，鼠标从左向右移动来确定矩形，则窗口区域呈淡蓝色，完全处在窗口内的对象被选中；如果鼠标从右向左移动来确定矩形，则窗口区域呈淡绿色，完全处在窗口内的对象和与窗口相交的对象均被选中，如图 2-26 所示。

(4) 不规则窗口方式。当提示“选择对象”时，输入 WP 后按 Enter 键，然后依次输入第一角点、第二角点……绘制出一个不规则的多边形窗口，位于该窗口内的对象即被选中，如图 2-27 所示。

如果在提示“选择对象”时，输入 CP 后按 Enter 键，然后依次输入第一角点、第二角点……绘制出一个不规则的多边形窗口，位于该窗口内的和与窗口相交的对象都会

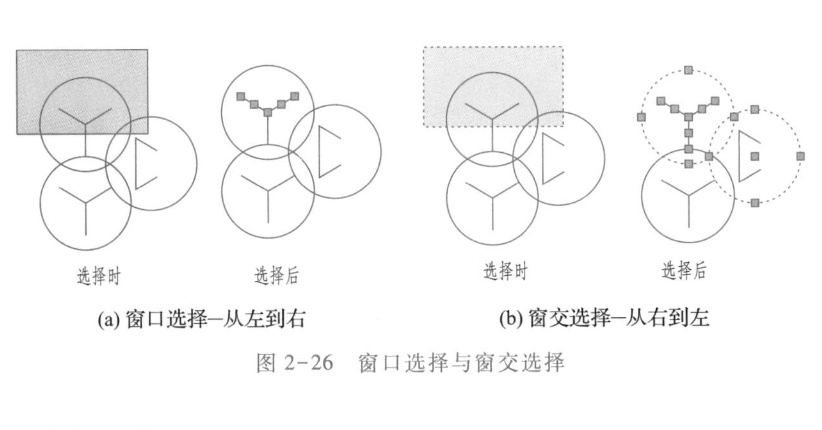

图 2-26　窗口选择与窗交选择

被选中，如图 2-28 所示。

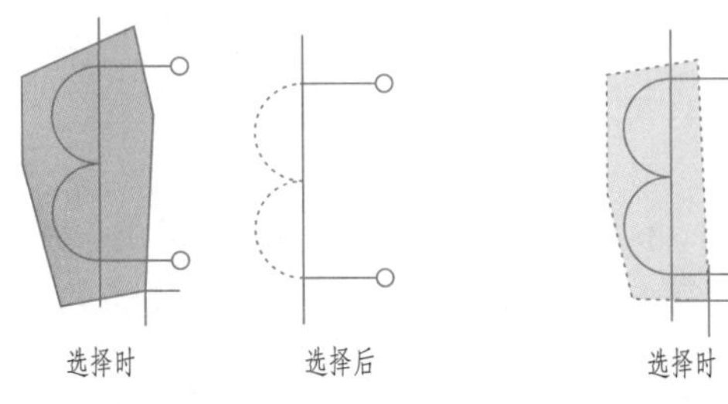

图 2-27　不规则窗口选择方式　　图 2-28　不规则窗交选择方式

（5）上次方式。当提示“选择对象”时，输入 P(PREVIOUS)后按 Enter 键，在当前操作之前的操作中所设定好的对象将被选中。

（6）最后方式。当提示“选择对象”时，输入 L(LAST)后按 Enter 键，将选中最后绘制的对象。

（7）围线方式。当系统提示“选择对象”时，输入 F(FENCE)后按 Enter 键，系统提示如图 2-29 所示。

命令：_copy
选择对象：f
指定第一个栏选点：
指定下一个栏选点或［放弃(U)］：
指定下一个栏选点或［放弃(U)］：
……
找到 3 个

（8）移除方式。在已经加入到选择集的情况下，再在“选择对象”提示下，输入 R(REMOVE)后按 Enter 键，进入移除方式。在提示“移除对象”时，可以选择移除对象，将其移出选择集。

（9）返回方式。在移除方式下输入 A(ADD)后按 Enter 键，然后提示“选择对象”，即返回到了加入方式。

（10）取消。在提示“选择对象”时，输入 U(UNDO)后按

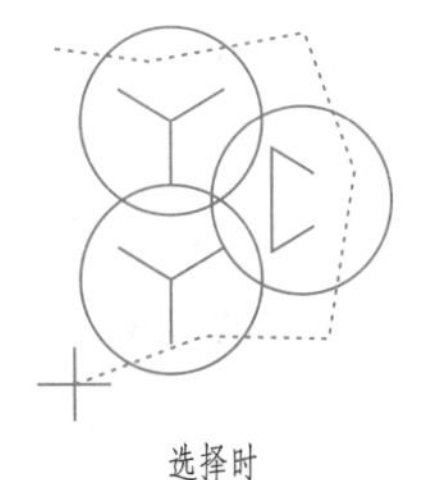
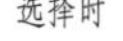

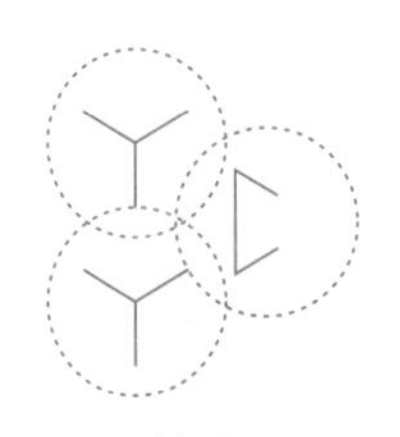

图 2-29　围线选择示意图

Enter 键，可以消除最后选择的对象。

2. 取消选择

取消所选择的对象的方法有两种：

（1）按 Esc 键。

（2）在绘图窗口内右击，在快捷菜单中选择“全部不选”命令。

微课

快速选择对象

四、快速选择对象

在绘制一些较为复杂的图形时，肯定有一些对象具有共同的属性，例如颜色、线型、线宽或者图层相同，如果我们需要对这些具有共同属性的对象进行编辑的时候，使用快速选择功能，就可以快速将指定类型的对象选中。

启用“快速选择”命令有以下四种方法：

（1）选择“工具”→“快速选择”菜单命令。

（2）使用光标菜单，在绘图窗口内右击，并在弹出的快捷菜单中选择“快速选择”选项。

（3）在“实用程序”面板中单击“快速选择”按钮。

（4）输入命令：Qselect。

当启用“快速选择”命令后，系统将弹出如图 2-30 所示的“快速选择”对话框，通过该对话框可以快速选择所需的图形元素。该对话框中各部分的具体含义如下：

“应用到”下拉列表框：单击该下拉列表框，选择过滤条件应用的范围，可以应用到整个图形。

选择对象按钮：单击选择对象按钮，窗口切换到绘图窗口，可以根据当前的过滤条件来选择对象，选择完毕后，按 Enter 键返回到“快速选择”对话框中。此时，系统自动将“应用到”下拉列表框中设置为“当前选择”。

“对象类型”下拉列表框：在该下拉列表框中可以设置选择对象的类型。

“特性”列表框：指定对象特性作为过滤的条件。

“运算符”下拉列表框：用于控制过滤器的范围。

“值”下拉列表框：为过滤指定特定值。

“包括在新选择集中”单选按钮：选择符合条件的对象构成一个选择集。

“排除在新选择集之外”单选按钮：选择不符合条件的对象构成一个选择集。

图 2-30 “快速选择”对话框

“附加到当前选择集”复选框：将所选择的对象添加到当前选择集中。

例题 1：用快速选择功能将图 2-31a 中半径为 2 的圆弧全部选中。

解：（1）单击“快速选择”按钮，打开“快速选择”对话框；

（2）在“对象类型”中选择“圆弧”。

（3）在“特性”中选择“半径”。

（4）将“运算符”设置为“= 等于”。

（5）在“值”中输入 2。

（6）单击“确定”按钮回到绘图界面。

选择完成后如图 2-31b 所示。

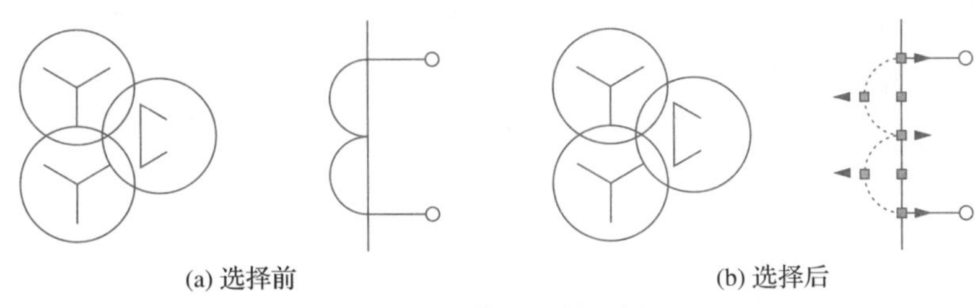

(a) 选择前　　(b) 选择后

图 2-31　快速选择示例

五、删除对象

删除对象

删除命令在 AutoCAD 2010 中是常用的命令之一，在绘制复杂图形的过程中需要添加辅助图形，同样也需要删除辅助图形。

启动删除命令的方法有以下三种：

（1）单击菜单“修改（M）”→“删除（E）”命令。

（2）直接单击工具栏上的“删除”按钮。

（3）在命令与提示行中输入删除命令：erase。

启动删除命令以后，系统会提示用户“选择对象”，选中对象后，按 Enter 键或者空格键结束对象的选择，同时也删除了所选的对象。

例题 2：删除图 2-32 中的圆。

解：命令：_erase（单击工具栏上的删除按钮）

选择对象：找到 1 个（用拾取框单击圆）

选择对象：（按 Enter 键结束命令，删除圆）

在实际绘图过程中，还可以单击选择要删除的对象，在绘图区域中单击鼠标右键，然后在弹出的快捷菜单中单击“删除”命令，或者是直接按 Delete 命令进行删除，以提高绘图速度。

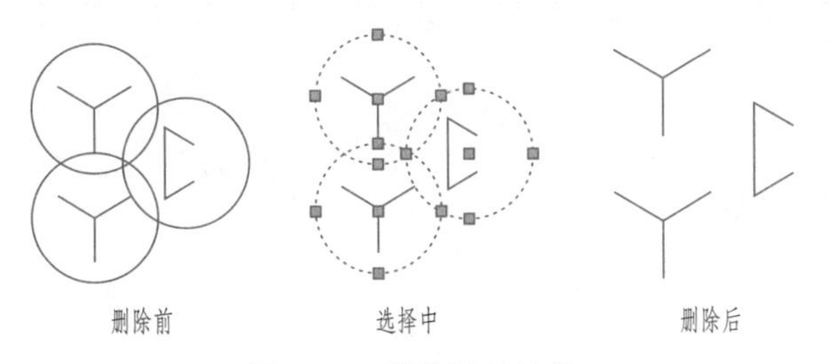

删除前　　选择中　　删除后

图 2-32　删除圆的过程

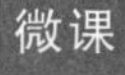

图层的创建

第六节　设置图层

一、图层的创建

一栋大楼的图纸包含了结构图、电路图、水暖结构图等，每个图都有不同的设计和要求,但最终是合在一起的。即使是一个简单的机械图,为了绘图方便,也可以将其分为粗实线层、细实线层、虚线层、标注线层等,把这些合在一起就构成了一张完整的图。我们可以把图层想象为一张没有厚度的透明纸,各层之间完全对齐,有相同的坐标、图形界限及显示时的缩放倍数,一层上的某一基准点准确地对准其他各层上的同一基准点。这些图层叠放在一起就构成了一幅完整的图形,如图 2-33 所示。

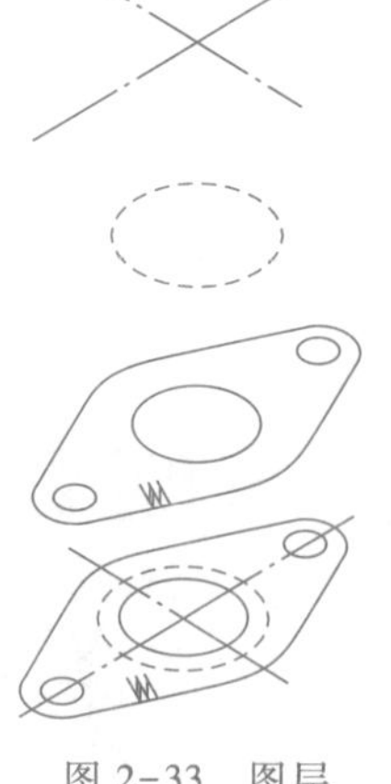

图 2-33 图层

用户可以给每一图层指定所用的线型、颜色,将具有相同线型和颜色的对象放在同一图层,并利用图层状态控制各种图形信息是否显示、能否修改与输出等,这给图形的编辑带来了很大的方便。

图层的管理和设置大都是在“图层特性管理器”对话框中完成的,要想创建新图层,必须先打开“图层特性管理器”对话框。

打开“图层特性管理器”对话框的方法有以下三种:

(1) 选择“格式”→“图层”菜单命令;

(2) 单击工具栏中的图层特性管理器按钮;

(3) 输入命令:LAYER。

执行命令后,系统将弹出“图层特性管理器”对话框,如图 2-34 所示。在默认情况下,AutoCAD 2010 自动创建一个名为“0”的图层,该图层无法删除或重命名。

图层有两种用途:一是确保每个图形至少包括一个图层;二是作为与块中的控制颜色相关的特殊图层。

单击图 2-34 所示“图层特性管理器”对话框中的新建图层按钮,图层列表中将出现一个名称为“图层 1”的新图层,并且带蓝色背景显示,如图 2-35 所示。此时直接在名称栏中输入“图层”的名称,然后按 Enter 键,即可确定新图层的名称。图层名最多可以包含 255 个字符,包括字母、数字、空格和几种特殊字符,但不能包含类似“<>/\【:;? *|='”等字符。单击冻结的新图层视口按钮,也可以创建一个新图层,只是该图层在所有的视口中都被冻结。

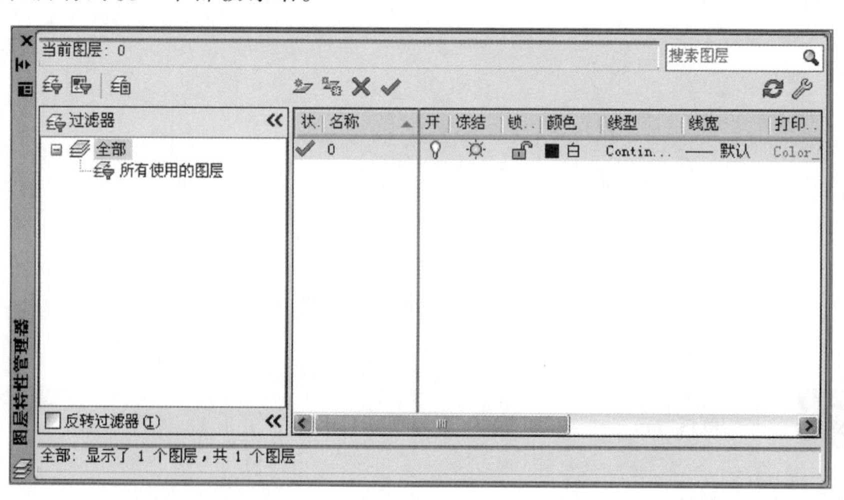

图 2-34 “图层特性管理器”对话框

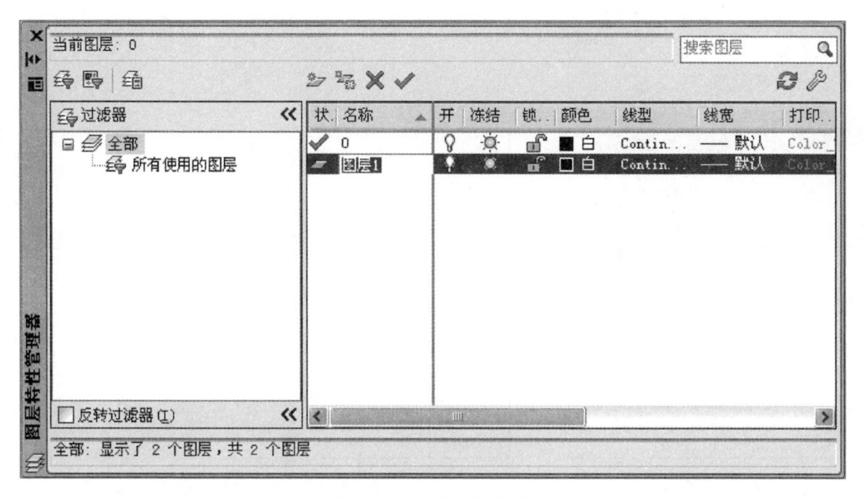

图 2-35　新建图层

二、图层特性的设置

图层特性的设置

1. 设置图层颜色

为了区别各个图层，在绘制图形时，可以设置图层的颜色，使每个图层都拥有自己的颜色，这样在绘制复杂图形时就很容易区分开处在不同层次的图形，从而提高绘图效率。

图层的默认颜色为“白色”，单击“图层特性管理器”对话框新建图层的“颜色”块，系统将打开“选择颜色”对话框，如图 2-36 所示，用户可以在其中单击选择颜色，选择好颜色后单击“确定”按钮即可。

AutoCAD 2010 系统中提供了 256 种颜色，通常在设置图层的颜色时，都会采用 7 种标准颜色：红色、黄色、绿色、青色、蓝色、洋红色及白色。这 7 种颜色区别较大又有名称，便于识别和调用。此外，系统还提供了“真彩色”与“配色系统”选项卡。用户可以通过颜色的组合，自行配置确定图层的颜色。

2. 设置图层线型

线型也是区分图形中不同元素的重要标志，通过设置图层的线型可以区分不同对象所代表的含义和作用，例如用点画线来绘制图形的中心线，用虚线来绘制图形中的不可见部分的轮廓线等。系统默认的线型为连续线型（Continuous），如果用户要改变线型，可以在图层列表中单击相应的线型名（如 Continuous），在弹出的“选择线型”对话框中选中要选择的线型（如 CENTER），再单击“确定”按钮，就可以选中特定的线型，如图 2-37 所示。

如果在“选择线型”对话框的“已加载的线型”项中没有需要的线型，则可以单击“加载”按钮，打开“加载或重载线型”对话框，如图 2-38 所示，从当前线型库中选择需要加载的线型（如 BATTING），然后单击“确定”按钮。此时该线型被加载到了“选择线型”对话框中，再次选中该线型，单击“确定”按钮，就可将该线型应用到新建图层。

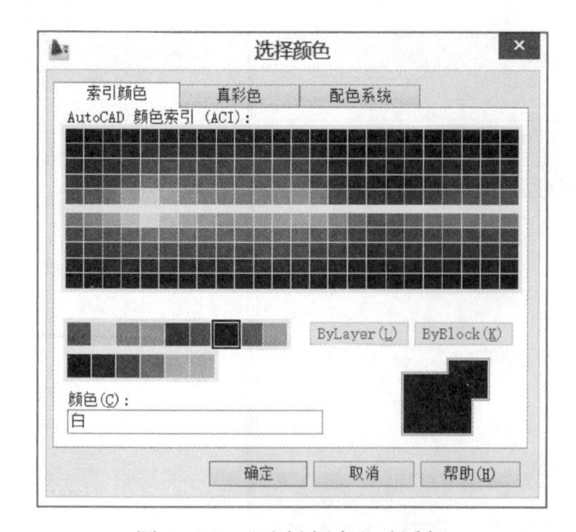

图 2-36 “选择颜色”对话框

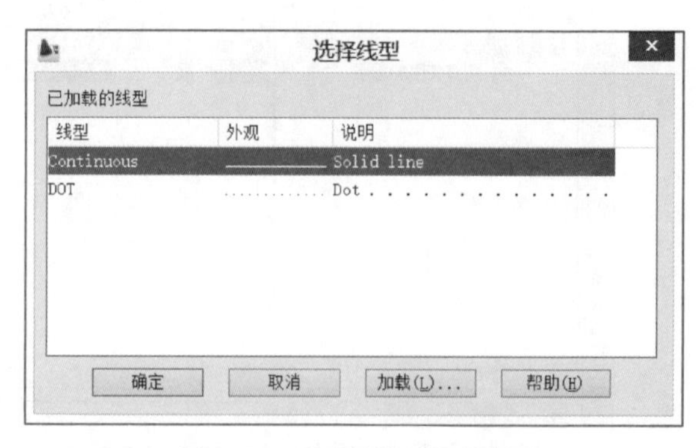

图 2-37 “选择线型”对话框

3. 设置图层线宽

线宽就是线的宽度，在工程图中，为了提高图形的表达能力和可读性，使图形更加清晰，不同线型的宽度是不同的。例如在电气制图中规定粗线型为细线型的两倍线宽，通常在 A4 图纸中，粗实线可以设置为 0.35 mm，细实线可以设置为默认。

设置线宽时，可以直接单击“图层特性管理器”对话框新建图层的“线宽”块，系统将打开“线宽”对话框，如图 2-39 所示，用户可以上下拖动滑块，单击选择需要的线宽，再单击“确定”按钮即可。

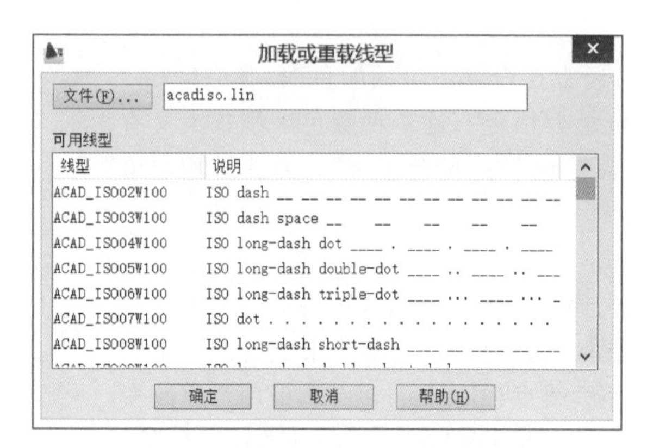

图 2-38 “加载或重载线型”对话框

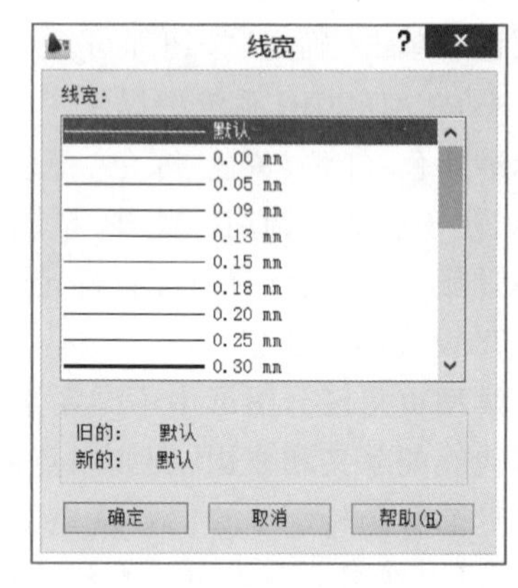

图 2-39 线宽

此外，用户也可以在菜单“格式”下单击“线宽”命令，如图 2-40 所示，打开“线宽设置”对话框，对线的单位、是否显示线宽以及线宽的比例进行设置，使图形中的线宽按要求显示，如图 2-41 所示，该对话框中各选项的意义如下：

“列出单位”：用于设置线宽的单位，可以是毫米，也可以设置为英寸。

“显示线宽”：用于控制图形是否按真实宽度显示线宽，也可以用单击状态栏上的线宽按钮的方法来控制显示或者关闭线宽。

“默认”：用于设置默认的线宽值，即关闭显示线宽后系统显示的线宽。

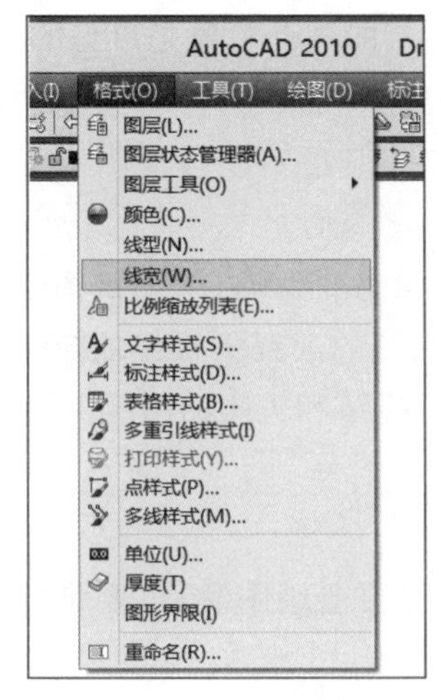

图 2-40 打开线宽设置

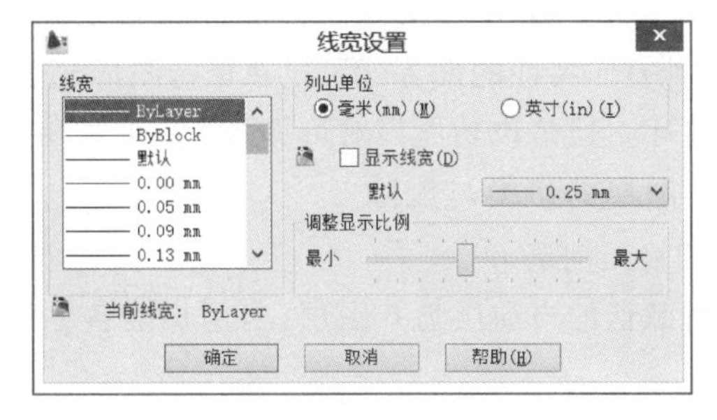

图 2-41 线宽设置

“调整显示比例”:用于调节线宽显示的比例,通过调整滑块,可以将线宽显示的比例调大或者缩小。

图层全部建立完以后,在绘图过程中,仍需要对图层进行进一步的管理,如图层状态的设置、图层的切换与删除、重命名图层以及过滤图层组等。

三、图层状态的设置

一般来说,一个复杂的工程图可能有几十个甚至上百个图层,包含着大量的信息,用户可以通过设置图层状态,使图形的绘制、编辑等工作变得更加方便快捷。图层状态主要包括打开与关闭、冻结与解冻、锁定与解锁、打印与不打印等。

微课

图层状态的设置

打开与关闭:当图层为打开状态时,该图层呈现 的图标,此时可以观察与编辑该图层上的内容;如果该图层是关闭的,则会呈现 的图标,此时该图层的内容是隐藏的,不可见的,而且不能编辑,不能打印输出,但是该图层仍然参加图形的运算。如果关闭当前层,则会出现如图 2-42 所示的“图层-关闭当前图层”对话框,要求用户确定是否关闭当前层。

冻结与解冻:当图层为解冻状态时,呈现的是图标 ,此时图层上的对象是可见的,可以被编辑或者是打印输出;如果该图层是冻结的,就会呈现图标 ,此时该图层上的对象全部隐藏,不能被编辑,不能被打印输出,也不会被重生成,从而可大大减少复杂图形的重生成的时间。注意:如果要冻结当前图层,系统会出现图 2-43 所示的对话框来提醒用户当前图层不能被冻结。

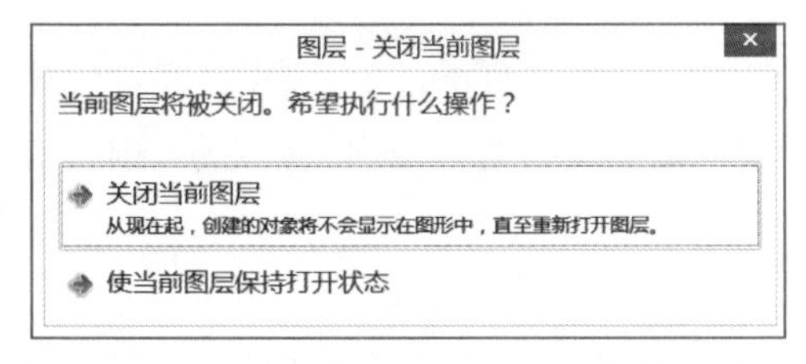

图 2-42 “图层-关闭当前图层”对话框

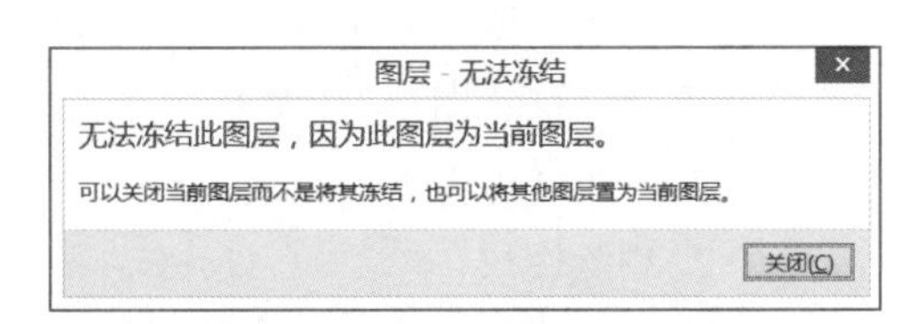

图 2-43 “图层-无法冻结”对话框

锁定与解锁:锁定图层呈现的是图标🔒,锁定图层上的图形对象是可见的,用户可以在锁定图层上绘制图形,也可以在锁定的层上改变线型和颜色,还可以在锁定的层上使用查询命令和对象捕捉功能。锁定图层可以打印,但是不能被编辑。默认状态下,图层是解锁的,呈现的是图标🔓。

打印与不打印:单击某图层打印的图标,则打印状态变为,表明该图层不会被打印,这种打印特性的设置就可以在保持图形显示可见性的前提下很好地控制该图层是否被打印。但是该功能只对可见的图层起作用,即对冻结和关闭的图层不起作用。

微课

图层的切换与删除

四、图层的切换与删除

1. 切换当前层

系统默认的当前层为0图层,当用户准备在某个图层上绘图时,需要将该图层置为当前层。

(1) 通过“图层特性管理器”对话框设置。打开“图层特性管理器”对话框,在图层列表中单击选择要设置为当前图层的图层,然后双击状态栏中的图标,或者是双击状态栏中的名称,或单击“置为当前”按钮✔,即可将其设为当前图层。右击选择要设置为当前图层的图层,然后在弹出的快捷菜单中选择“置为当前”,也可将其设为当前图层。

如图2-44所示,选择图层3为当前层,然后关闭对话框,在图层工具栏下拉列表中会显示当前图层的设置。

(2) 通过图层工具栏设置。在绘图界面单击图层工具栏中的下拉列表,直接选择要设置为当前图层的图层即可,如图2-45所示,将“图层4”设为当前图层。

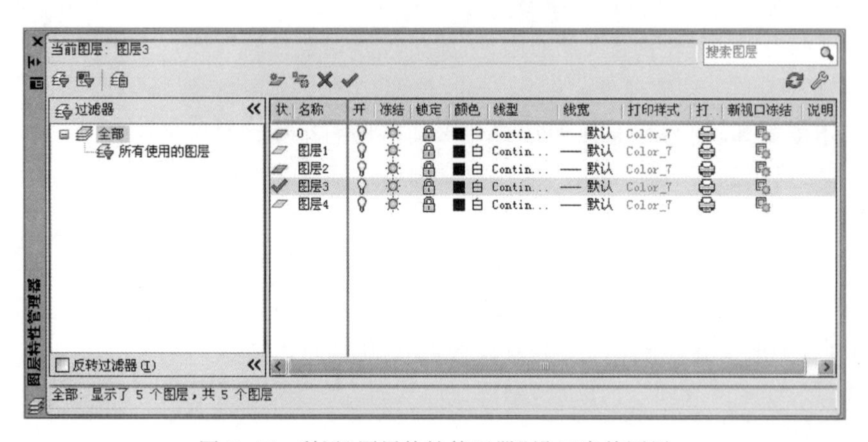

图2-44 利用“图层特性管理器”设置当前图层

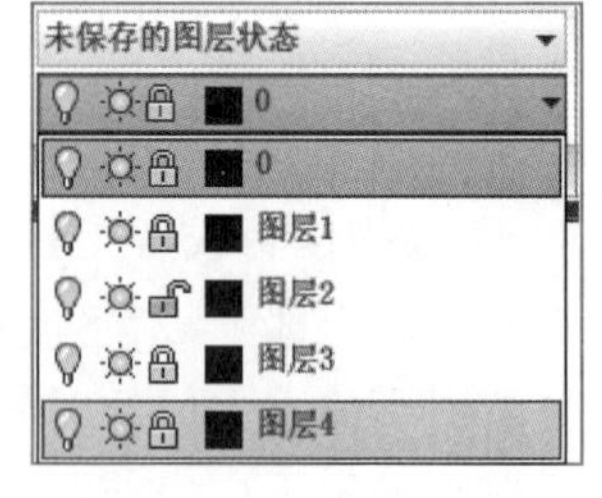

图2-45 设置当前图层

(3) 通过选定对象所在的图层设置当前图层。在绘图窗口中,选择已经设置图层的对象,然后在“图层”工具栏中单击“将对象的图层设为当前图层”按钮,则该对象所在图层即可成为当前图层。

2. 删除图层

当一个图形文件有太多的图层时,文件会比较大,因此如果有些图层不需要,就可以删除它,方法是在图层特征管理器中选中该图层后,单击“删除图层”按钮✖,或者右击该图层，在弹出的快捷菜单中选择“删除图层”即可。

注意：在 AutoCAD 2010 中，只有没选定（即不处于工作状态）的空图层可以删除，下列图层是不能被直接删除的：

（1）0 图层和 defpoints 图层。0 图层是 AutoCAD 2010 保留图层，defpoints 图层是和尺寸标注有关的参数图层，若做了尺寸标注，此图层自动出现。

（2）当前图层，即使是空图层，也不能删除。

（3）依赖外部参照的图层。外部参照是 AutoCAD 2010 绘制编辑过程中用不同方法调用了不属于本图的元素，例如插入外部图块，插入链接的图、表格、说明等。

（4）包含对象的图层，即含有绘制元素的图层，例如绘了各种图线、文字、标注等。

五、过滤图层组

1. 特性过滤器

当绘制的图形对象比较复杂，或者是一个文件里含有多张图纸时，图形对象中会有大量的图层，我们在切换图层绘制图形对象的过程就会花费大量的时间去寻找需要的图层。为了节省时间，我们可以根据层的特征或特性对层进行分组，将具有某种共同特点的层过滤出来，如通过状态过滤、用层名过滤、用颜色和线型过滤等。

如图 2-46 所示，共有几十个图层，要想寻找需要的那个图层是不容易的，我们可以新建一个特性过滤器，设置好条件，寻找图层就容易多了。

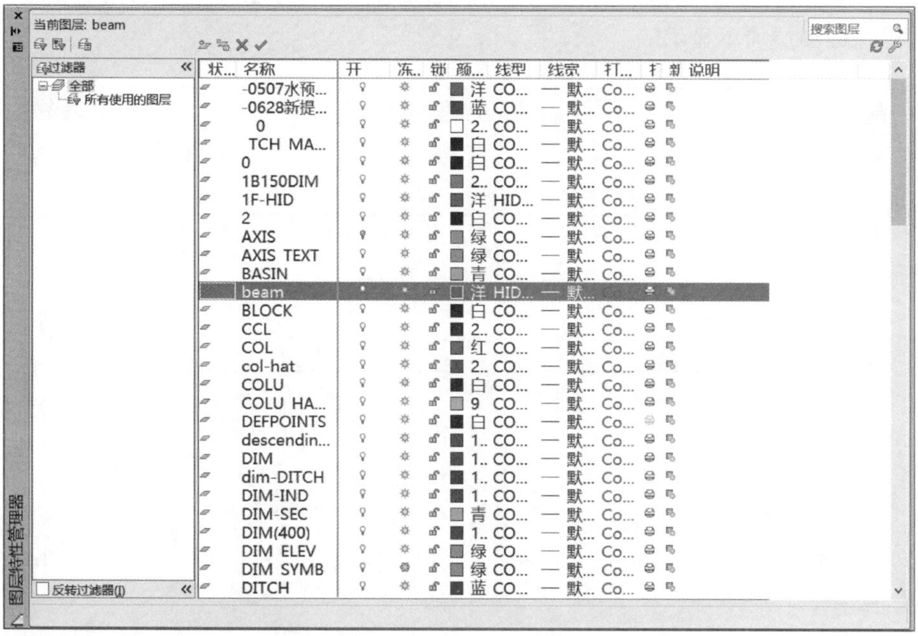

图 2-46　多图层展示

单击“图层特性管理器”对话框左上方的“新建特性过滤器”按钮，此时系统弹出如图 2-47 所示的“图层过滤器特性”对话框。

可以在“过滤器名称”栏直接输入过滤器的名称，如“绿色图层”，以方便在设置多个过滤器的情况下寻找。此时单击颜色区域，将颜色设定为绿色，则所有绿色的图层

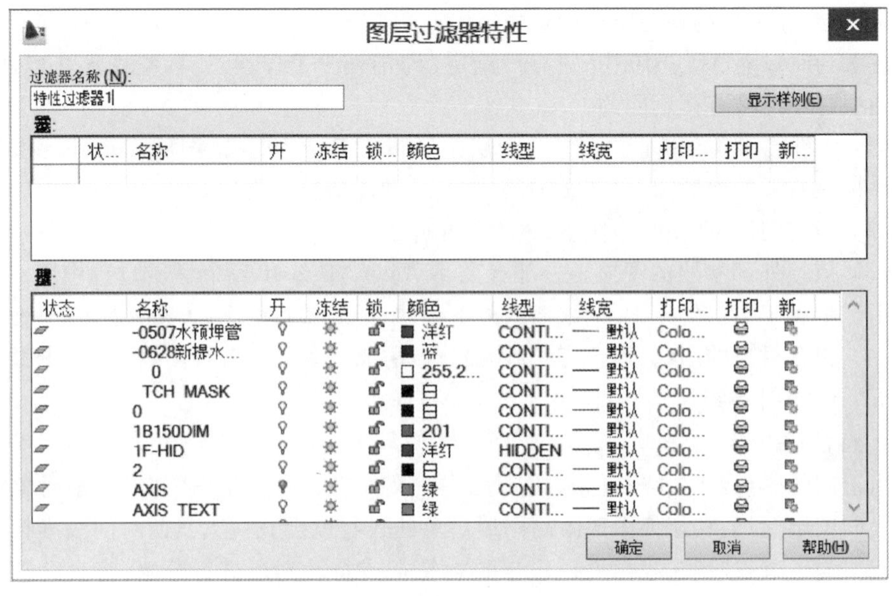

图 2-47 “图层过滤器特性”对话框

都会显示，其他的图层将不显示，如图 2-48 所示。此时单击“确定”按钮，一个“绿色图层”过滤器就设置完毕了，如图 2-49 所示。如果在“反转过滤器”前面打钩，则所有颜色为绿色的图层均不显示。

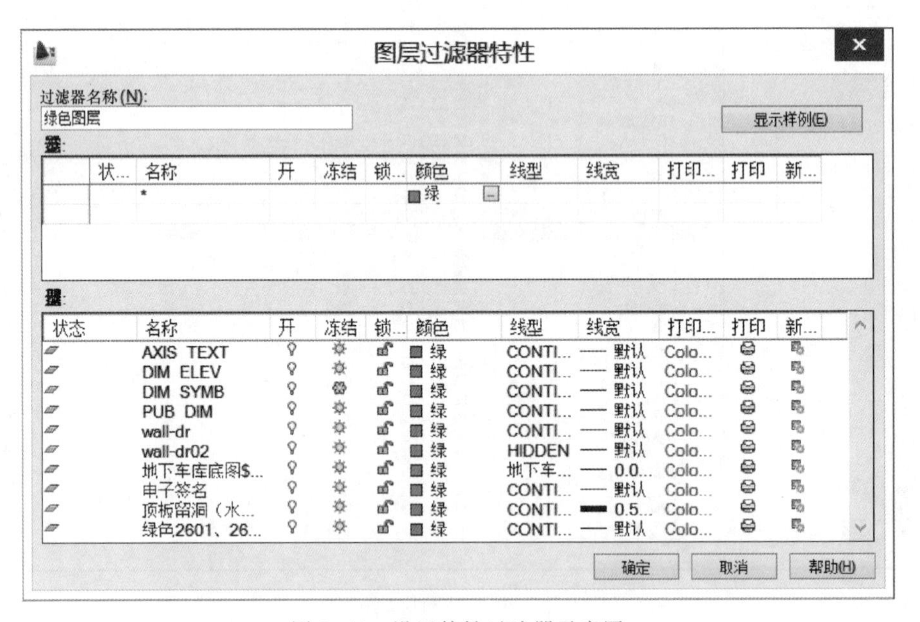

图 2-48 设置特性过滤器示意图

2. 新建组过滤器

在 AutoCAD 2010 中，还可以通过“新建组过滤器”来过滤图层。在“图层特性管理器”对话框中单击“新建组过滤器”按钮，并在对话框左侧过滤器竖列表中添加一个

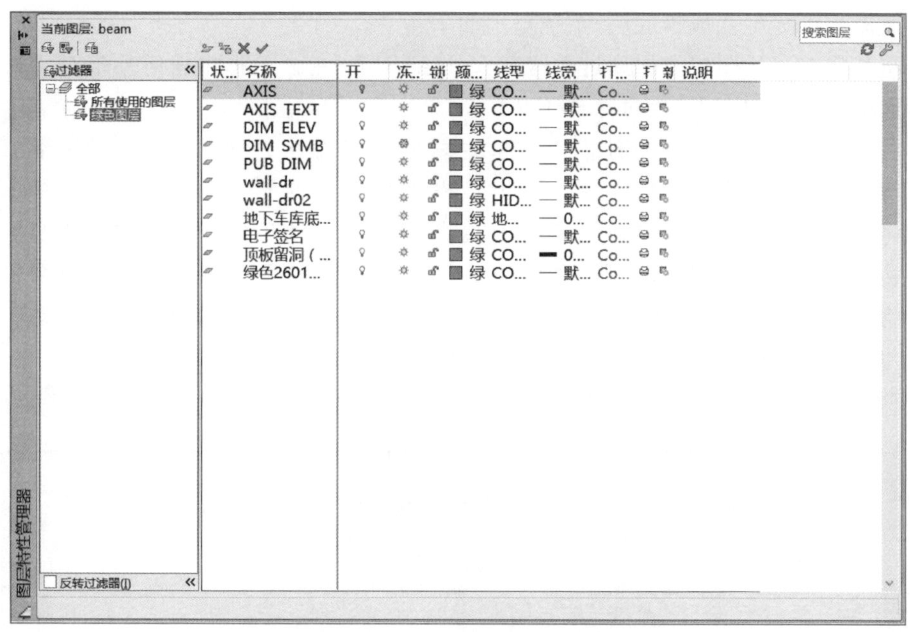

图 2-49 特性过滤器示意图

“组过滤器 1”(也可以根据需要命名组过滤器,如饰品组过滤器)。在过滤器树中单击“所有使用的图层”节点或其他过滤器,显示对应的图层信息,然后将需要分组过滤的图层拖动到创建的“组过滤器 1”上即可。

此外,还可以通过图形对象将图形对象所在的图层纳入“饰品组过滤器”之中。如图 2-50 所示,右击“组过滤器 1”,选择“选择图层”→“添加”命令。

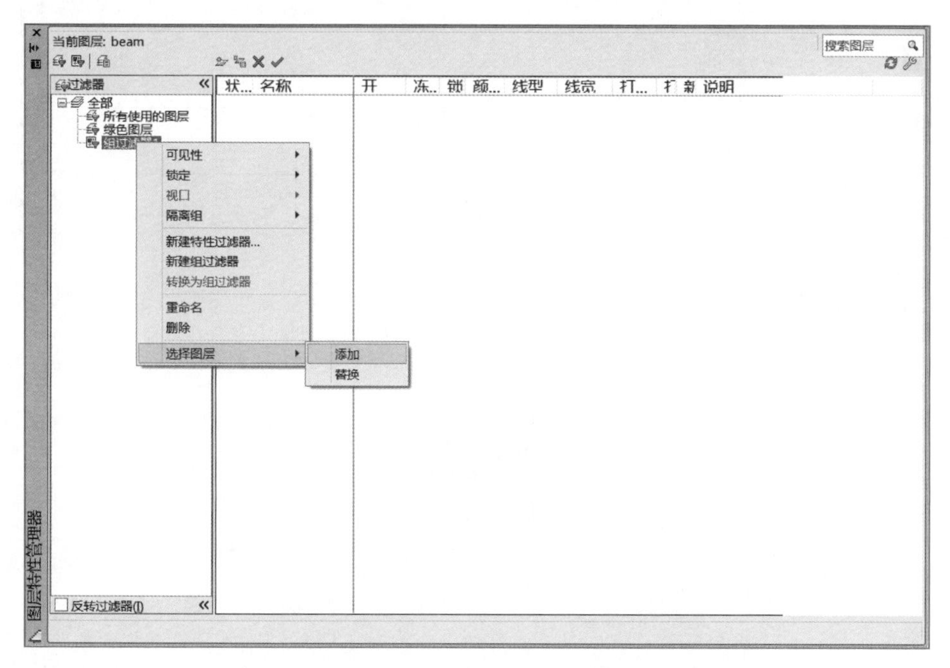

图 2-50 通过图形对象选择组过滤器组成图层

此时鼠标光标变成拾取框，系统提示如下：

将选定对象的图层添加到过滤器中…：找到 1 个（单击图形中任何一个对象，该对象所属的图层就加入了“组过滤器 1”）

将选定对象的图层添加到过滤器中…：找到 1 个，总计 2 个（单击第 2 个对象）

将选定对象的图层添加到过滤器中…：找到 1 个，总计 3 个（单击第 3 个对象）

将选定对象的图层添加到过滤器中…：找到 1 个，总计 4 个（单击第 4 个对象）

将选定对象的图层添加到过滤器中…：找到 1 个，总计 5 个（单击第 5 个对象）

将选定对象的图层添加到过滤器中…：找到 1 个，总计 6 个（单击第 6 个对象）

将选定对象的图层添加到过滤器中…：（按 Enter 键结束选择）

“组过滤器 1”的图层组成已经选定，如图 2-51 所示。

图 2-51　组过滤器 1

即测即评二

第三章
简单二维绘图命令

第一节　直线类命令

课件

简单二维绘图命令

微课

直线

一、直线

直线是最简单的绘图工具，也是绘图中最常用的工具。在一个由多条线段连接而成的简单图形中，每条线段都是一个单独的直线对象。

1. 执行方式

功能区：常用标签→绘图→

菜单栏：绘图(D)→直线(L)

工具栏：

命令栏：line(L)

2. 相关选项说明

执行直线命令后，选项中有闭合(C)和放弃(U)两项。

(1) C 选项：绘制两条以上直线段后，若选择输入选项“C”，系统自动连接起始点和最后一个端点，使连续直线自动封闭。

(2) U 选项：若选择输入选项“U”，删除最近一次绘制的直线段。

注意：执行直线命令后，在指定第一点的提示下，若采用按空格键或 Enter 键的方法响应，系统会把上次绘制图线（或圆弧）的终点作为本次直线的起点，且新直线与圆弧相切。

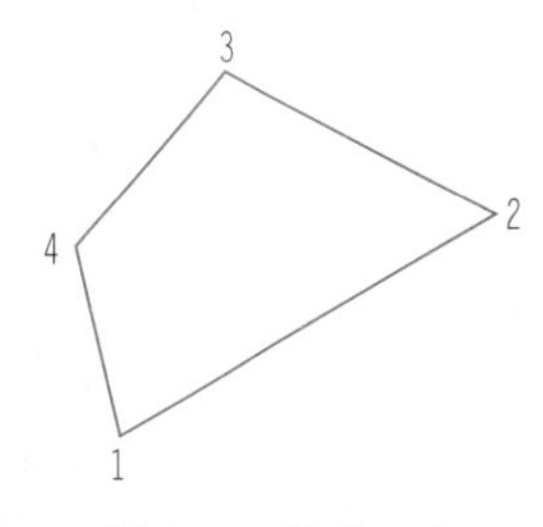

图 3-1　任意一个闭合四边形

例题：绘制任意一个闭合四边形。

命令：(以图 3-1 所示为例进行讲解)

LINE 指定第一点：(任意单击一点，如 1 点)

指定下一点或[放弃(U)]：(任意单击一点，如 2 点)

指定下一点或[放弃(U)]:(任意单击一点,如3点)

指定下一点或[闭合(C)/放弃(U)]:(任意单击一点,如4点)

指定下一点或[闭合(C)/放弃(U)]:c

说明:(1) 绘图过程中,输入U,表示退回到上一步操作;

(2) 按空格键退出命令。

二、构造线

构造线是向两个方向无限延长的直线,没有起点也没有终点。通常用作辅助线。

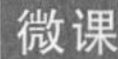
微课

构造线

1. 执行方式

功能区:常用标签→绘图→

菜单栏:绘图(D)→构造线(T)

工具栏:

命令栏:xline(xl)

2. 相关选项说明

执行构造线命令后,选项中有指定点、水平、垂直、角度、二等分和偏移6种方式绘制构造线。

(1) 指定点:用指定两个通过点的方式创建构造线。

(2) 水平/垂直(H/V):创建通过指定点的水平/垂直构造线。

(3) 角度(A):按指定的角度创建构造线。

角度的参照方式:绘制与任意指定直线成任意角度的构造线。以参照直线为起点,转动到构造线,逆时针转动角度为正值,顺时针转动角度为负值。

(4) 二等分(B):构造线经过选定角的顶点,将选定角平分。

(5) 偏移(O):创建平行于另一个对象的构造线,有通过指定点和给定偏移距离两种方式。

例题1:各绘制任意三条水平构造线和垂直构造线。

解:绘制任意三条水平构造线,如图3-2a所示。

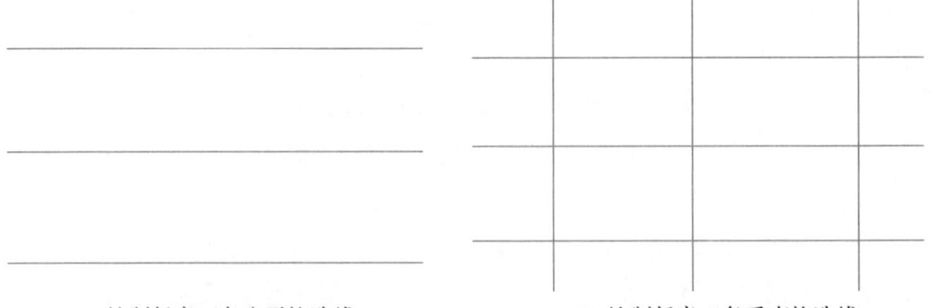

(a) 绘制任意三条水平构造线　　(b) 绘制任意三条垂直构造线

图3-2 绘制任意三条水平构造线和垂直构造线

命令:xl

XLINE 指定点或[水平(H)/垂直(V)/角度(A)/二等分(B)/偏移(O)]:h

指定通过点:(任意单击一点)

指定通过点:(任意单击一点)

指定通过点:(按 Enter 键退出命令)

再绘制任意三条垂直构造线,如图 3-2b 所示。

命令:xl

XLINE 指定点或[水平(H)/垂直(V)/角度(A)/二等分(B)/偏移(O)]:v

指定通过点:(任意单击一点)

指定通过点:(任意单击一点)

指定通过点:(任意单击一点)

指定通过点:(按 Enter 键退出命令)

例题 2:绘制任意三条 30°构造线。

解:如图 3-3 所示

命令:xl

XLINE 指定点或[水平(H)/垂直(V)/角度(A)/二等分(B)/偏移(O)]:a

输入构造线的角度(0)或[参照(R)]:30

指定通过点:(任意单击一点)

指定通过点:(任意单击一点)

指定通过点:(任意单击一点)

指定通过点:(按 Enter 键退出命令)

例题 3:用构造线等分三角形的一个角

解:用直线命令画三角形 123,如图 3-4 所示。

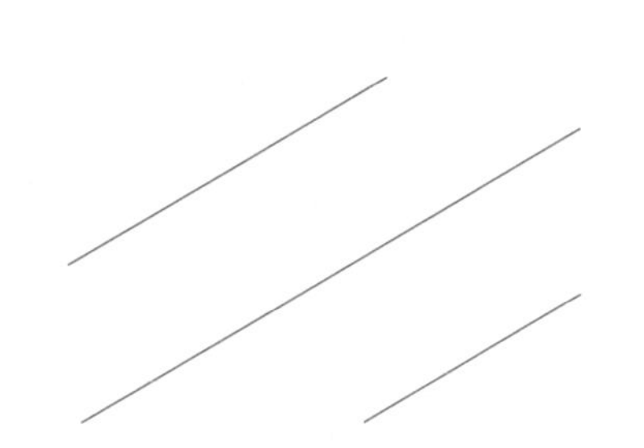

图 3-3　任意三条 30°构造线和垂直构造线

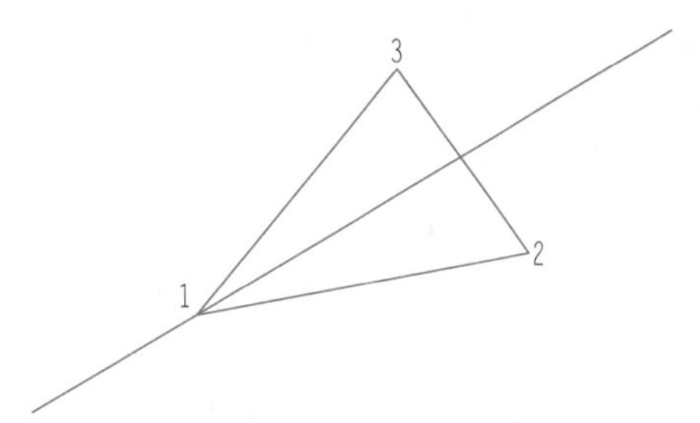

图 3-4　用构造线等分三角形的一个角

命令:xl

XLINE 指定点或[水平(H)/垂直(V)/角度(A)/二等分(B)/偏移(O)]:b

指定角的顶点:(1 点)

指定角的起点:(2 点)

指定角的端点:(3 点)

指定角的端点:按空格键退出命令

三、射线

微课

射线

射线是由一点向一个方向无限延伸的直线,用射线代替构造线作为辅助线有助于降低视觉混乱。

执行方式

功能区:常用标签→绘图→

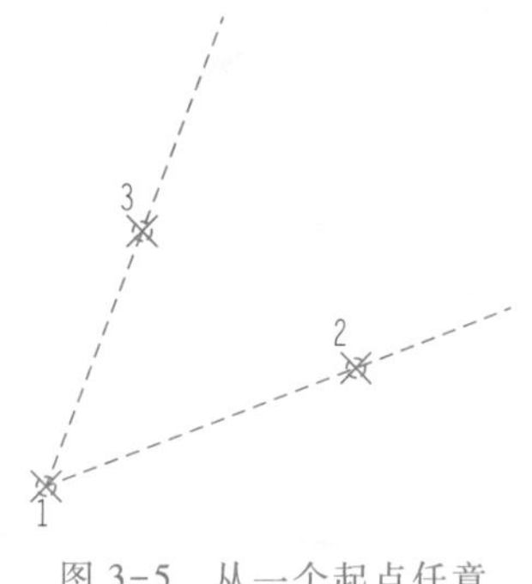

图 3-5 从一个起点任意画两条射线

菜单栏:绘图(D)→射线(R)

工具栏:

命令栏:ray

例题:从一个起点任意画两条射线,如图 3-5 所示。

解:操作命令行提示:

命令:ray

指定起点:(任意单击一点,如 1 点)

指定通过点:(任意单击一点,如 2 点)

指定通过点:(任意单击一点,如 3 点)

指定通过点:按空格键退出命令

第二节 辅助绘图方式

微课

正交模式辅助绘图

一、正交模式辅助绘图

在 AutoCAD 绘图过程中,经常需要绘制水平直线和垂直直线,由于用光标控制选择线段的端点时很难保证两个点严格沿水平或垂直方向,为此,AutoCAD 提供了正交模式功能。当启用正交模式时,画线或移动对象时只能沿水平或垂直方向移动光标,也只能绘制平行于坐标轴的正交线段。

1. 执行方式

状态栏:正交模式按钮

命令栏:ORTHO

快捷键:F8

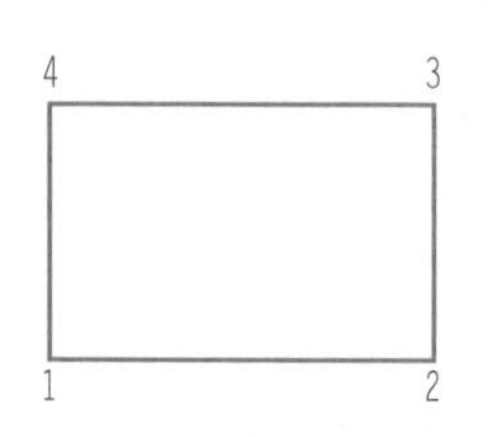

图 3-6 长 100 宽 60 的正四边形

2. 操作步骤

命令:(常用单击状态栏按钮方式)

命令:<正交 开>(单击一次)

命令:<正交 关>(再单击一次)

例题:绘制一个长 100、宽 60 的正四边形,如图 3-6 所示。

解:操作命令行提示:

命令:

命令:<正交 开>

命令:l

LINE 指定第一点:(任意单击一点,如 1 点)

指定下一点或[放弃(U)]:100(光标向右移动,输入 100,单击,如 2 点)

指定下一点或[放弃(U)]:60(光标向上移动,输入 60,单击,如 3 点)

指定下一点或[闭合(C)/放弃(U)]:100(光标向左移动,输入 100,单击,如4 点)

指定下一点或[闭合(C)/放弃(U)]:c

微课

捕捉方式和栅格显示

二、捕捉方式和栅格显示

应用栅格显示按钮可以使绘图区显示网格,好比传统的坐标纸。

1. 捕捉方式的执行方式

菜单:工具→草图设置

状态栏:捕捉方式按钮

快捷键:F9(仅限于打开与关闭)

2. 栅格显示的执行方式

菜单:工具→草图设置

状态栏:栅格显示按钮

快捷键:F7(仅限于打开与关闭)

3. 设置捕捉与栅格

通过菜单工具→草图设置,打开“草图设置”对话框中的“捕捉和栅格”选项卡,如图 3-7 所示。

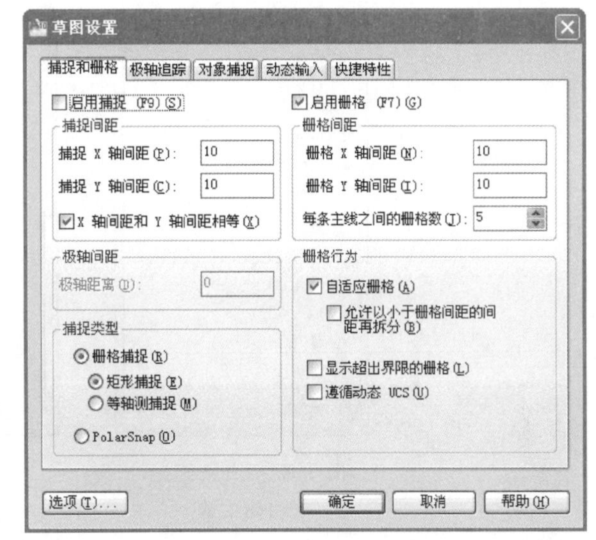

图 3-7 “草图设置”对话框

左侧用于捕捉设置,右侧用于栅格设置。勾选启用捕捉和启用栅格复选框,可以打开捕捉模式和栅格显示模式,不勾选,即为关闭捕捉和栅格显示模式。

启用捕捉方式,可以在绘图区生成一个隐含的栅格(捕捉栅格),用于约束光标只能落在栅格的某一个节点上,使用户能够准确地捕捉和选择这个栅格上的点。

启用栅格显示模式,可按用户指定的 X、Y 方向间距显示一个栅格点阵。

三、对象捕捉

对象捕捉的功能是找图形上的特殊点,例如圆心、切点、线段的中点等。

1. 执行方式

(1) 直接使用对象捕捉命令。

(2) 使用对象捕捉工具栏

(3) 使用快捷菜单。同时按 Shift 键和单击鼠标右键可激活对象捕捉快捷菜单,如图 3-8 所示。

2. 设置对象捕捉方式

按快捷键 Ctrl+F 或 F3 或单击状态栏对象捕捉按钮,打开对象捕捉方式,右击对象捕捉按钮,单击设置,勾选所需要的捕捉方式,如图 3-9 所示。

说明:采用对象捕捉方式找点的前提是,打开了对象捕捉方式、选择了相应的捕捉方式,命令行提示“指定一个点”。

因为存在捕捉方式的干扰问题,不提倡选中全部捕捉方式。

设置捕捉方式后,绘图时,当看到相应捕捉标记时,单击左键,即可捕捉到特殊点。

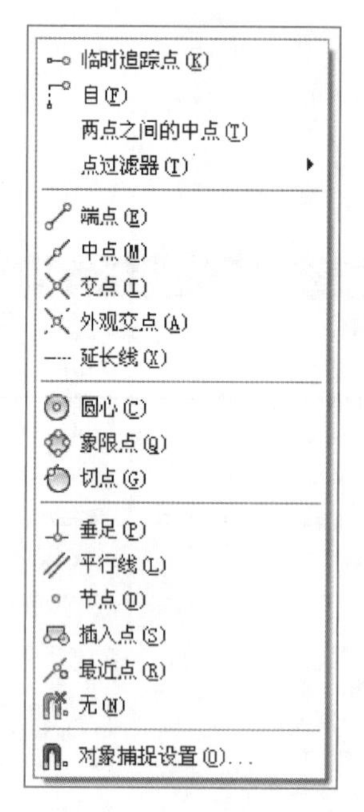

图 3-8 “对象捕捉”快捷菜单

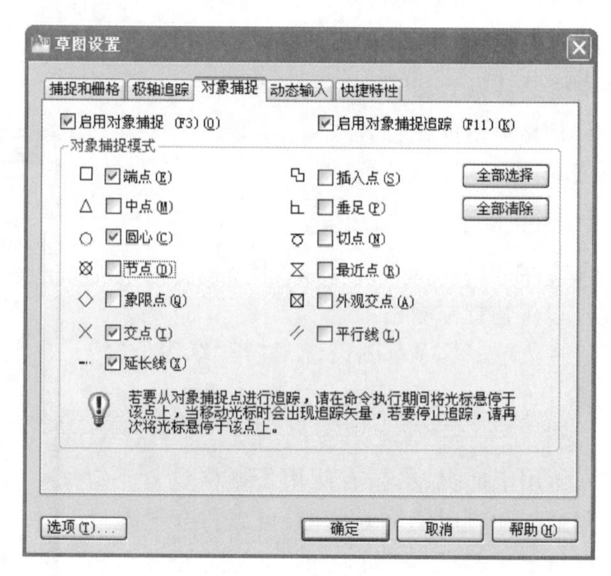

图 3-9 “对象捕捉”选项卡

例题 1：绘制一个电阻符号（长方形大小，长 30，宽 10），如图 3-10 所示。

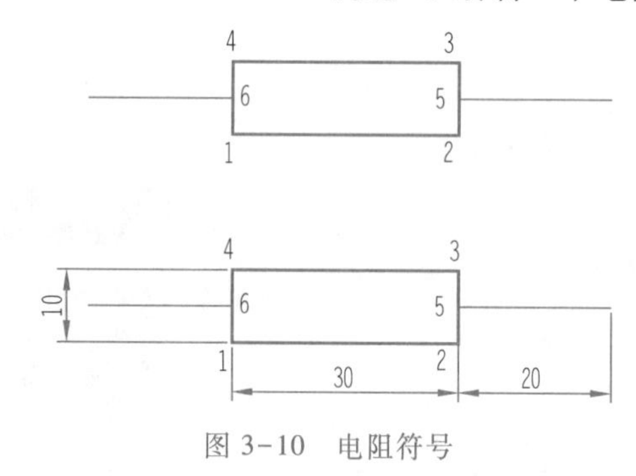

图 3-10 电阻符号

解：命令行提示：

命令：l

LINE 指定第一点：（任意单击一点，如 1 点）

指定下一点或[放弃(U)]：<正交 开>30（打开正交模式，光标水平向右移动，输入 30，如 2 点）

指定下一点或[放弃(U)]：10（光标垂直向上移动，输入 10，如 3 点）

指定下一点或[闭合(C)/放弃(U)]：30（光标水平向左移动，输入 30，如 4 点）

指定下一点或[闭合(C)/放弃(U)]：c

命令：LINE 指定第一点：（打开中点捕捉方式，捕捉 5 点）
指定下一点或[放弃(U)]：20（绘制右侧引线）
指定下一点或[放弃(U)]：（按空格键退出命令）

命令：LINE 指定第一点：（打开中点捕捉方式，捕捉 6 点）
指定下一点或[放弃(U)]：20（绘制左侧引线）
指定下一点或[放弃(U)]：（按空格键退出命令）

(1) 延伸捕捉

特点：适合捕捉沿任一方向直线上的点。

操作要领：

先把鼠标放到要追踪的直线端点上停留一会，直至出现端点字样，如图 3-11a 所示；再沿直线延伸的方向滑动，出现延伸线以及“范围：数值<角度”的提示，如图 3-11b 所示，这时可输入某一数值并按 Enter 键或单击左键确定绘制点。

例题 2： 绘制交流接触器常闭触头符号，如图 3-12 所示。

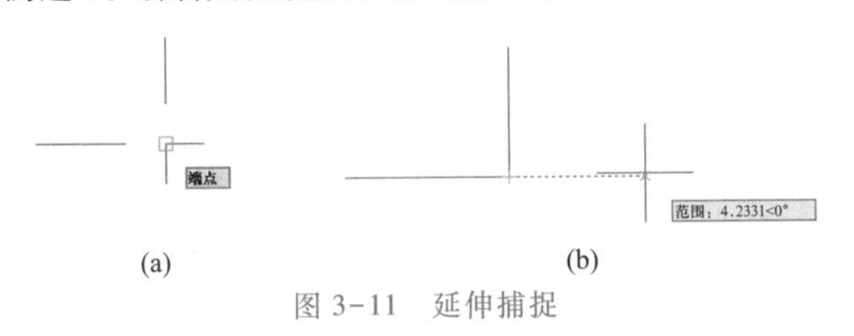

图 3-11 延伸捕捉

图 3-12 交流接触器常闭触头符号

解： 命令行提示：

命令：l

LINE 指定第一点：

指定下一点或[放弃(U)]：<正交 开>5

指定下一点或[放弃(U)]：4

指定下一点或[闭合(C)/放弃(U)]：

命令：LINE 指定第一点：<对象捕捉 开>6(采用延伸捕捉)

指定下一点或[放弃(U)]：5

指定下一点或[放弃(U)]：

命令：l

LINE 指定第一点：

指定下一点或[放弃(U)]：<正交 关>(画斜线，角度 150)

指定下一点或[放弃(U)]：(按空格键退出命令)

(2) 平行捕捉

先把鼠标移到要与之平行的直线上，当出现平行捕捉标记时，再将鼠标移到与直线平行的方位上，当出现平行追踪线时，可输入某一数值回车或单击左键确定绘制点。

3. 正交偏移捕捉

功能：相对一个已知点定位另一点。

使用场合：当待求点与已知点的相对坐标已知时，常用正交偏移捕捉方式(FRO 方式)求得待求点。

执行方式：

命令行：FROM(透明命令)

菜单栏：按住 Shift 键在绘图区单击鼠标右键，在弹出的菜单中选择“自”选项。

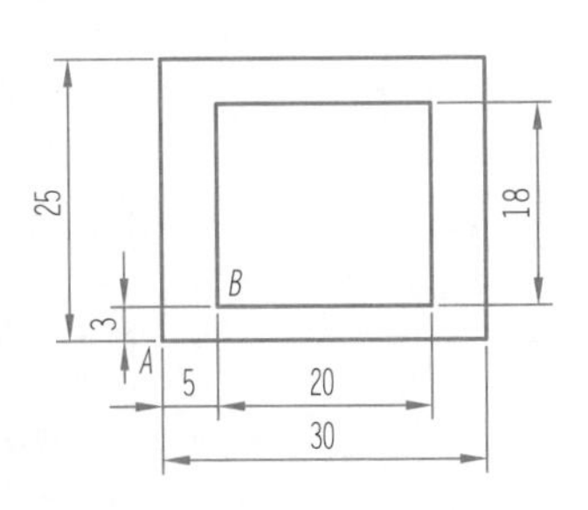

图 3-13 正交偏移捕捉

例题 3： 在图 3-13 中已知外部图形，画出内部图形。

解： 命令行提示：

命令：l

LINE 指定第一点:fro(透明命令)

基点:<对象捕捉 开><偏移>:@5,3(拾取基点,即A点;输入B点相对于A点的坐标)

指定下一点或[放弃(U)]:20

指定下一点或[放弃(U)]:18

指定下一点或[闭合(C)/放弃(U)]:20

指定下一点或[闭合(C)/放弃(U)]:c

画出内部图形。

注意:无论是否打开了DYN,输入<偏移>坐标时必须输入@符号,即输入相对坐标。

微课

自动追踪

四、自动追踪

自动追踪包括极轴追踪和对象捕捉追踪两种追踪选项。利用自动追踪功能,可以对齐路径,以精确的位置和角度创建对象。对象追踪是指按照指定角度或与其他对象建立指定关系来绘制对象。可以结合对象捕捉功能进行自动追踪,也可以指定临时点进行临时追踪。

1. 极轴追踪

系统进行极轴追踪时,用户在绘图区拾取一点后,当光标落在用户设定的增量角附件或增量角倍角方向附近或附加角附近时,会出现一条追踪线,单击左键或输入某一数值,就会在此追踪线上确定一点。

(1) 常用执行方式

菜单:工具→草图设置

状态栏:极轴按钮

命令栏:DDOSNAP(快捷命令DS)

快捷键:F10(仅限于打开与关闭)

(2) 设置极轴追踪方式

鼠标右键单击状态栏极轴按钮,如图3-14所示,可以勾选所需的角度,或单击设置,系统打开“草图设置”对话框中的“极轴追踪”选项卡,如图3-15所示。

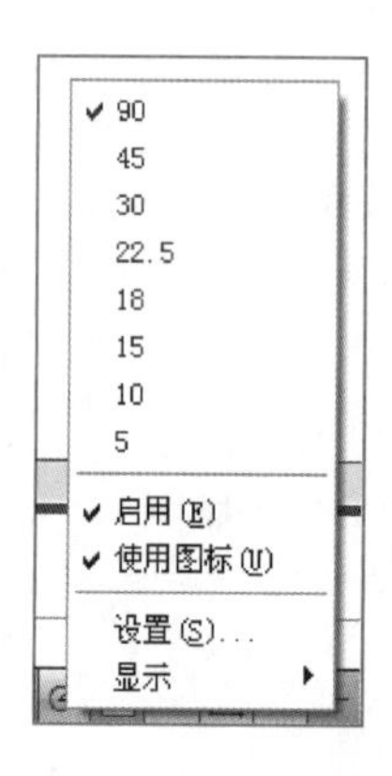

图3-14 设置极轴追踪方式

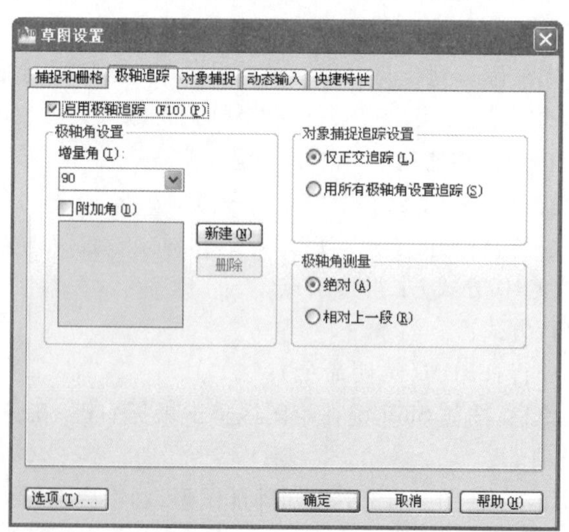

图3-15 “极轴追踪”选项卡

各选项卡功能：

极轴角设置选项组，用于设置极轴角的值。可以在增量角下拉列表框中选择一种角度值，也可勾选附加角复选框，单击“新建”按钮设置任意附加角。

说明：可以设置多个附加角，但在附加角的倍角方向没有追踪线。

例题 1：绘制如图 3-16a 所示的图形。

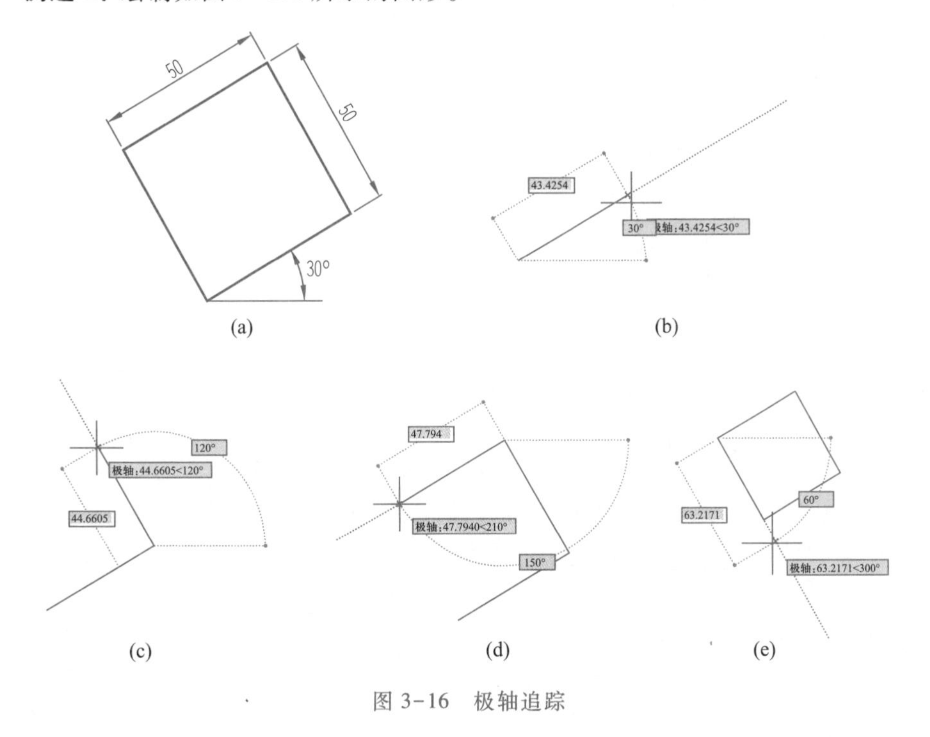

图 3-16 极轴追踪

解：命令行提示：

命令：l

LINE 指定第一点：(任意单击一点，设置增量角 30)

指定下一点或[放弃(U)]：50(光标移至 30°角附近，出现追踪线，如图 3-16b 所示，输入 50)

指定下一点或[放弃(U)]：50(光标移至 120°角附近，出现追踪线，如图 3-16c 所示，输入 50)

指定下一点或[闭合(C)/放弃(U)]：50(光标移至 210°角附近，出现追踪线，如图 3-16d所示，输入 50)

指定下一点或[闭合(C)/放弃(U)]：c(光标移至 300°角附近，出现追踪线，如图 3-16e所示，输入 c，或 50)

2. 对象追踪

对象追踪是捕捉特征点(不拾取点)，出现捕捉标记后，就可在正交方向或所设置的极轴角方向出现追踪线。

(1) 常用执行方式

状态栏：对象追踪按钮

命令栏:DDOSNAP(快捷命令 DS)

快捷键:F11(仅限于打开与关闭)

(2) 追踪方式

正交追踪方式:只在正交方向出现追踪线,与增量角的设置无关。

用所有极轴角设置追踪:在增量角和其倍角方向都会出现追踪角。

例题 2:按图 3-17a 补画完整图 3-17b。

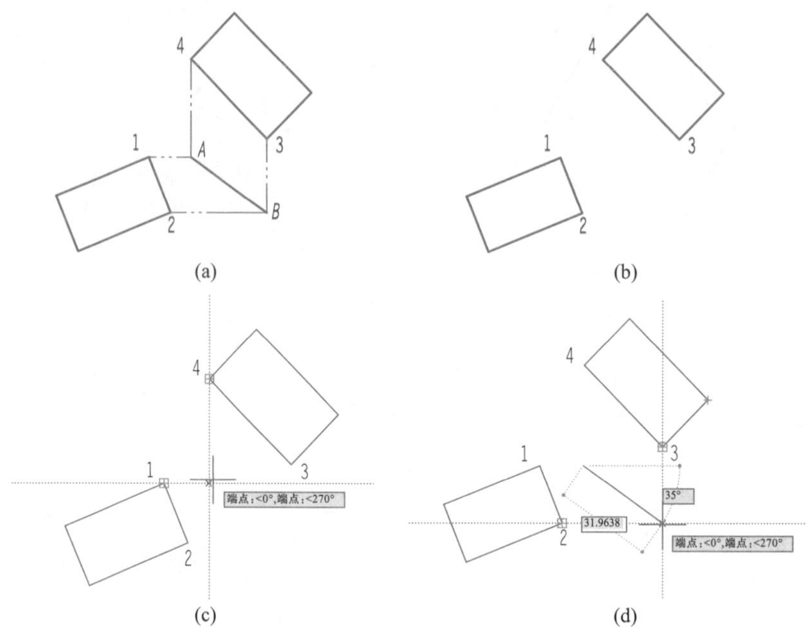

图 3-17 正交追踪方式

解:设置仅正交追踪方式。

L 命令,鼠标光标移到 1 点,出现端点捕捉标记后,水平移动光标,出现水平追踪线后,将光标移动到 4 点,出现端点捕捉标记后,垂直移动光标,出现水平追踪线后,向下移动光标,当两条追踪线相交时,单击左键,即可拾取一点(即 A 点),如图 3-17c 所示。用同样的方法拾取 B 点,如图 3-17d 所示。

说明:不论光标是否在两追踪线的交点上,只要两条追踪线相交,单击左键,即可拾取其交点。

3. 极轴追踪和对象追踪的区别

极轴追踪是拾取一点后,才能出现沿指定方向的追踪线,对象追踪是捕捉特征点(不拾取点),出现捕捉标记后,就可在正交方向或所设置的极轴角方向出现追踪线。

微课

点的绘制

第三节 点命令

一、点的绘制

点可以作为捕捉对象的节点,在工程中起到辅助定位的作用,恰当运用点的辅助定位功能,如定数等分、定距等分等,可以解决很多实际工程技术问题。点在 AutoCAD

中有多种不同的表示形式,用户可以根据需要进行设置。

1. 执行方式

功能区:常用标签→绘图→▪

菜单:绘图(D)→点(O)→单点(S)(或多点)

工具栏:▪

命令栏:point(快捷命令 po)

2. 操作步骤

命令:POINT

指定点:(可在绘图区指定一个点)

按空格键退出命令。

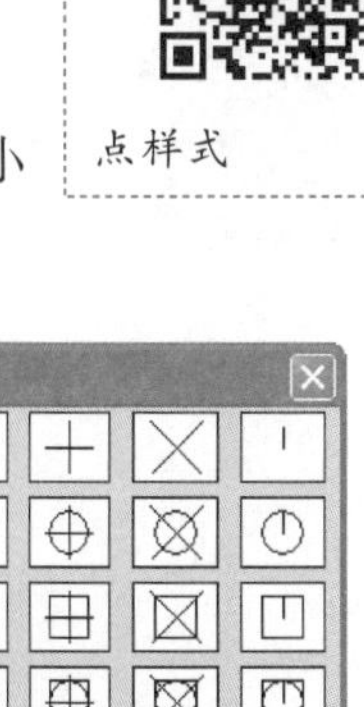

二、点样式

在默认状态下,点的样式为“.”,不方便观察,AutoCAD 提供了对点的样式和大小进行设置的功能。

1. 执行方式

功能区:常用标签→实用工具→点样式

菜单:格式(O)→点样式(P)

命令栏:ddptype(或'ddptype,透明使用)

执行命令后,系统将弹出“点样式”对话框,如图 3-18所示。

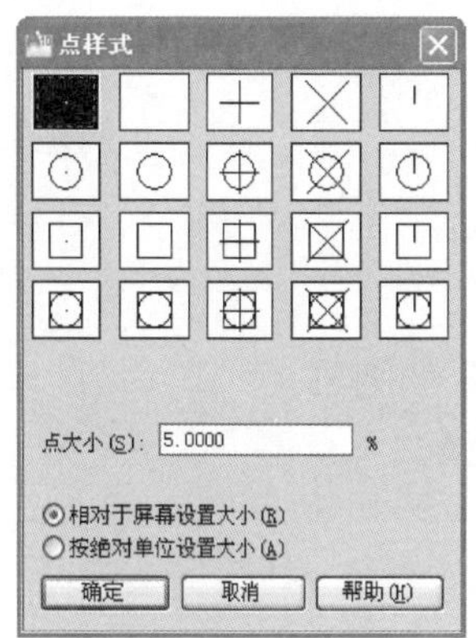

图 3-18 “点样式”对话框

该对话框提供了 20 种点样式供用户选择。点选点样式后,单击“确定”按钮,返回到绘图界面后,图中原来绘制的点就会变成设置的样式。

2. 选项说明

点大小:设置点的显示大小。

相对于屏幕设置大小:按屏幕尺寸的百分比设置点的显示大小。进行缩放时,点的显示大小不会改变。

按绝对单位设置大小:按指定的实际单位设置点显示的大小。进行缩放时,点的显示大小会随之改变。

三、定数等分

定数等分是指创建沿对象的长度或周长等间隔排列的点或块。选择等分的对象可以是直线段,也可以是曲线。

1. 执行方式

菜单:绘图(D)→点(O)→定数等分(D)

命令栏:divide(快捷命令:div)

2. 操作步骤

以将图 3-19a 进行 5 等分为例进行说明,命令行提示:

命令:div

DIVIDE

选择要定数等分的对象:(选择要定距等分的直线段)

输入线段数目或[块(B)]:5

等分后的图形如图 3-19b 所示。

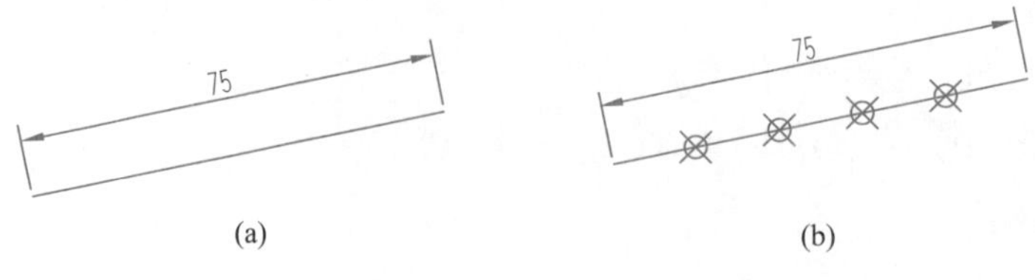

图 3-19 定数等分

说明:等分数目范围为 2~32767。

微课

定距等分

四、定距等分

定距等分是指创建沿对象的长度或周长按测定间隔创建点或块。

1. 执行方式

菜单:绘图(D)→点(O)→定距等分(M)

命令栏:measure(快捷命令:me)

2. 操作步骤

以图 3-20 为例进行说明。

例题: 在图 3-20a 基础上创建长度为 30 的等距点。

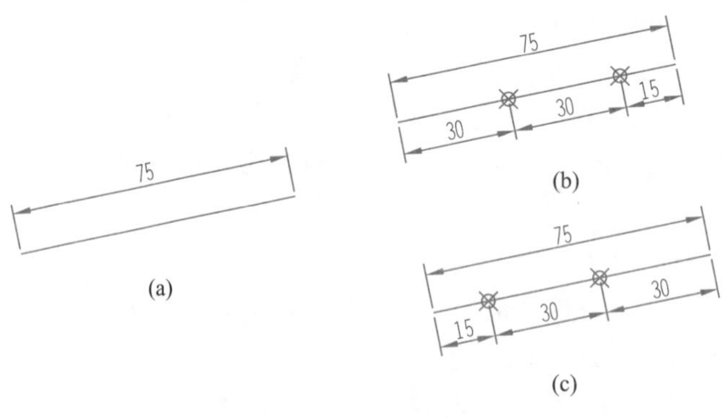

图 3-20 定距等分

命令:me

MEASURE

选择要定距等分的对象:(选择要定距等分的直线段)

指定线段长度或[块(B)]:30

说明:选择直线段时,若单击的是线段左侧,图形如图 3-20b 所示;若单击的是线段右侧,图形如图 3-20c 所示。即距离不足部分自动留在最后一段。

微课

圆

第四节 圆类命令

一、圆

1. 执行方式

功能区:常用标签→绘图→

菜单:绘图(D)→圆(C)

工具栏:

命令栏:CIRCLE(快捷命令:C)

2. 绘制圆的方法

AutoCAD 提供了 6 种基本的绘制圆的方法,如图 3-21 所示。

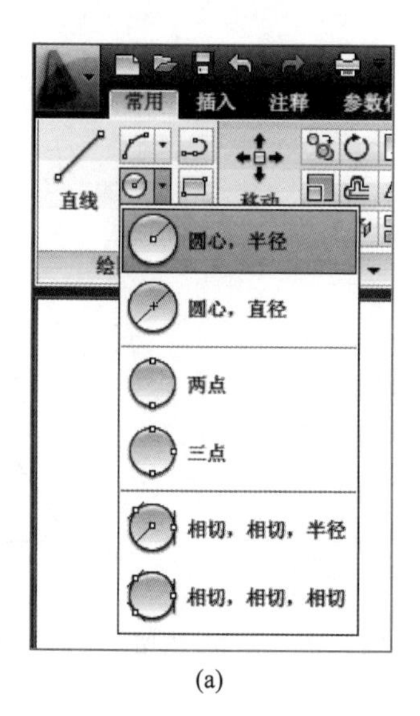

(a)

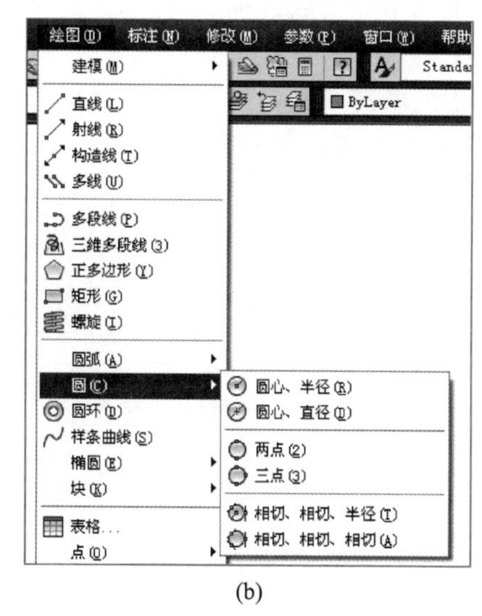

(b)

图 3-21 圆的绘制方法

除了相切、相切、相切绘制方法,其他 5 种方法在命令行均有体现。

3. 部分选项说明

两点:指定直径的两个端点绘制圆。

三点:指定圆周上的 3 个点绘制圆。

相切、相切、半径:绘制和两个已知对象相切且已知半径的圆。

相切、相切、相切:绘制和 3 个已知对象都相切的圆。

例题 1:绘制圆心坐标(100,200),半径 30 的圆。

解:命令行提示:

命令:c

CIRCLE 指定圆的圆心或[三点(3P)/两点(2P)/切点、切点、半径(T)]:100,200

指定圆的半径或[直径(D)]:30

例题 2:绘制圆心坐标(500,300),直径 67 的圆。

解:命令行提示:

命令:c

CIRCLE 指定圆的圆心或[三点(3P)/两点(2P)/切点、切点、半径(T)]:500,300

指定圆的半径或[直径(D)]<30.0000>:d

指定圆的直径<60.0000>:67

例题 3:按图 3-22a 补画图 3-22b。

解:命令行提示:

命令:c

CIRCLE 指定圆的圆心或[三点(3P)/两点(2P)/切点、切点、半径(T)]:2p

指定圆直径的第一个端点:(捕捉 *A* 点)

指定圆直径的第二个端点:(捕捉 *B* 点)

命令:CIRCLE 指定圆的圆心或[三点(3P)/两点(2P)/切点、切点、半径(T)]:3p

指定圆上的第一个点:(捕捉 *A* 点)

指定圆上的第二个点:(捕捉 *B* 点)

指定圆上的第三个点:(捕捉 *C* 点)

例题 4: 按图 3-23a 补画图 3-23b。

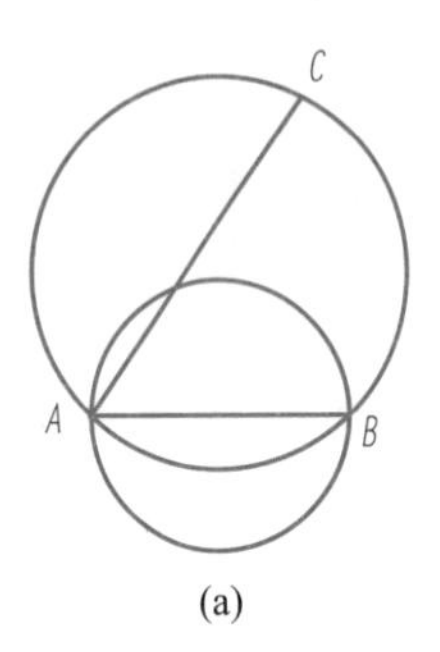

(a)

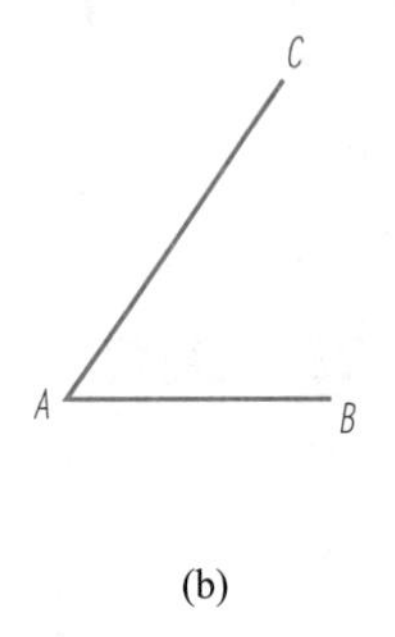

(b)

图 3-22 两点方式与三点方式绘制圆

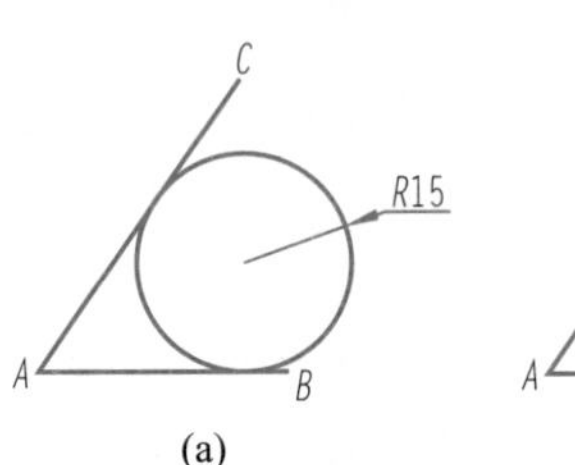

(a)

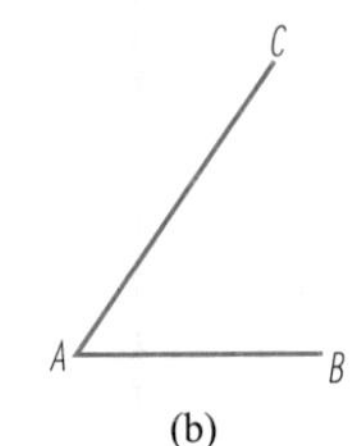

(b)

图 3-23 相切、相切、半径方式绘制圆

解: 命令行提示:

命令:c

CIRCLE 指定圆的圆心或[三点(3P)/两点(2P)/切点、切点、半径(T)]:t

指定对象与圆的第一个切点:(鼠标靠近线段 *AB*,出现切点捕捉符号后,单击鼠标左键)

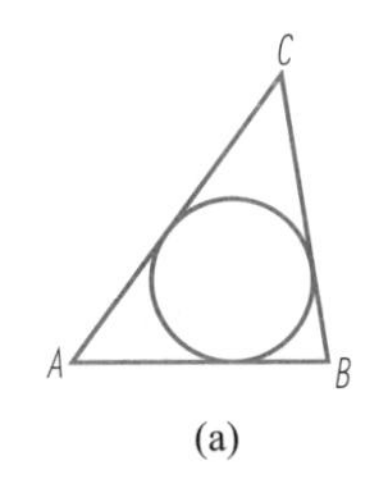

(a)

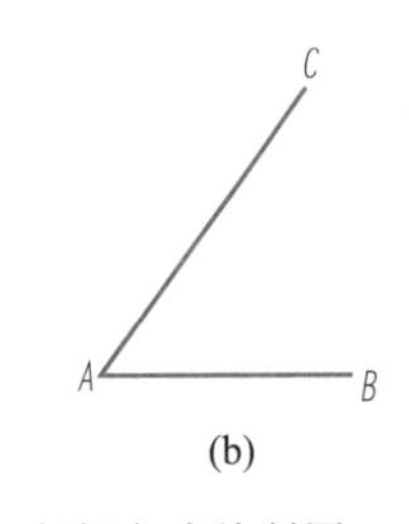

(b)

图 3-24 相切、相切、相切方式绘制圆

指定对象与圆的第二个切点:(鼠标靠近线段 *AC*,出现切点捕捉符号后,单击鼠标左键)

指定圆的半径<30.0000>:15

例题 5: 按图 3-24a 补画图 3-24b。

解: 命令行提示:

命令:(调出相切、相切、相切命令)

命令:_circle 指定圆的圆心或[三点(3P)/两点(2P)/切点、切点、半径(T)]:_3p 指定圆上的第一个点:_tan 到(鼠标靠近线段 *AB*,出现切点捕捉符号后,单击鼠标左键)

指定圆上的第二个点:_tan 到(鼠标靠近线段 *AC*,出现切点捕捉符号后,单击鼠标左键)

指定圆上的第三个点:_tan 到(鼠标靠近线段 *BC*,出现切点捕捉符号后,单击鼠标左键)

微课

圆弧

二、圆弧

圆弧是绘制工程图时常用的图形要素,也是用户为了提高绘图效率必须要掌握的基本技能。

1. 执行方式

功能区:常用标签→绘图→

菜单栏:绘图(D)→圆弧(A)

工具栏:

命令栏:arc(快捷命令:a)

2. 绘制圆弧的方法

AutoCAD 提供了 11 种基本的绘制圆弧的方法,如图 3-25 所示。

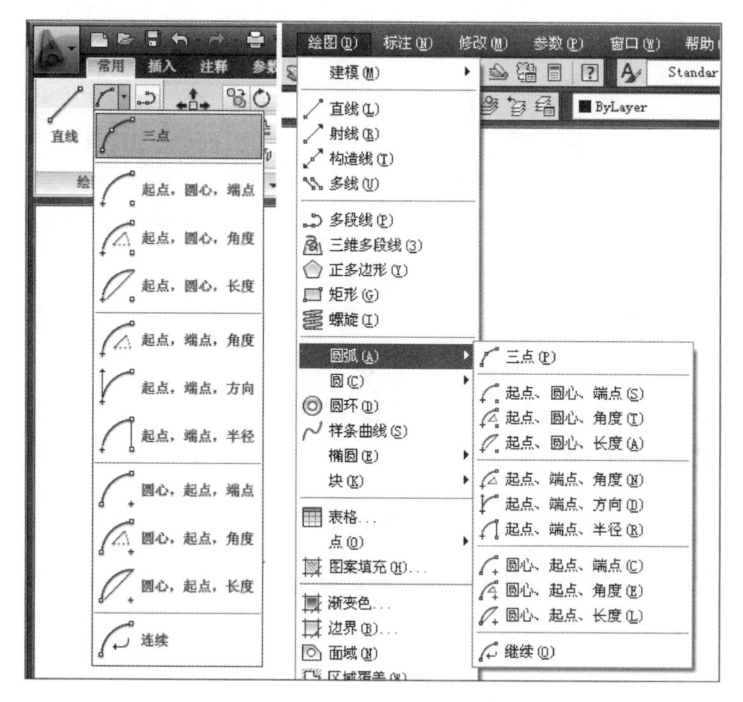

图 3-25 圆弧的绘制方法

3. 部分选项说明

三点:默认画弧方式,可沿逆时针或顺时针画弧。

起点圆心角度:角度是指圆弧的圆心角数值。

起点端点方向:方向是指圆弧的起点切线方向与 X 轴正向的夹角,角度以逆时针方向为正。

起点端点半径:当半径大于 0 时画小弧,半径小于 0 时画大弧。

起点圆心长度:长度是指弦长。当弦长大于 0 时画小弧,弦长小于 0 时画大弧。

连续:画弧时对指定第一点的提示,若用空格键或回车键来应答,则自动以绘制的前一直线或前一圆弧的终点为起点,且所绘制的圆弧与前一直线或前一圆弧相切。

例题 1: 按图 3-26a 补画图 3-26b。

解: 命令行提示:

命令:a

ARC 指定圆弧的起点或[圆心(C)]:(单击 A 点)

指定圆弧的第二个点或[圆心(C)/端点(E)]:e
指定圆弧的端点:(单击 B 点)
指定圆弧的圆心或[角度(A)/方向(D)/半径(R)]:r
指定圆弧的半径:25

例题 2: 按图 3-27a 补画图 3-27b。

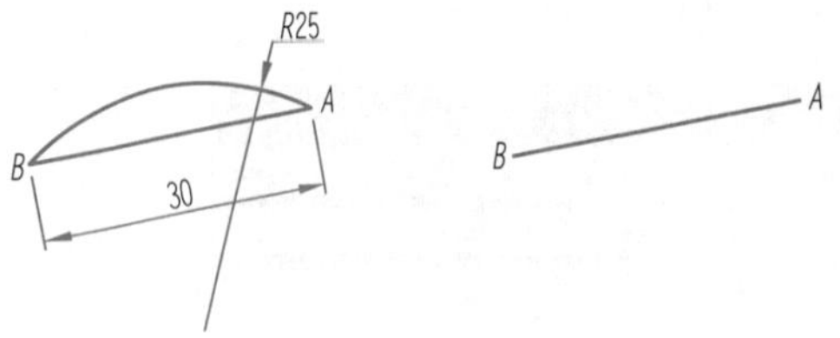

(a) (b)

图 3-26 小弧的画法

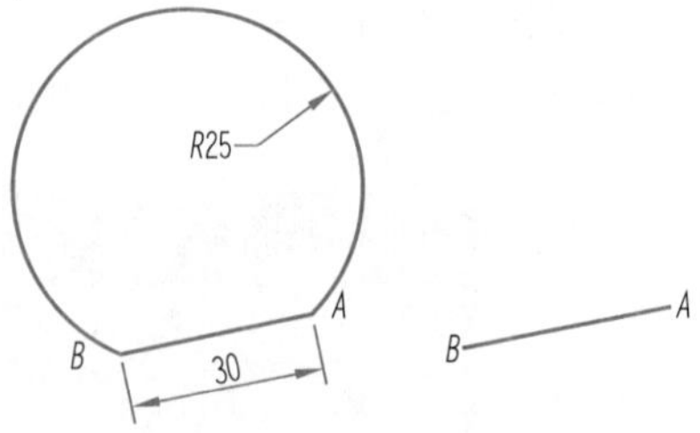

(a) (b)

图 3-27 大弧的画法

解: 命令行提示:

命令:a
ARC 指定圆弧的起点或[圆心(C)]:(单击 *A* 点)
指定圆弧的第二个点或[圆心(C)/端点(E)]:e
指定圆弧的端点:(单击 *B* 点)
指定圆弧的圆心或[角度(A)/方向(D)/半径(R)]:r
指定圆弧的半径:-25

例题 3: 按图 3-28a 补画图 3-28b。

解: 命令行提示:

命令:l
LINE 指定第一点:(捕捉 *A* 点)
指定下一点或[放弃(U)]:(捕捉 *B* 点)
指定下一点或[放弃(U)]:(按空格键退出命令)
命令:a
ARC 指定圆弧的起点或[圆心(C)]:(按空格键,自动捕捉 *B* 点)
指定圆弧的端点:(捕捉 *C* 点)
命令:ARC 指定圆弧的起点或[圆心(C)]:(按空格键,自动捕捉 *C* 点)
指定圆弧的端点:(捕捉 *D* 点)

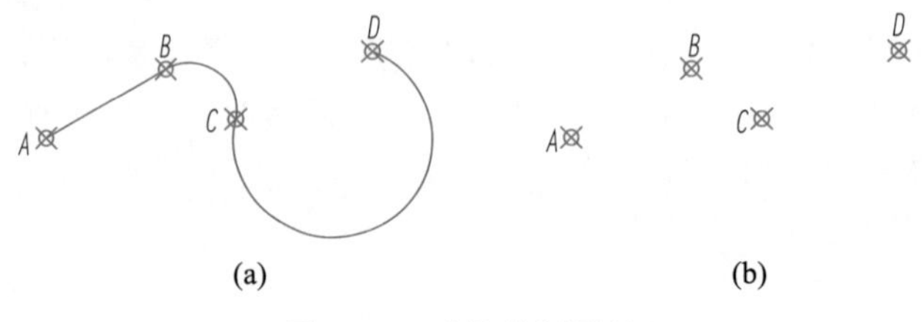

图 3-28 连续绘制圆弧

微课

圆环

三、圆环

圆环是由宽弧线段组成的闭合多段线。

1. 执行方式

功能区:常用标签→绘图→

菜单:绘图(D)→圆环(D)

命令栏:donut(快捷命令:do)

2. 绘制圆环的方法

执行圆环命令,根据命令行提示指定圆环内径和外径以及中心点。

例题: 绘制三个内径 20,外径 32 的圆环,如图 3-29 所示。

解: 命令行提示:

命令:do DONUT

指定圆环的内径<0.5000>:20

指定圆环的外径<1.0000>:32

指定圆环的中心点或<退出>:(在绘图区任意单击一点)

指定圆环的中心点或<退出>:(继续绘制同样圆环,单击一点)

指定圆环的中心点或<退出>:(继续绘制同样圆环,单击一点)

指定圆环的中心点或<退出>:(不再绘制,按空格键退出命令)

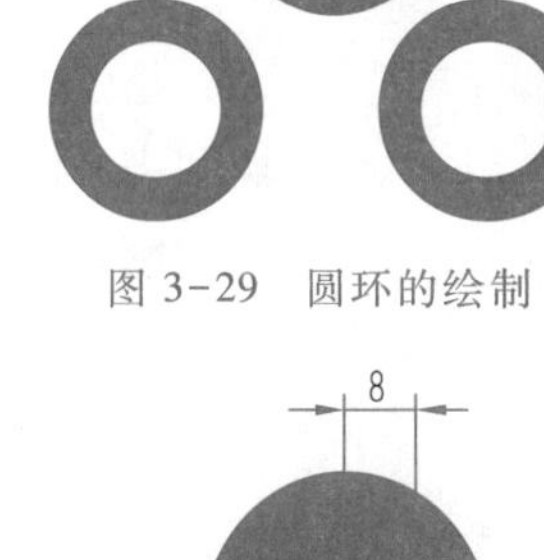

图 3-29　圆环的绘制

图 3-30　实心圆

3. 说明

(1) 若指定内径为 0,则画出一个内径 0,外径 32 的实心圆,如图 3-30 所示。

(2) 用 Fill 命令控制圆环是否填充。在命令行提示下选择 ON 表示填充,选择 OFF 表示不填充。

说明:

改变填充状态后,要用命令(RE)重新生成图形,才能看到不同的显示效果,如图 3-31所示。

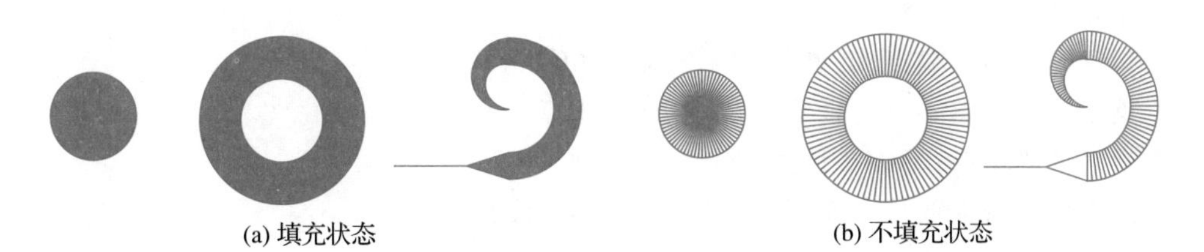

图 3-31　填充状态

四、椭圆

微课

椭圆

1. 执行方式:

功能区:常用标签→

菜单:绘图(D)→椭圆(E)

工具栏:

命令栏:ellipse(快捷命令:el)

2. 绘制椭圆的方法

(1) 端点、端点、端点方式(默认方式)

指定椭圆的第一轴的两个端点和另一个半轴的长度。

例题 1: 画出图 3-32 所示椭圆。

解: 命令行提示:

命令:el

ELLIPSE

指定椭圆的轴端点或[圆弧(A)/中心点(C)]:(任意单击一点,如 *A* 点)

指定轴的另一个端点:50(光标所在位置确定了 *AB* 线段的倾斜角度)

指定另一条半轴长度或[旋转(R)]:15

(2) 中心点、轴端点、长度方式

指定椭圆的中心、一个轴的端点和另一半轴的长度。注意轴端点的坐标是相对于椭圆中心的坐标。

例题 2: 画出图 3-33 所示椭圆。

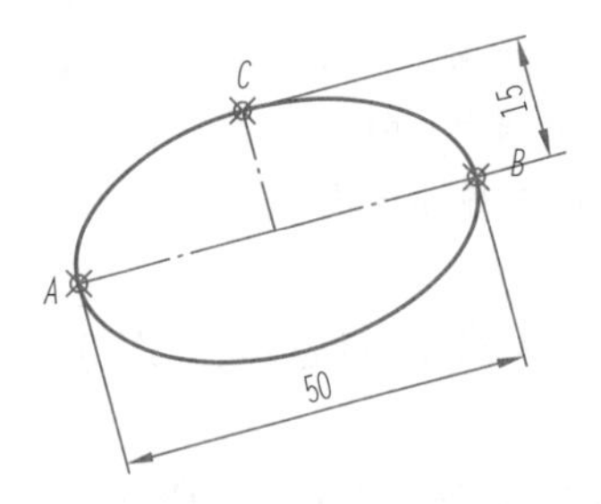

图 3-32 端点、端点、端点方式绘制椭圆

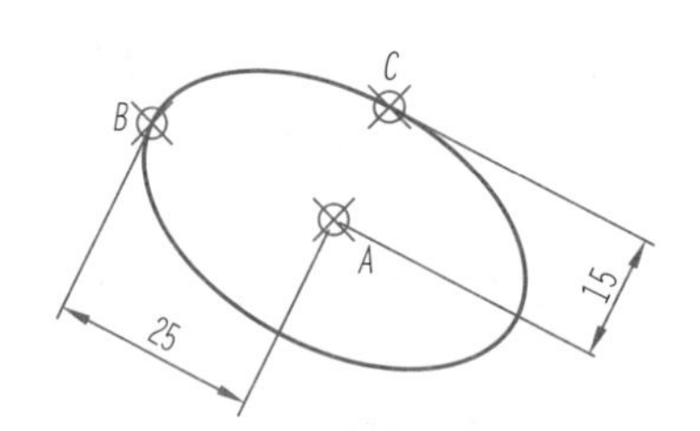

图 3-33 中心点、轴端点、长度方式绘制椭圆

解: 命令行提示:

命令:el

ELLIPSE

指定椭圆的轴端点或[圆弧(A)/中心点(C)]:C

指定椭圆的中心点:(任意单击一点,如 *A* 点)

指定轴的端点:25(*AB* 长度 25)

指定另一条半轴长度或[旋转(R)]:15(*AC* 长度 15)

(3) 中心点、轴端点、旋转角方式

旋转角是指绘制在倾斜面上的圆的投影时,圆所在的倾斜面与投影面之间的夹角。

例题 3: 画出半轴长度为 25,旋转角分别为 180、30、60 时的椭圆。

解: 命令行提示:

命令:el

ELLIPSE

指定椭圆的轴端点或[圆弧(A)/中心点(C)]:c

指定椭圆的中心点:
指定轴的端点:25
指定另一条半轴长度或[旋转(R)]:r
指定绕长轴旋转的角度:0
二维点无效。
指定绕长轴旋转的角度:180(得图 3-34a)
命令:ELLIPSE
指定椭圆的轴端点或[圆弧(A)/中心点(C)]:c
指定椭圆的中心点:
指定轴的端点:25
指定另一条半轴长度或[旋转(R)]:r
指定绕长轴旋转的角度:30(得图 3-34b)
命令:ELLIPSE
指定椭圆的轴端点或[圆弧(A)/中心点(C)]:c
指定椭圆的中心点:
指定轴的端点:25
指定另一条半轴长度或[旋转(R)]:r
指定绕长轴旋转的角度:60(得图 3-34c)

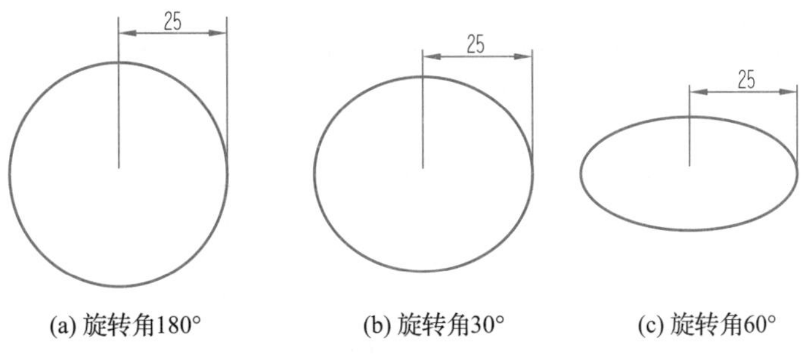

(a) 旋转角180°　(b) 旋转角30°　(c) 旋转角60°

图 3-34　中心点、轴端点、角度方式绘制椭圆

五、椭圆弧

1. 执行方式

功能区:常用标签→

菜单:绘图(D)→椭圆(E)→圆弧(A)

工具栏:

命令栏:ellipse(快捷命令:el)

2. 绘制椭圆弧的方法

绘制椭圆弧是在绘制椭圆的基础上进行的。先输入椭圆的确定参数条件,再指定椭圆弧的参数即可。

注意:

(1) 画椭圆弧时将沿逆时针方向保留从起点到终点的弧。

（2）系统变量 pellipse = 0 时绘制的是真正的椭圆，pellipse = 1 时绘制的是由多段线表示的椭圆。

例题： 按图 3-35a、b 补画图 3-35c、d。

解： 命令行提示：

命令：el

ELLIPSE

指定椭圆的轴端点或［圆弧（A）/中心点（C）］：a

指定椭圆弧的轴端点或［中心点（C）］：（单击 *A* 点）

指定轴的另一个端点：（单击 *B* 点）

指定另一条半轴长度或［旋转（R）］：15

指定起始角度或［参数（P）］：30

指定终止角度或［参数（P）/包含角度（I）］：180（得图 3-35c）

命令：el

ELLIPSE

指定椭圆的轴端点或［圆弧（A）/中心点（C）］：a

指定椭圆弧的轴端点或［中心点（C）］：（单击 *B* 点）

指定轴的另一个端点：（单击 *A* 点）

指定另一条半轴长度或［旋转（R）］：15

指定起始角度或［参数（P）］：30

指定终止角度或［参数（P）/包含角度（I）］：180（得图 3-35d）

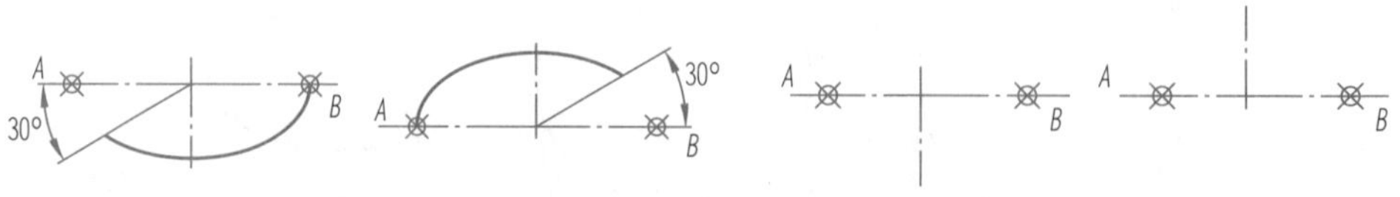

(a) (b) (c) (d)

图 3-35 绘制椭圆弧

微课

矩形命令

第五节 矩形和正多边形命令

一、矩形命令

1. 执行方式

功能区：常用标签→绘图→

菜单栏：绘图（D）→矩形（G）

工具栏：

命令栏：RECTANG（快捷命令：REC）

2. 操作步骤

命令行提示：

命令：rec

RECTANG

指定第一个角点或[倒角(C)/标高(E)/圆角(F)/厚度(T)/宽度(W)]:(指定角点)

指定另一个角点或[面积(A)/尺寸(D)/旋转(R)]:

3. 部分选项说明

第一个角点:指定两个角点可以确定一个矩形。

倒角:指定倒角距离,绘制带倒角的矩形。第一个倒角距离是指角点逆时针方向倒角距离,第2个倒角距离是指角点顺时针倒角距离。

标高:指定矩形标高(Z坐标)。

圆角:指定圆角半径,绘制带圆角的距离。

厚度:指定矩形的厚度。

宽度:指定线宽。

面积:指定面积或长和宽创建矩形。指定长度或宽度后,系统自动计算另一个维度,绘制出矩形。若矩形被倒角或圆角,则长度或面积计算也会考虑此设置。

尺寸:使用长和宽创建矩形。

旋转:使所绘制的矩形旋转一定角度。

二、正多边形

微课

正多边形

1. 执行方式

功能区:常用标签→绘图→⬠

菜单:绘图(D)→正多边形(Y)

工具栏:⬠

命令栏:POLYGON(快捷命令:POL)

2. 操作步骤

命令行提示:

命令:POL

POLYGON

输入边的数目<4>:指定多边形的边数

指定正多边形的中心点或[边(E)]:指定中心点

输入选项[内接于圆(I)/外切于圆(C)]<I>:指定是内接于圆还是外切于圆

指定圆的半径:指定外接圆或内切圆的半径

或者:

命令:POLYGON 输入边的数目<5>:

指定正多边形的中心点或[边(E)]:e

指定边的第一个端点:指定一点

指定边的第二个端点:指定边长

3. 选项说明

边(E):只要指定正多边形的一条边,系统就会按逆时针方向创建该正多边形。如图3-36a所示。

内接于圆(I):绘制的正多边形内接于圆。确定半径时,鼠标拾取的点为正多边形的一个顶点，如图 3-36b 所示。

外切于圆（C）：绘制的正多边形外切于圆。确定半径时，鼠标拾取的点为正多边形的边的中点，如图 3-36c 所示。

说明：正多边形是封闭多线段，线段数目为 3～1024。

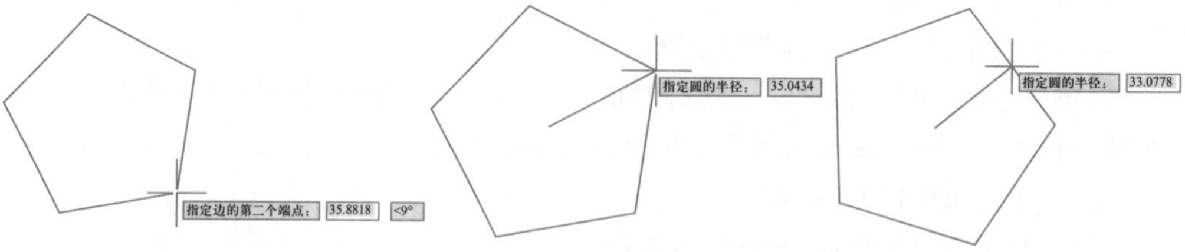

(a) 指定正多边形的边　　(b) 内接于圆　　(c) 外切于圆

图 3-36　绘制正多边形

即测即评三

第四章 编辑命令

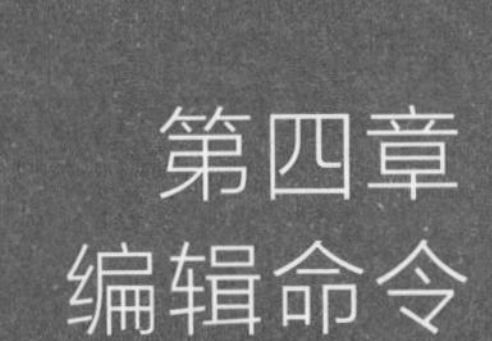

第一节 复制类命令

课件

编辑命令

微课

复制命令

一、复制命令

1. 执行方式

功能区:常用标签→修改→

菜单栏:修改(M)→复制(Y)

工具栏:

命令行:COPY(快捷命令:CO)

快捷菜单:选中要复制的对象右击,选择快捷菜单中的"复制选择"命令

2. 操作步骤

命令:COPY

选择对象:选择要复制的对象

指定基点或[位移(D)/模式(O)]<位移>:

3. 相关选项说明

(1) 指定基点:指定一个坐标点后,AutoCAD 系统把该点作为复制对象的基点,命令行提示"指定位移的第二点或<用第一点作位移>:"。在指定第二个点后,系统将根据这两点确定的位移矢量把选的对象复制到第二点处。复制完成后,命令行提示"指定位移的第二点:"。这时,可以不断指定新的第二点,从而实现多重复制。

(2) 位移(D):直接输入位移值,表示以选择对象时的拾取点为基准,以拾取点坐标为移动方向,按纵横比移动指定为以后确定的点为基点。

(3) 模式(O):控制是否自动重复该命令,该设置由 COPYMODE 系统变量控制。

COPYMODE 变量为 0,复制模式=多个;COPYMODE 变量为 1,复制模式=单个。

例题 1: 复制多个图 4-1a 图形,如图 4-1b 所示。

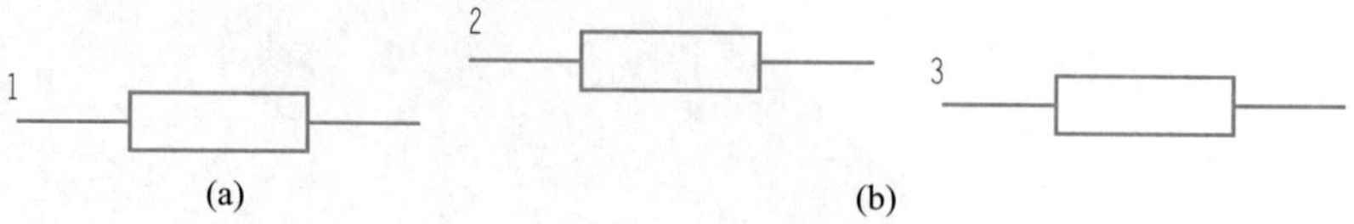

(a) (b)

图 4-1 第二点复制

解: 命令行提示:

命令:_COPY

选择对象:指定对角点:找到 6 个(选择图 4-1a 中的电阻符号)

选择对象:(按 Enter 键)

当前设置:复制模式=多个

指定基点或[位移(D)/模式(O)]<位移>:指定第二个点或<使用第一个点作为位移>:(指定左端点 1 为基点)

指定第二个点或[退出(E)/放弃(U)]<退出>:(如单击点 2)

指定第二个点或[退出(E)/放弃(U)]<退出>:(如单击点 3)

指定第二个点或[退出(E)/放弃(U)]<退出>:(退出命令)

说明:此种方法用于位置要求精度不高的场合。

例题 2: 按图 4-2a 补画图 4-2b。

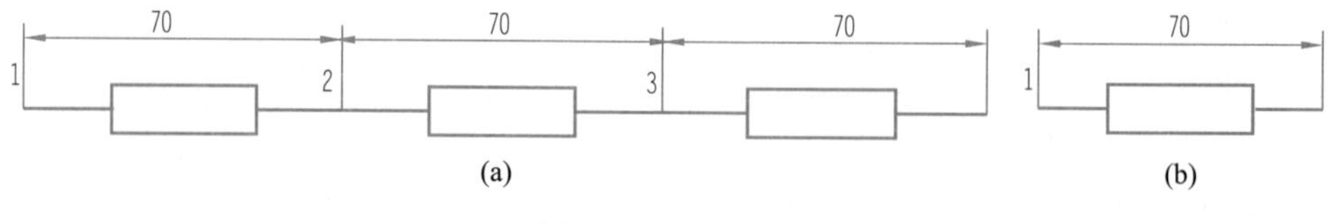

图 4-2 位移复制

解: 命令行提示:

命令:_COPY

选择对象:指定对角点:找到 6 个(选择图 4-2b 中的电阻符号)

选择对象:(按 Enter 键)

当前设置:复制模式=多个

指定基点或[位移(D)/模式(O)]<位移>:(单击 1 点)

指定第二个点或<使用第一个点作为位移>:d

指定第二个点或[退出(E)/放弃(U)]<退出>:@ 70,0(或在水平追踪线基础上输入 70)

指定第二个点或[退出(E)/放弃(U)]<退出>:@ 140,0(或在水平追踪线基础上输入 140)

指定第二个点或[退出(E)/放弃(U)]<退出>:(退出命令)

说明:此种方法用于位置精度有要求的场合。

二、镜像命令

镜像命令是指把选择的对象以一条镜像线为轴作对称复制。镜像操作完成后，可以保留原对象，也可以将其删除。

微课

镜像命令

1. 执行方式

功能区：常用标签→修改→

菜单栏：修改（M）→镜像（I）

工具栏：

命令行：MIRROR（快捷命令：MI）

2. 操作步骤

命令行提示：

命令：MIRROR

选择对象：选择要镜像的对象

指定镜像线的第一点：指定镜像线的第一个点

指定镜像线的第二点：指定镜像线的第二个点

要删除源对象吗？［是（Y）/否（N）］<N>：确定是否删除源对象

选择的两点确定一条镜像线，被选择的对象以该直线为对称轴进行镜像。

例题： 按图 4-3a 补画图 4-3b。

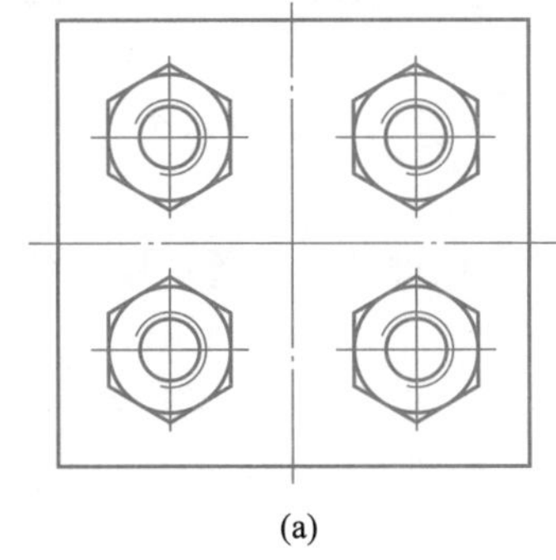

(a)

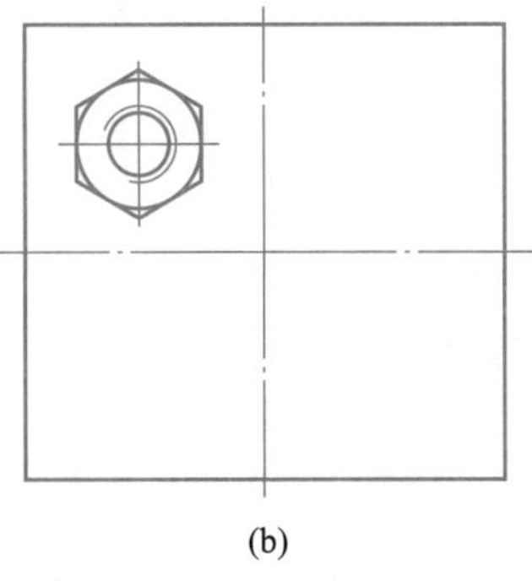

(b)

图 4-3　镜像

解： 命令行提示：

命令：_MIRROR

选择对象：指定对角点：找到 3 个（选择图 4-3b 左上方螺母图形）

选择对象：（按 Enter 键）

指定镜像线的第一点：（单击竖直中心线任意一点，如上端点）

指定镜像线的第二点：（单击竖直中心线另外任意一点，如下端点）

要删除源对象吗？［是（Y）/否（N）］<N>：（得到右上方的螺母图形）

命令：重复命令

选择对象：指定对角点：找到 3 个（选择左上方螺母图形）

选择对象：指定对角点：找到 3 个，总计 6 个（选择右上方螺母图形）

选择对象：（按 Enter 键）

指定镜像线的第一点：指定镜像线的第二点：（单击水平中心线任意一点，比如左

端点)

指定镜像线的第二点:(单击水平中心线另外任意一点,如右端点)

要删除源对象吗?[是(Y)/否(N)]<N>:(按确认键,得到图 4-3a 图形)。

微课

偏移命令

三、偏移命令

偏移命令是指保持选择对象的形状、在不同的位置以不同尺寸大小新建一个对象。

1. 执行方式

功能区:常用标签→修改→

菜单栏:修改(M)→偏移(S)

工具栏:

命令行:OFFSET(快捷命令:O)

2. 操作步骤

命令:OFFSET

当前设置:删除源=否 图层=源 OFFSETGAPTYPE=0

指定偏移距离或[通过(T)/删除(E)/图层(L)]<通过>:指定偏移距离值

选择要偏移的对象,或[退出(E)/放弃(U)]<退出>:选择要偏移的对象,按确认键

指定要偏移的那一侧上的点,或[退出(E)/多个(M)/放弃(U)]<退出>:指定偏移方向

选择要偏移的对象,或[退出(E)/放弃(U)]<退出>:退出命令

3. 选项说明

(1) 指定偏移距离:输入一个距离值,或按确认键使用当前的距离值,系统把该距离值作为偏移的距离。

(2) 通过(T):指定偏移的通过点,选择该选项后,命令行提示如下。

选择要偏移的对象或<退出>:选择要偏移的对象,按<Enter>键结束操作

指定通过点:指定偏移对象的一个通过点

执行上述操作后,系统会根据指定的通过点绘制出偏移对象。

(3) 删除(E):偏移源对象后将其删除。

(4) 图层(L):确定将偏移对象创建在当前图层上还是原对象所在的图层上,这样就可以在不同图层上偏移对象,选择该项后,命令行提示如下。

输入偏移对象的图层选项[当前(C)/源(S)]<当前>:

如果偏移对象的图层选择为当前层,则偏移对象的图层特性与当前图层相同。

例题 1:按图 4-4a 补画图 4-4b(用"指定偏移距离"命令)。

解:命令行提示:

命令:_OFFSET

当前设置:删除源=否 图层=源 OFFSETGAPTYPE=0

指定偏移距离或[通过(T)/删除(E)/图层(L)]<通过>:9

选择要偏移的对象,或[退出(E)/放弃(U)]<退出>:(选择 *AB* 线)

指定要偏移的那一侧上的点,或[退出(E)/多个(M)/放弃(U)]<退出>:(单击

AB 线下方的任意一点)

选择要偏移的对象,或[退出(E)/放弃(U)]<退出>:(选择 *CD* 线)

指定要偏移的那一侧上的点,或[退出(E)/多个(M)/放弃(U)]<退出>:(单击 *CD* 线上方的任意一点)

选择要偏移的对象,或[退出(E)/放弃(U)]<退出>:(选择 *AC* 线)

指定要偏移的那一侧上的点,或[退出(E)/多个(M)/放弃(U)]<退出>:(单击 *AC* 线右侧的任意一点)

选择要偏移的对象,或[退出(E)/放弃(U)]<退出>:(选择 *BD* 线)

指定要偏移的那一侧上的点,或[退出(E)/多个(M)/放弃(U)]<退出>:(单击 *BD* 线左侧的任意一点)

选择要偏移的对象,或[退出(E)/放弃(U)]<退出>:退出命令

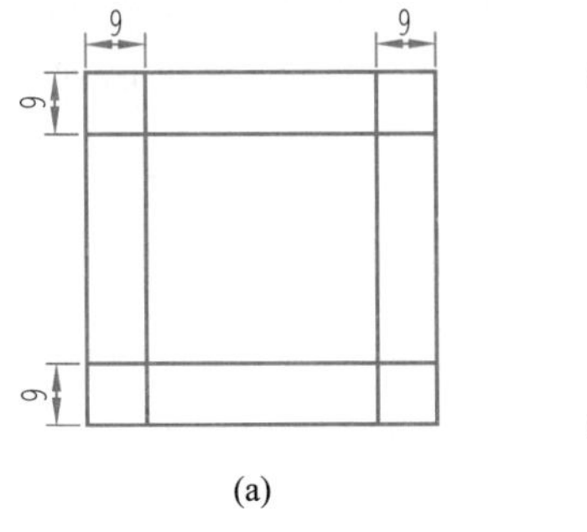

(a)

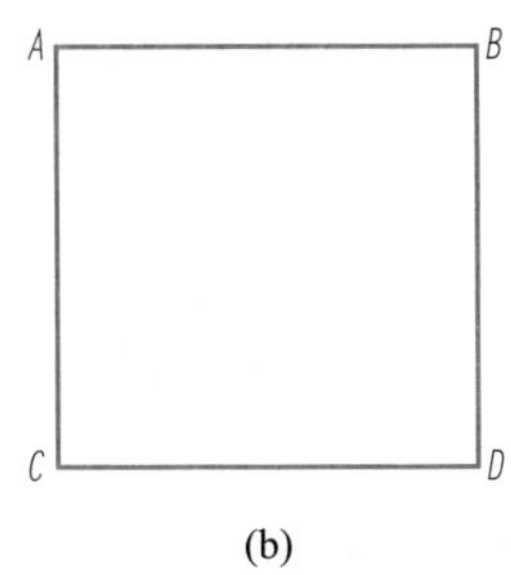

(b)

图 4-4　指定偏移距离

例题 2:按图 4-5a 补画图 4-5b(用"通过(T)偏移"命令)。

解:命令行提示:

命令:_OFFSET

当前设置:删除源=否　图层=源　OFFSETGAPTYPE=0

指定偏移距离或[通过(T)/删除(E)/图层(L)]<通过>:t

选择要偏移的对象,或[退出(E)/放弃(U)]<退出>:(选择六边形)

指定通过点或[退出(E)/多个(M)/放弃(U)]<退出>:(单击 *A* 点)

选择要偏移的对象,或[退出(E)/放弃(U)]<退出>:退出命令

例题 3:按图 4-6a 补画图 4-6b(用"删除(E)偏移"命令)。

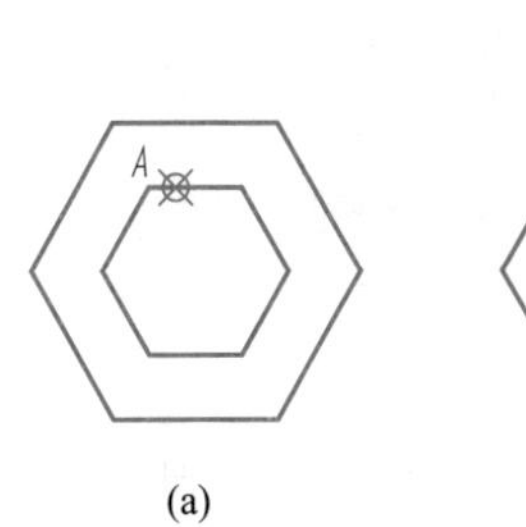

(a)

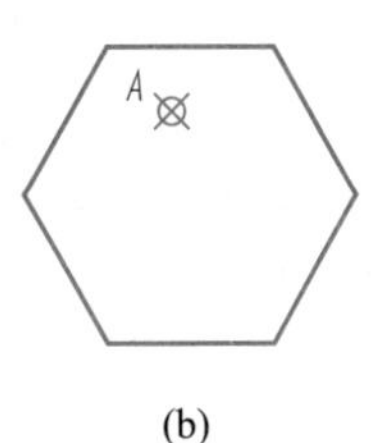

(b)

图 4-5　通过方式偏移

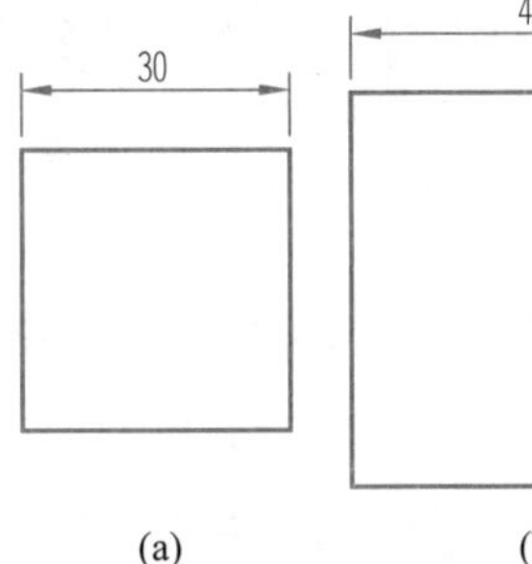

(a)

42

(b)

图 4-6　删除偏移

解:命令行提示:

命令:_OFFSET

当前设置:删除源=是 图层=源 OFFSETGAPTYPE=0

指定偏移距离或[通过(T)/删除(E)/图层(L)]<通过>:e

要在偏移后删除源对象吗?[是(Y)/否(N)]<是>:y

指定偏移距离或[通过(T)/删除(E)/图层(L)]<通过>:6(指定偏移距离 6mm)

选择要偏移的对象,或[退出(E)/放弃(U)]<退出>:(选择图 4-6a 中的矩形)

指定要偏移的那一侧上的点,或[退出(E)/多个(M)/放弃(U)]<退出>:(在矩形的外侧单击)

微课

阵列命令

四、阵列命令

阵列命令是指多重复制选择的对象,并把这些副本按矩形或环形排列。把副本按矩形排列称为创建矩形阵列,把副本按环形排列称为创建环形阵列。

AutoCAD 2010 提供 ARRAY 命令创建阵列,用该命令可以创建矩形阵列和环形阵列。

1. 执行方式

功能区:常用标签→修改→

菜单栏:修改(M)→阵列(A)

工具栏:

命令行:ARRAY(快捷命令:AR)

2. 选项说明

(1)"矩形阵列"单选钮:用于创建矩形阵列。单击该选钮,"阵列"对话框如图 4-7所示,在其中指定矩形阵列的各项参数。

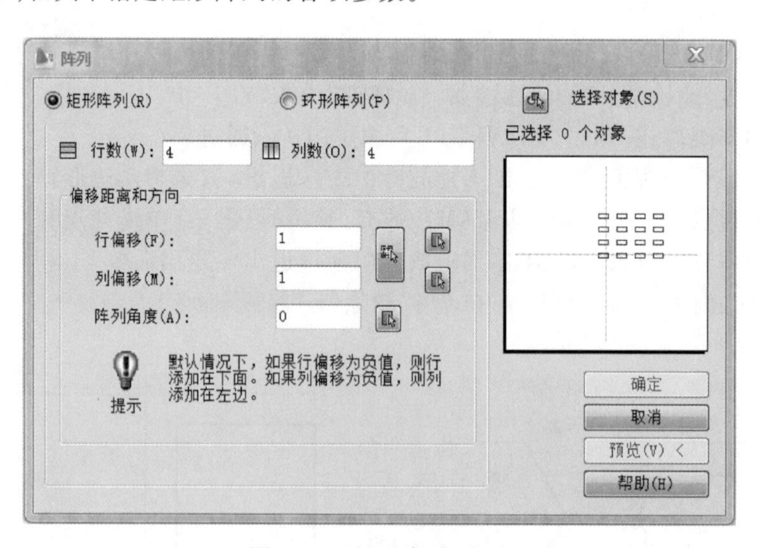

图 4-7 "矩形阵列"选项

(2)"环形阵列"单选钮:用于创建环形阵列。单击该选钮,"阵列"对话框如图 4-8所示,在其中指定环形阵列的各项参数。

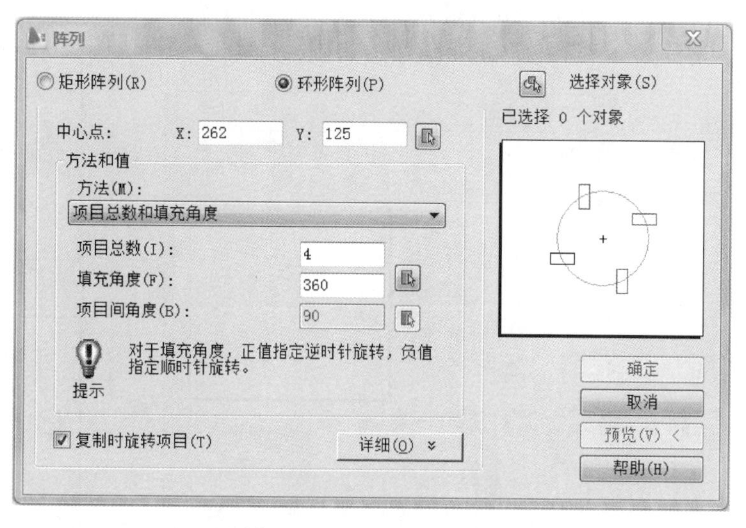

图 4-8　“环形阵列”选项

例题 1：按图 4-9a 补画图 4-9b。

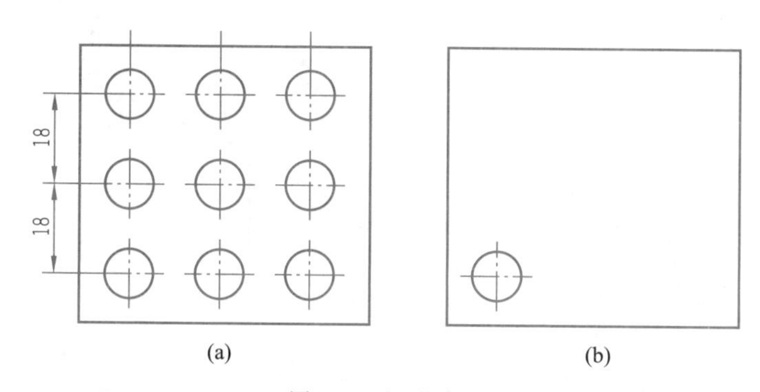

图 4-9　矩形阵列

解：命令行提示：

命令:_ARRAY

弹出“阵列”对话框。设定矩形阵列的参数如图 4-10 所示。

选择对象:指定对角点:找到 3 个(选择图 4-9b 中的圆和中心线)

预览达到要求后单击“确定”按钮即可得到图 4-9a 所示图形。

例题 2：按图 4-11a 补画图 4-11b。

解：命令行提示：

命令:_ARRAY

弹出“阵列”对话框。设定环形阵列的参数如图 4-12 所示。

指定阵列中心点:拾取或按 Esc 键返回到对话框或<单击鼠标右键接受阵列>:(单击环形阵列中心)

选择对象:找到 1 个(选择图 4-11b 中的圆)

选择对象:(按 Enter 键)

预览达到要求后单击确定即可得到图 4-11a 中的图形。

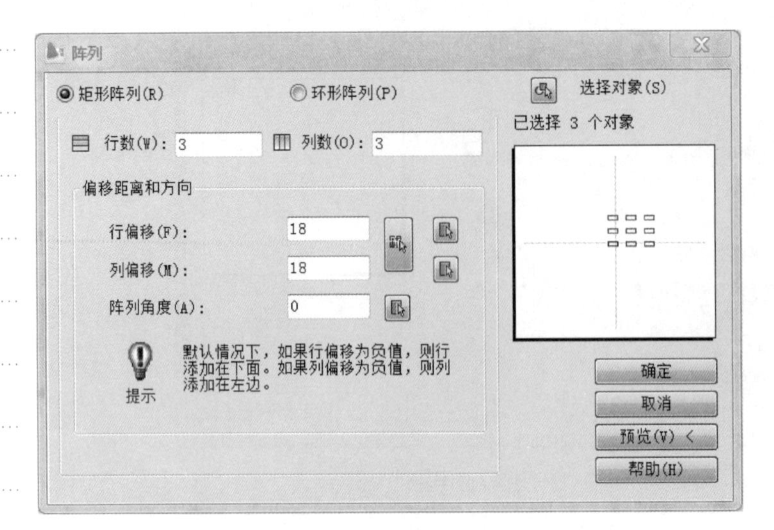

图 4-10 矩形阵列参数设置

(a)

(b)

图 4-11 环形阵列

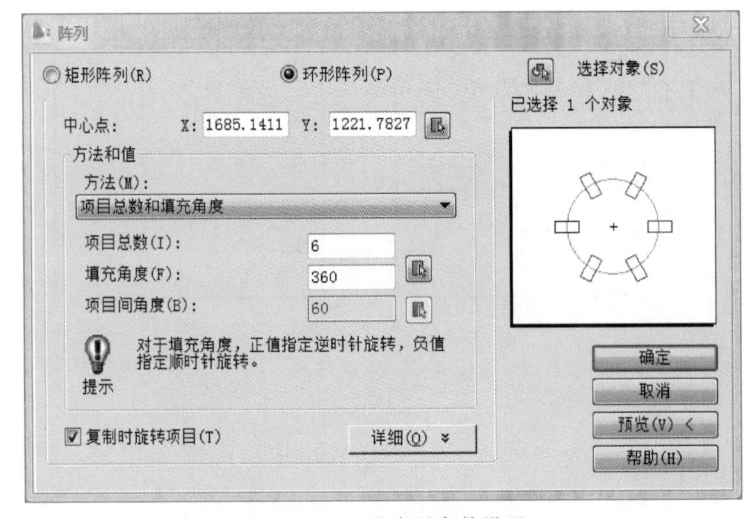

图 4-12 环形阵列参数设置

第二节 改变位置类命令

移动命令

一、移动命令

1. 执行方式

功能区：常用标签→修改→

菜单栏：修改(M)→移动(V)

工具栏：

命令行：MOVE(快捷命令：M)

快捷菜单：选择要移动的对象，在绘图区右击，选择快捷菜单中的“移动”命令

2. 操作步骤

命令行提示：

命令：MOVE

选择对象：

指定基点或位移：指定基点或位移

指定基点或[位移(D)]<位移>：

指定第二个点或〈使用第一个点作为位移〉：

移动命令选项功能与“复制”命令类似。

例题 1：按图 4-13a 修改图 4-13b。

解：命令行提示：

命令：_MOVE

选择对象：找到 1 个(单击图 4-13b 中小圆)

选择对象：(按 Enter 键)

指定基点或[位移(D)]<位移>：(指定小圆圆心)

指定第二个点或<使用第一个点作为位移>：(指定图形的中心)

例题 2：按图 4-14a 修改图 4-14b。

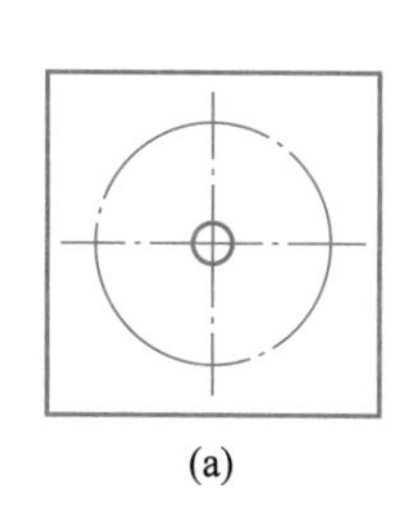

(a)

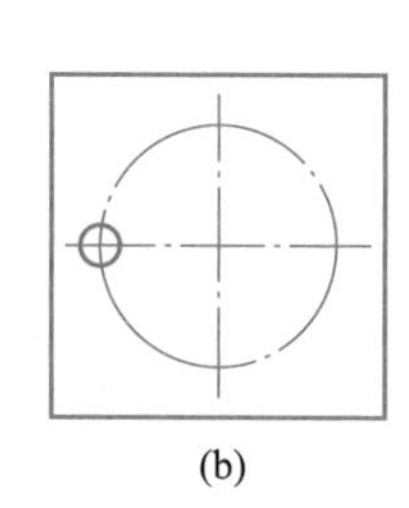

(b)

图 4-13　移动命令 1

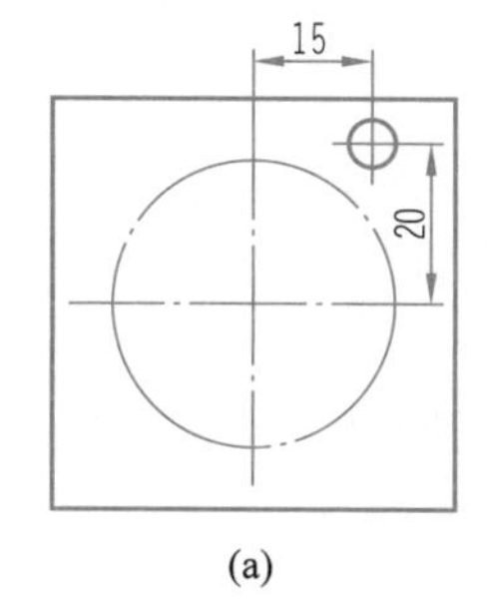

(a)

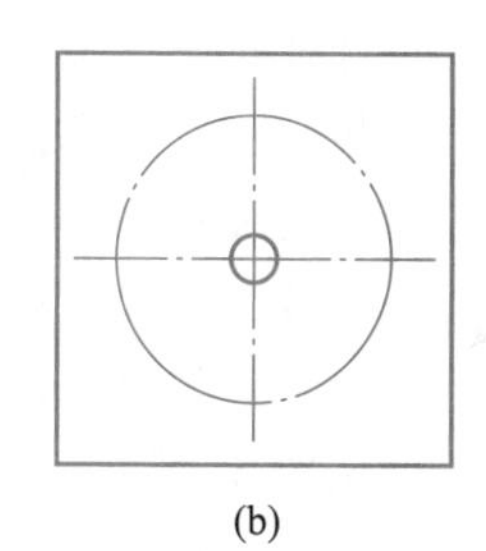

(b)

图 4-14　移动命令 2

解：命令行提示：

命令：_MOVE

选择对象：找到 3 个(单击图 4-14a 中小圆及其中心线)

选择对象：(按 Enter 键)

指定基点或[位移(D)]<位移>：指定第二个点或<使用第一个点作为位移>：@15,20

二、旋转命令

微课

旋转命令

1. 执行方式

功能区：常用标签→修改→

菜单栏：修改(M)→旋转(R)

工具栏：

命令行：ROTATE(快捷命令：RO)

快捷菜单：选择要旋转的对象，在绘图区右击，选择快捷菜单中的“旋转”命令

2. 操作步骤

命令行提示：

命令:ROTATE

UCS 当前的正角方向:ANGDIR=逆时针 ANGBASE=0

选择对象:选择要旋转的对象

指定基点:指定旋转基点,在对象内部指定一个坐标点

指定旋转角度,或[复制(C)/参照(R)]<0>:指定旋转角度或其他选项

3. 选项说明

(1) 复制(C):选择该选项,则在旋转对象的同时,保留原对象。

(2) 参照(R):采用参照方式旋转对象时,命令行提示与操作如下:

指定参照角<0>:指定要参照的角度,默认值为 0

指定新角度:输入旋转后的角度值

操作完毕后,对象被旋转至指定的角度位置。

例题 1: 按图 4-15a 补画图 4-15b。

解: 命令行提示:

命令:_ROTATE

UCS 当前的正角方向:ANGDIR=逆时针 ANGBASE=0

选择对象:指定对角点:找到 13 个(选择六边形和中心线)

选择对象:(按 Enter 键)

指定基点:(选择六边形的中心点)

指定旋转角度,或[复制(C)/参照(R)]<0>:c

旋转一组选定对象。

指定旋转角度,或[复制(C)/参照(R)]<0>:45(输入旋转角度)

例题 2: 按图 4-16a 修改图 4-16b。

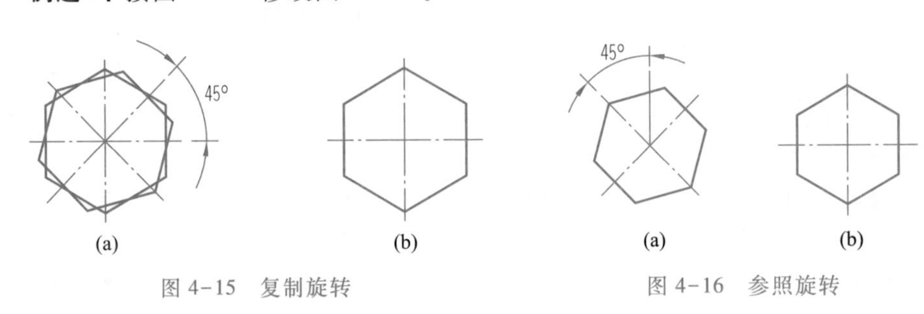

图 4-15 复制旋转

图 4-16 参照旋转

解: 命令行提示:

命令:_ROTATE

UCS 当前的正角方向:ANGDIR=逆时针 ANGBASE=0

选择对象:指定对角点:找到 13 个(选择六边形和中心线)

选择对象:(按 Enter 键)

指定基点:(选择六边形中心点)

指定旋转角度,或[复制(C)/参照(R)]<30>:45(输入旋转角度)

微课

缩放命令

三、缩放命令

1. 执行方式

功能区:常用标签→修改→

菜单栏:修改(M)→缩放(L)

工具栏:

命令行:SCALE(快捷命令:SC)

快捷菜单:选择要缩放的对象,在绘图区右击,选择快捷菜单中的“缩放”命令

2. 操作步骤

命令行提示:

命令:SCALE

选择对象:选择要缩放的对象

指定基点:指定缩放基点

指定比例因子或[复制(C)/参照(R)]:

3. 选项说明

(1) 选择“复制(C)”选项时,可以复制缩放对象,即缩放对象时,保留原对象。

(2) 采用参照方向缩放对象时,命令行提示如下:

指定参照长度<1>:指定参照长度值

指定新的长度或[点(P)]<1.0000>:指定新长度值

若新长度值大于参照长度值,则放大对象;反之,缩小对象。操作完毕后,系统以指定的基点按指定的比例因子缩放对象。如果选择“点(P)”选项,则选择两点来定义新的长度。

(3) 可以用拖动光标的方法缩放对象。选择对象并指定基点后,从基点到当前光标位置会出现一条连线,线段的长度即为比例大小。拖动光标,选择的对象会动态地随着该连线长度的变化而缩放,按 Enter 键退出缩放操作。

例题 1: 按图 4-17a 补画图 4-17b。

解: 命令行提示:

命令:_SCALE

选择对象:找到 1 个(选择图中的圆)

选择对象:(按 Enter 键)

指定基点:(选择图中的圆心)

指定比例因子或[复制(C)/参照(R)]<1.0000>:c(选择复制方式)

缩放一组选定对象

指定比例因子或[复制(C)/参照(R)]<1.0000>:0.5　(输入比例因子 0.5)

例题 2: 按图 4-18a 修改图 4-18b。

解: 命令行提示:

命令:_SCALE

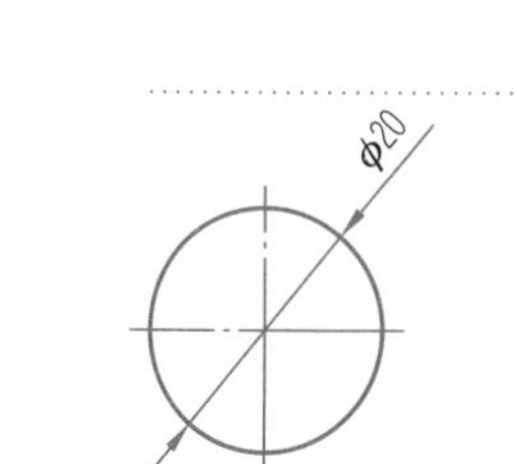

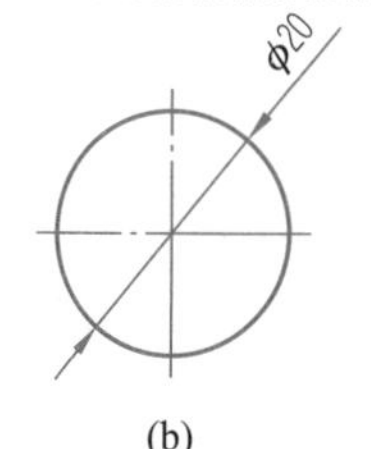

图 4-17　复制缩放

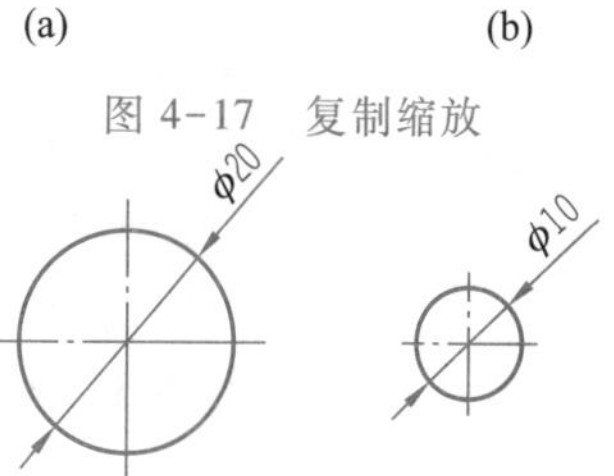

图 4-18　参照缩放

选择对象:指定对角点:找到 5 个(选择图中的圆和中心线)

选择对象:(按 Enter 键)

指定基点:(选择图中的圆心)

指定比例因子或[复制(C)/参照(R)]<1.0000>:r

指定参照长度<0.5000>:1

指定新的长度或[点(P)]<0.5000>:0.5

微课

对齐命令

四、对齐命令

利用对齐命令可以移动、旋转或缩放对象,在二维和三维空间中将对象与其他对象对齐。

1. 执行方式

功能区:常用标签→修改→

菜单栏:修改(M)→三维操作(3)→对齐(L)

命令行:ALIGN(快捷命令:AL)

2. 选项说明

(1) ALIGN 使用一对点

指定第一个源点:指定点

指定第一个目标点:指定点

指定第二个源点:(按 Enter 键)

当只选择一对源点和目标点时,选定对象将在二维或三维空间从源点移动到目标点。

(2) ALIGN 使用两对点

指定第一个源点:

指定第一个目标点:(第一对源点和目标点定义对齐的基点)

指定第二个源点:

指定第二个目标点:(第二对源点和目标点定义旋转的角度)

指定第三个源点:(按 Enter 键)

根据对齐点缩放对象[是(Y)/否(N)]<否>:

当选择两对点时,可以在二维或三维空间移动、旋转和缩放选定对象,以便与其他对象对齐。

在输入了第二对点后,系统会给出缩放对象的提示。将以第一目标点和第二目标点之间的距离作为缩放对象的参考长度。只有使用两对点对齐对象时才能使用缩放。

注意:如果使用两对点对齐方式在非垂直的工作平面上执行三维对齐操作,将会产生不可预料的结果。

(3) ALIGN 使用三对点

当选择三对点时,选定对象可在三维空间移动和旋转,使之与其他对象对齐。

例题 1: 按图 4-19a 修改图 4-19b(使用一对点对齐方式)。

解: 命令行提示:

命令:al

ALIGN

选择对象:指定对角点:找到 1 个(选择图 4-19b 小四边形)
选择对象:(按 Enter 键)
指定第一个源点:(单击 1 点)
指定第一个目标点:(单击 2 点)
指定第二个源点:(按 Enter 键退出命令)

例题 2:按图 4-20a 修改图 4-20b(使用两对点对齐方式)。

解:命令行提示:

命令:al
ALIGN
选择对象:指定对角点:找到 1 个(选择图 4-20b 左侧四边形)
选择对象:(按 Enter 键)
指定第一个源点:(单击 1 点)
指定第一个目标点:(单击 2 点)
指定第二个源点:(单击 3 点)
指定第二个目标点:(单击 4 点)
指定第三个源点或<继续>:(按 Enter 键)
是否基于对齐点缩放对象? [是(Y)/否(N)]<否>:y(缩放所选对象)

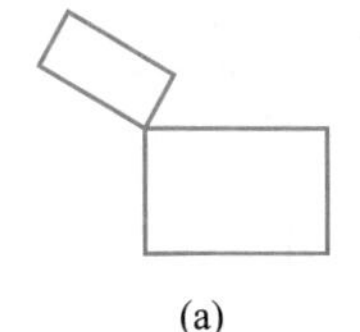

(a)

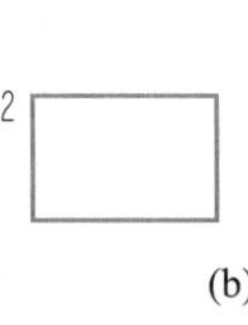

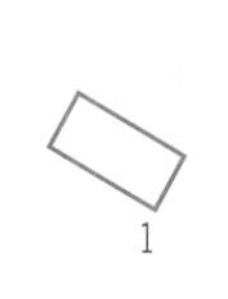

(b)

图 4-19　使用一对点对齐

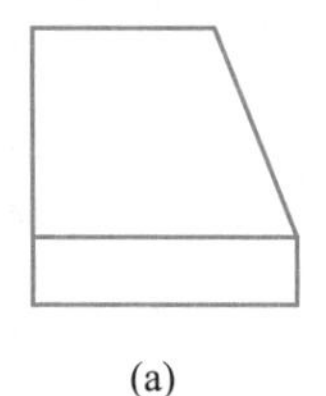

(a)

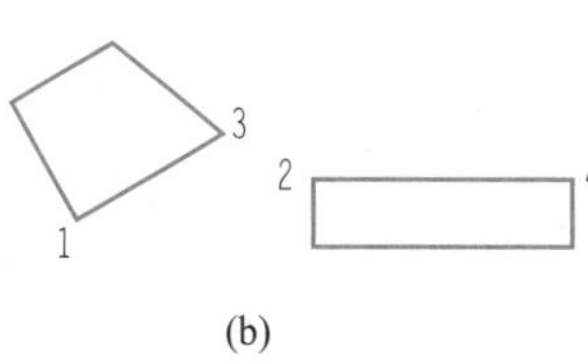

(b)

图 4-20　使用两对点对齐

第三节　改变几何特性类命令

一、修剪命令

微课

修剪命令

1. 执行方式

功能区:常用标签→修改→
菜单栏:修改(M)→修剪(T)
工具栏:
命令行:TRIM(快捷命令:TR)

2. 操作步骤

命令行提示:

命令:TRIM
当前设置:投影=UCS,边=无
选择剪切边…
选择对象或<全部选择>:选择用作修剪边界的对象,按 Enter 键结束对象选择选择要修剪的对象,或按住 Shift 键选择要延伸的对象,或[栏选(F)/窗交(C)/投影(P)/边(E)/删除(R)/放弃(U)]:

3. 选项说明

(1) 在选择对象时,如果按住"Shift"键,系统就会自动将"修剪"命令转换成"延伸"命令。

(2) 选择"栏选(F)"选项时,系统以栏选的方式选择被修剪的对象。

(3) 选择"窗交(C)"选项时,系统以窗交的方式选择被修剪的对象。

(4) 选择"边(E)"选项时,可以选择对象的修剪方式。

延伸(E):延伸边界进行修剪。在此方式下,如果剪切边没有与要修剪的对象相交,系统会延伸剪切边直至与对象相交,然后再修剪。

不延伸(N):不延伸边界修剪对象,只修剪与剪切边相交的对象。

(5) 被选择的对象可以互为边界和被修剪对象,此时系统会在选择的对象中自动判断边界。

例题 1:按图 4-21a 修改图 4-21b(用"栏选(F)修剪"命令)。

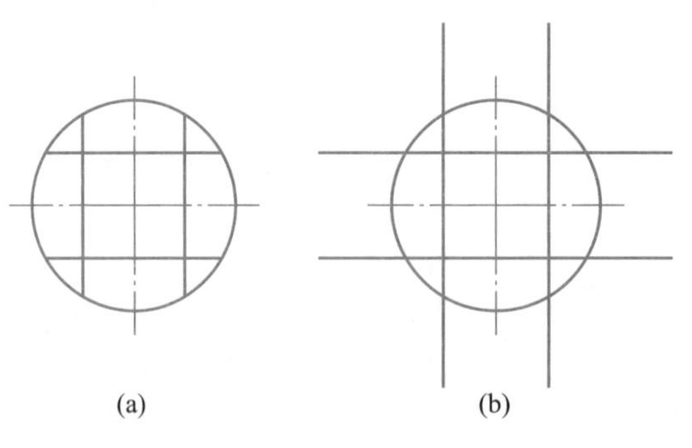

图 4-21 栏选修剪

解:命令行提示:

命令:_TRIM

当前设置:投影=UCS,边=无

选择剪切边...

选择对象或<全部选择>:找到 1 个(单击圆作为修剪边界)

选择对象:(按 Enter 键)

选择要修剪的对象,或按住 Shift 键选择要延伸的对象,或

[栏选(F)/窗交(C)/投影(P)/边(E)/删除(R)/放弃(U)]:f(选择"栏选"选项)

指定第一个栏选点:(如图 4-21c 中点 1)

指定下一个栏选点或[放弃(U)]:(如图 4-21c 中点 2)

指定下一个栏选点或[放弃(U)]:(如图 4-21c 中点 3)

指定下一个栏选点或[放弃(U)]:(如图 4-21c 中点 4)

指定下一个栏选点或[放弃(U)]:(如图 4-21c 中点 5)

选择要修剪的对象,或按住 Shift 键选择要延伸的对象,或

[栏选(F)/窗交(C)/投影(P)/边(E)/删除(R)/放弃(U)]:(退出命令)

例题 2：按图 4-22a 修改图 4-22b(用“窗交(C)修剪”命令)。

解：命令行提示：

命令:_TRIM

当前设置:投影=UCS,边=无

选择剪切边...

选择对象或<全部选择>:找到 1 个(选择直线 12 作为剪切边界)

选择对象:(按 Enter 键)

选择要修剪的对象,或按住 Shift 键选择要延伸的对象,或

[栏选(F)/窗交(C)/投影(P)/边(E)/删除(R)/放弃(U)]:指定对角点:(选择如图 4-22c 所示窗交区域)

选择要修剪的对象,或按住 Shift 键选择要延伸的对象,或

[栏选(F)/窗交(C)/投影(P)/边(E)/删除(R)/放弃(U)]:(退出命令)

例题 3：按图 4-23a 修改图 4-23b(用“边(E)延伸修剪”命令)。

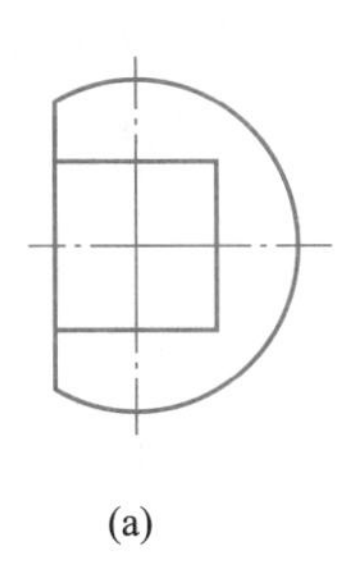

(a)

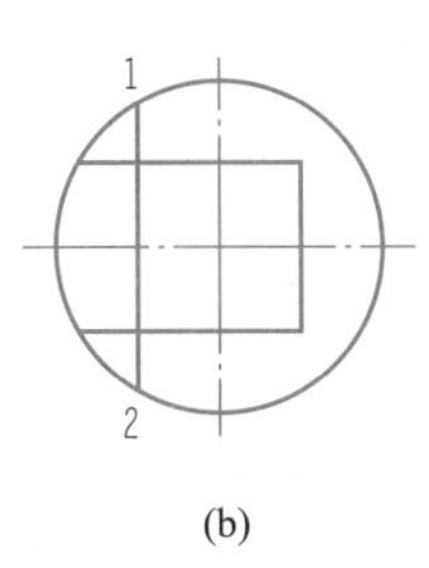

(b)

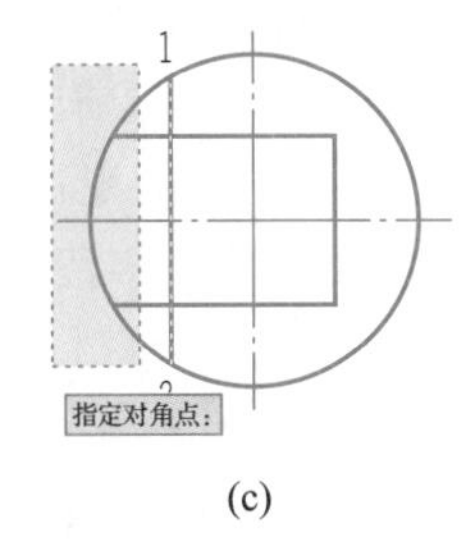

(c)

图 4-22 窗交修剪

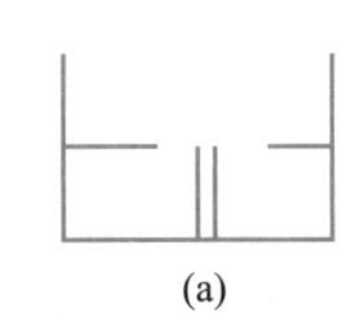

(a)

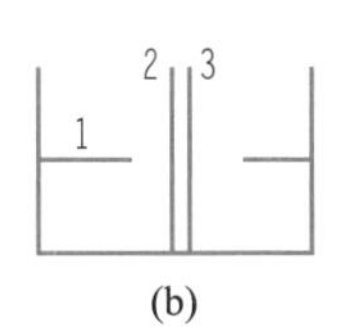

(b)

图 4-23 边(E)延伸修剪命令

解：命令行提示：

命令:TRIM

当前设置:投影=UCS,边=无

选择剪切边...

选择对象或<全部选择>:找到 1 个(选择水平线 1 作为剪切边界)

选择对象:(按 Enter 键)

选择要修剪的对象,或按住 Shift 键选择要延伸的对象,或

[栏选(F)/窗交(C)/投影(P)/边(E)/删除(R)/放弃(U)]:e

输入隐含边延伸模式[延伸(E)/不延伸(N)]<不延伸>:e

选择要修剪的对象,或按住 Shift 键选择要延伸的对象,或

[栏选(F)/窗交(C)/投影(P)/边(E)/删除(R)/放弃(U)]:(选择竖直线 2)

选择要修剪的对象,或按住 Shift 键选择要延伸的对象,或

[栏选(F)/窗交(C)/投影(P)/边(E)/删除(R)/放弃(U)]:(选择竖直线 3)

选择要修剪的对象,或按住 Shift 键选择要延伸的对象,或

[栏选(F)/窗交(C)/投影(P)/边(E)/删除(R)/放弃(U)]:(退出命令)

微课

延伸命令

二、延伸命令

延伸命令是指延伸对象直到另一个对象的边界线。

1. 执行方式

功能区：常用标签→修改→

菜单栏：修改(M)→延伸(D)

工具栏：

命令行：EXTEND(快捷命令：EX)

2. 操作步骤

命令行提示：

命令：EXTEND

当前设置：投影=UCS，边=无

选择边界的边…

选择对象或<全部选择>：选择边界对象

选择要延伸的对象，或按住 Shift 键选择要修剪的对象，或[栏选(F)/窗交(C)/投影(P)/边(E)/放弃(U)]：

选择对象来定义边界时，若直接按确认键，则选择所有对象作为可能的边界对象。

系统规定可以用作边界对象的对象有：直线段、射线、构造线、圆弧、圆、椭圆、二维/三维多段线、样条曲线、文本、浮动的视口、区域。如果选择二维多段线作为边界对象，系统会忽略其宽度而把对象延伸至多段线的中心线。

3. 相关选项说明

(1) 如果要延伸的对象是适配样条多段线，则延伸后会在多段线的控制框上增加新节点；如果要延伸的对象是锥形的多段线，系统会修正延伸端的宽度，使多段线从起始端平滑地延伸至新终止端；如果延伸操作导致终止端宽度可能为负值，则取宽度值为 0。

(2) 选择对象时，如果按住 Shift 键，系统就会自动将“延伸”命令转换成“修剪”。

例题 1：按图 4-24a、图 4-24b。

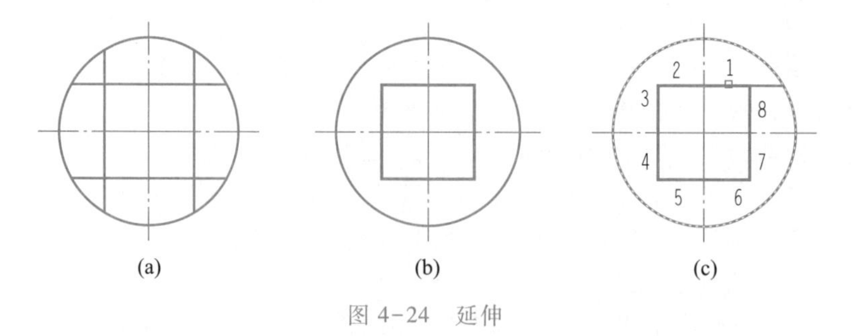

图 4-24 延伸

解：命令行提示：

命令：ex EXTEND

当前设置：投影=UCS，边=无

选择边界的边...

选择对象或<全部选择>：找到 1 个(选择圆作为延伸边界)

选择对象：(按 Enter 键)

选择要延伸的对象，或按住 Shift 键选择要修剪的对象，或

[栏选(F)/窗交(C)/投影(P)/边(E)/放弃(U)]:(如图 4-24c 所示,单击 1 点)
(依次单击 2、3、4、5、6、7、8 点,如图 4-24c 所示)
选择要延伸的对象,或按住 Shift 键选择要修剪的对象,或
[栏选(F)/窗交(C)/投影(P)/边(E)/放弃(U)]:(退出命令)

例题 2: 按图 4-25a 修改图 4-25b(用"窗交(C)延伸"命令)

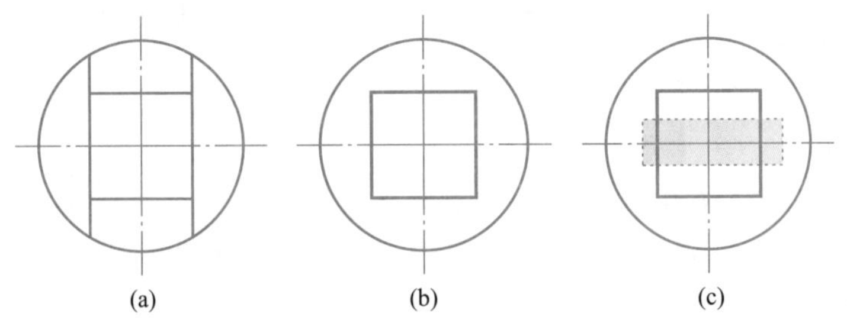

图 4-25　窗交延伸

解: 命令行提示:
命令:ex EXTEND
当前设置:投影=UCS,边=无
选择边界的边...
选择对象或<全部选择>:找到 1 个(选择圆作为延伸边界)
选择对象:(按 Enter 键)
选择要延伸的对象,或按住 Shift 键选择要修剪的对象,或
[栏选(F)/窗交(C)/投影(P)/边(E)/放弃(U)]:指定对角点:(窗交窗口如图 4-25c所示)
选择要延伸的对象,或按住 Shift 键选择要修剪的对象,或
[栏选(F)/窗交(C)/投影(P)/边(E)/放弃(U)]:(退出命令)

三、拉长命令

拉长命令可以修改对象的长度和圆弧的包含角。

1. 执行方式
功能区:常用标签→修改→
菜单栏:修改(M)→拉长(G)
工具栏:
命令行:LENGTHEN(快捷命令:LEN)

2. 操作步骤
命令行提示:
命令:LENGTHEN
选择对象或[增量(DE)/百分数(P)/全部(T)/动态(DY)]:选择要拉长的对象
当前长度:(给出选定对象的长度,若选择圆弧,还会给出圆弧的包含角)
选择对象或[增量(DE)/百分数(P)/全部(T)/动态(DY)]:

3. 选项说明
(1) 增量(DE)。通过指定增量的方法修改对象的长度或角度,该增量从距离选

择点最近的端点处开始测量。正值拉长对象,负值缩短对象。

(2) 百分数(P)。通过指定占对象总长度百分数的方法修改对象的长度。

(3) 全部(T)。通过指定从固定端点测量的总长度的绝对值来设置选定对象的长度。“全部”选项也按照指定的总角度设置选定圆弧的包含角。

(4) 动态(DY)。通过拖拉鼠标动态地修改对象的长度或角度。

例题 1:按图 4-26a 修改图 4-26b(用“增量(DE)拉长”命令)。

解:命令行提示:

命令:len

LENGTHEN

选择对象或[增量(DE)/百分数(P)/全部(T)/动态(DY)]:de(选择增量选项)

输入长度增量或[角度(A)]<5.0000>:5 (输入增长量为 5)

选择要修改的对象或[放弃(U)]:(单击线段 AB 靠近 B 点附近)

选择要修改的对象或[放弃(U)]:(按 Enter 键)

例题 2:按图 4-27a 修改图 4-27b(用“百分数(P)”拉长命令)。

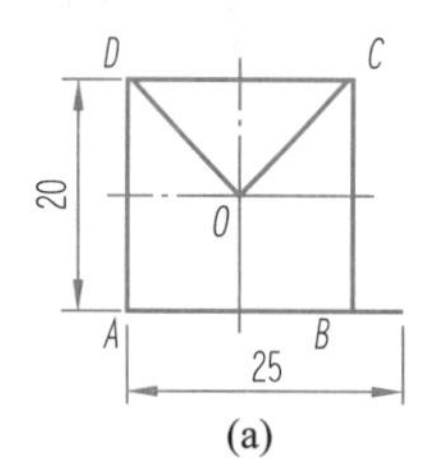

(a)

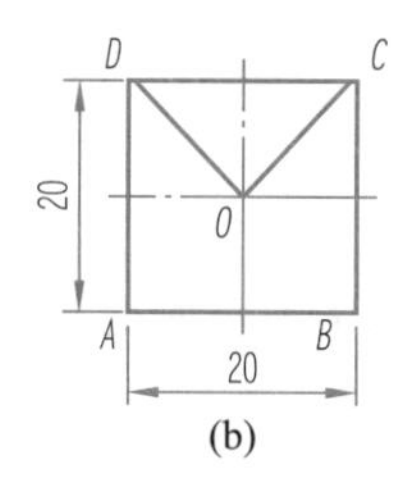

(b)

图 4-26 增量(DE)拉长命令

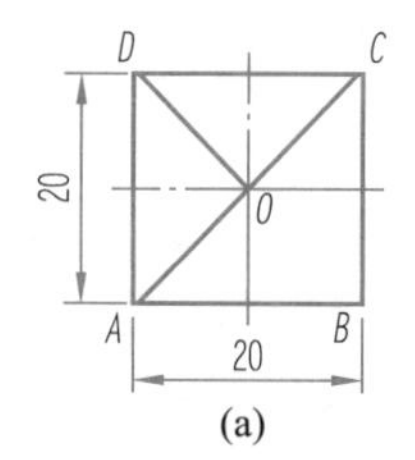

(a)

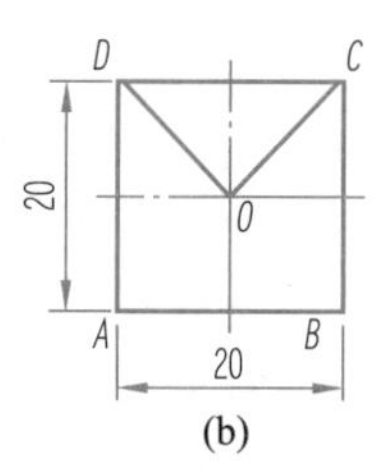

(b)

图 4-27 百分数(P)拉长命令

解:命令行提示:

命令:len

LENGTHEN

选择对象或[增量(DE)/百分数(P)/全部(T)/动态(DY)]:p(选择百分数选项)

输入长度百分数<100.0000>:200

选择要修改的对象或[放弃(U)]:(单击线段 *CO* 靠近 *O* 点附近)

选择要修改的对象或[放弃(U)]:(按 Enter 键)

例题 3:按图 4-28a 修改图 4-28b(用“全部(T)”拉长命令)。

解:命令行提示:

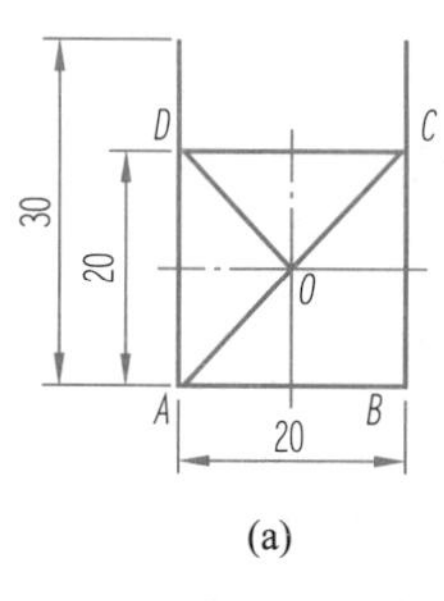

(a)

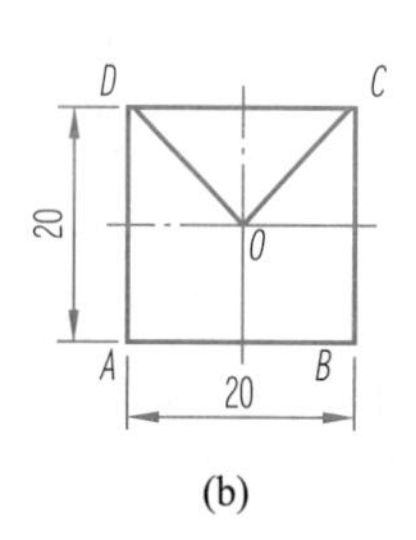

(b)

图 4-28 全部(T)拉长命令

命令:len

LENGTHEN

选择对象或[增量(DE)/百分数(P)/全部(T)/动态(DY)]:t(选择全部选项)

指定总长度或[角度(A)]<1.0000)>:30

选择要修改的对象或[放弃(U)]:(单击线段 *AD* 靠近 *D* 点附近)

选择要修改的对象或[放弃(U)]:(单击线段 *BC* 靠近 *C* 点附近)

选择要修改的对象或[放弃(U)]:(按 Enter 键)

四、拉伸命令

微课

拉伸命令

拉伸命令是指拖拉选择的对象,且使对象的形状发生改变。拉伸对象时应指定拉伸的基点和移置点。利用一些辅助工具如捕捉、钳夹功能及相对坐标等,可以提高拉伸的精度。

1. 执行方式

功能区:常用标签→修改→

菜单栏:修改(M)→拉伸(H)

工具栏:

命令行:STRETCH(快捷命令:S)

2. 操作步骤

命令行提示:

命令:STRETCH

以交叉窗口或交叉多边形选择要拉伸的对象…

选择对象:指定对角点:采用交叉窗口的方式选择要拉伸的对象

选择对象:(按 Enter 键)

指定基点或[位移(D)]<位移>:

指定第二个点或<使用第一个点作为位移>:指定拉伸的移至点

此时,若指定第二个点,系统将根据这两点决定矢量拉伸的对象;若直接按确认键,系统会把第一个点作为 X 和 Y 轴的分量值。

拉伸命令将使完全包含在交叉窗口内的对象不被拉伸,部分包含在交叉选择窗口内的对象被拉伸。

例题 1:按图 4-29a 修改图 4-29b。

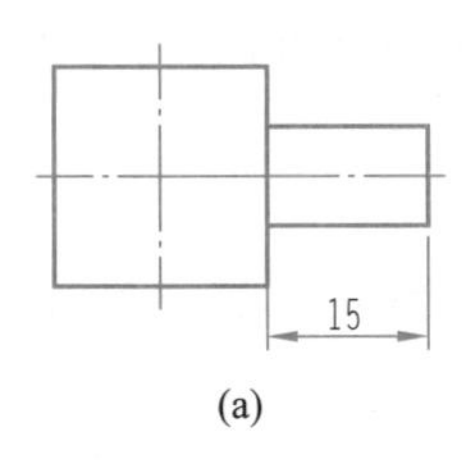

(a)

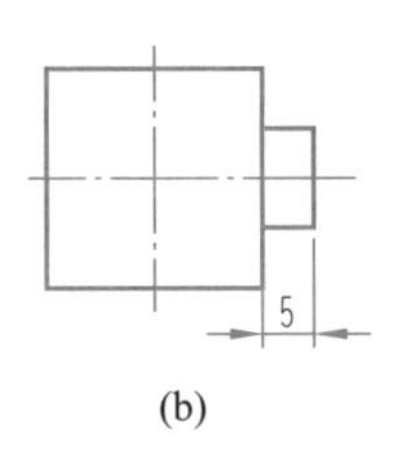

(b)

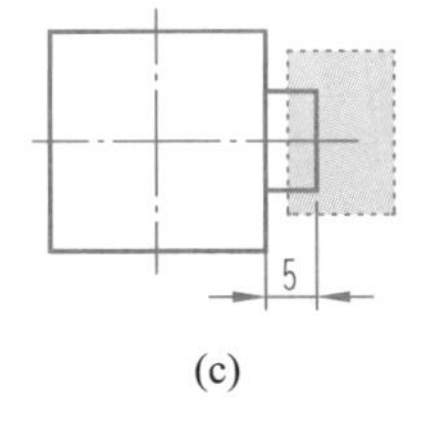

(c)

图 4-29　拉伸 1

解:命令行提示:

命令: s STRETCH

以交叉窗口或交叉多边形选择要拉伸的对象…

选择对象:指定对角点:找到 5 个(如图 4-29c 所示)

选择对象:(按 Enter 键)

指定基点或[位移(D)]<位移>:(单击窗交窗口图形内任意一端点,指定拉伸基点)

指定第二个点或<使用第一个点作为位移>:10(打开正交模式,将光标移向基点的右方,输入距离 10)

例题 2：按图 4-30a 修改图 4-30b。

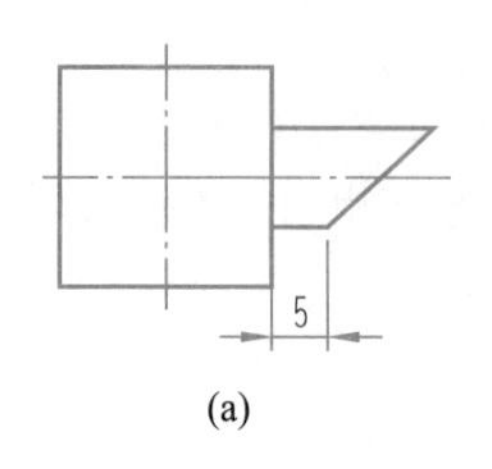

(a)

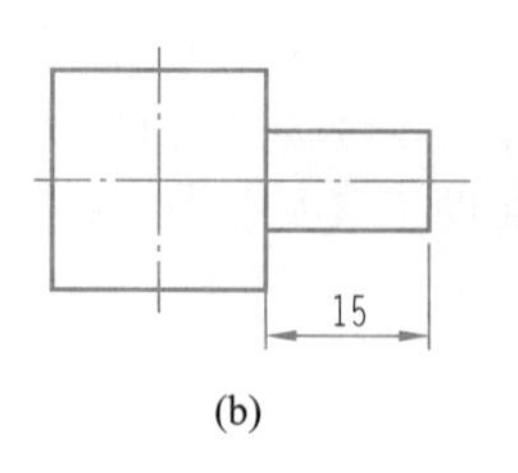

(b)

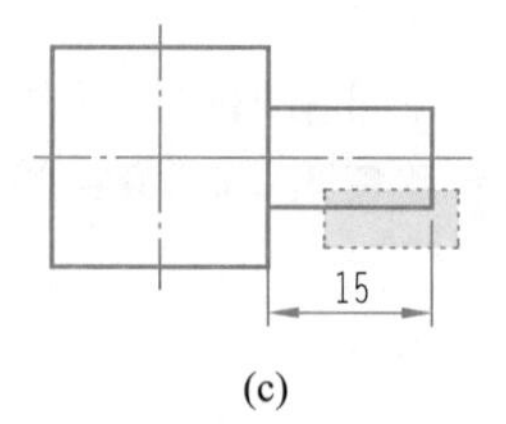

(c)

图 4-30 拉伸 2

解：命令行提示：

命令：s STRETCH

以交叉窗口或交叉多边形选择要拉伸的对象…

选择对象：指定对角点：找到 3 个(如图 4-30c 所示)

选择对象：(按 Enter 键)

指定基点或[位移(D)]<位移>：(单击窗交窗口图形内任意一端点，指定拉伸基点)

指定第二个点或<使用第一个点作为位移>：10(在水平追踪线基础上，将光标移向基点的左方，输入距离 10)

微课

倒角命令

五、倒角命令

倒角命令即斜角命令，是用斜线连接两个不平行的线型对象。可以用斜线连接直线段、双向无限长线、射线和多段线。

系统采用两种方法确定连接两个对象的斜线：

(1) 指定两个倒角距离：倒角距离是指从被连接对象与斜线的交点到被连接的两对象交点之间的距离，如图 4-31a 所示。

(2) 指定倒角长度和倒角角度：是指斜线与一个对象的倒角长度和斜线与该对象的夹角，如图 4-31b 所示。

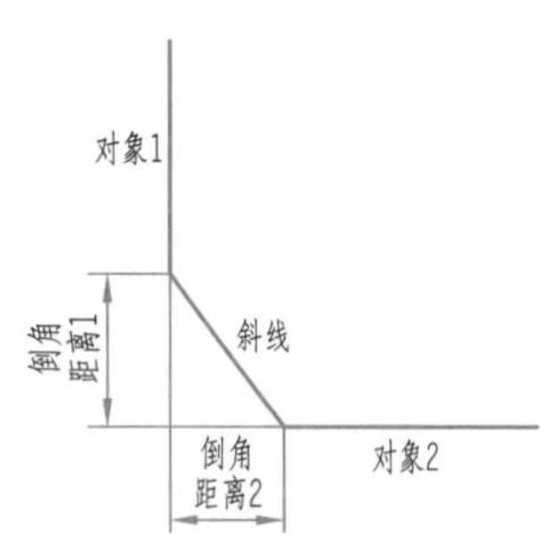

(a) 倒角距离

(b) 倒角长度与角度

图 4-31 倒角

1. 执行方式

功能区：常用标签→修改→ 下拉三角→

菜单栏：修改(M)→倒角(C)

工具栏：

命令行：CHAMFER(快捷命令 CHA)

2. 操作步骤

命令：CHAMFER

("修剪"模式)当前倒角距离 1 = 9.0000，距离 2 = 5.0000

选择第一条直线或[放弃(U)/多段线(P)/距离(D)/角度(A)/修剪(T)/方式(E)/多个(M)]：选择第一条直线或其他选项

选择第二条直线，或按住 Shift 键选择要应用角点的直线：选择第二条直线。

3. 选项说明

(1) 多段线(P):对多段线的各个交叉点倒斜角。

一般设置斜线是相等的值,系统根据指定的倒角距离把多段线的每个交叉点都作斜线连接,连接的斜线成为多段线新的构成部分。

(2) 距离(D):选择两个倒角距离。这两个倒角距离可以相同也可以不相同,若二者均为0,则系统不绘制连接的斜线,而是把两个对象延伸至相交并修剪超出的部分。

(3) 角度(A):选择第1条直线的倒角长度和第1条直线的倒角角度。

(4) 修剪(T):选项决定连接对象后是否剪切源对象。

(5) 方式(E):决定采用"距离"方式还是"角度"方式来倒斜角。

(6) 多个(M):同时对多个对象进行倒角编辑。

例题1: 按图4-32a修改图4-32b。

解: 命令行提示:

命令:cha　CHAMFER

("修剪"模式)当前倒角长度=2.0000,角度=45

选择第一条直线或[放弃(U)/多段线(P)/距离(D)/角度(A)/修剪(T)/方式(E)/多个(M)]:m

选择第一条直线或[放弃(U)/多段线(P)/距离(D)/角度(A)/修剪(T)/方式(E)/多个(M)]:d

指定第一个倒角距离<2.0000>:10

指定第二个倒角距离<10.0000>:6

选择第一条直线或[放弃(U)/多段线(P)/距离(D)/角度(A)/修剪(T)/方式(E)/多个(M)]:(单击直线1)

选择第二条直线,或按住Shift键选择要应用角点的直线:(单击直线2)

选择第一条直线或[放弃(U)/多段线(P)/距离(D)/角度(A)/修剪(T)/方式(E)/多个(M)]:(单击直线3)

选择第二条直线,或按住Shift键选择要应用角点的直线:(单击直线2)

例题2: 按图4-33a修改图4-33b。

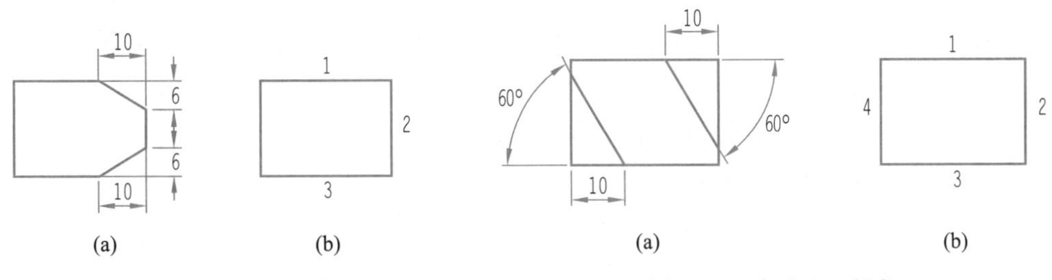

图4-32　距离(D)倒角　　图4-33　角度(A)倒角

解: 命令行提示:

命令:cha　CHAMFER

("修剪"模式)当前倒角距离1=10.0000,距离2=6.0000

选择第一条直线或[放弃(U)/多段线(P)/距离(D)/角度(A)/修剪(T)/方式

(E)/多个(M)]:m

选择第一条直线或[放弃(U)/多段线(P)/距离(D)/角度(A)/修剪(T)/方式(E)/多个(M)]:t

输入修剪模式选项[修剪(T)/不修剪(N)]<修剪>:n

选择第一条直线或[放弃(U)/多段线(P)/距离(D)/角度(A)/修剪(T)/方式(E)/多个(M)]:a

指定第一条直线的倒角长度<10.0000>:10

指定第一条直线的倒角角度<60>:60

选择第一条直线或[放弃(U)/多段线(P)/距离(D)/角度(A)/修剪(T)/方式(E)/多个(M)]:(单击直线1)

选择第二条直线,或按住Shift键选择要应用角点的直线:(单击直线2)

选择第一条直线或[放弃(U)/多段线(P)/距离(D)/角度(A)/修剪(T)/方式(E)/多个(M)]:(单击直线3)

选择第二条直线,或按住Shift键选择要应用角点的直线:(单击直线4)

圆角命令

六、圆角命令

圆角命令是指用一条指定半径的圆弧平滑连接两个对象,对象可以是圆弧、圆、椭圆、椭圆弧、直线、多段线、射线、样条曲线和构造线等。

1. 执行方式

功能区:常用标签→修改→

菜单栏:修改(M)→圆角(F)

工具栏:

命令行:FILLET(快捷命令:F)

2. 操作步骤

命令行提示:

命令:FILLET

当前设置:模式=不修剪,半径=0.0000

选择第一个对象或[放弃(U)/多段线(P)/半径(R)/修剪(T)/多个(M)]:选择第一个对象或其他选项

选择第二个对象,或按住Shift键选择要应用角点的对象:选择第二个选项

3. 选项说明

(1) 多段线(P):对多段线的各个顶点倒圆角。

(2) 半径(R):选择圆角的半径。

(3) 修剪(T):决定连接两个对象后是否剪切源对象。

(4) 多个(M):同时对多个对象进行倒圆角编辑。

(5) 按住Shift键并选择两个直线,可以快速创建零距离倒角或零半径圆角。

例题1: 按图4-34a修改图4-34b。

解: 命令行提示:

命令:f FILLET

当前设置:模式=不修剪,半径=3.0000

选择第一个对象或[放弃(U)/多段线(P)/半径(R)/修剪(T)/多个(M)]:t

输入修剪模式选项[修剪(T)/不修剪(N)]<不修剪>:t

选择第一个对象或[放弃(U)/多段线(P)/半径(R)/修剪(T)/多个(M)]:r

指定圆角半径<3.0000>:10

选择第一个对象或[放弃(U)/多段线(P)/半径(R)/修剪(T)/多个(M)]:(选择直线 1)

选择第二个对象,或按住 Shift 键选择要应用角点的对象:(选择直线 2)

命令:FILLET

当前设置:模式=修剪,半径=10.0000

选择第一个对象或[放弃(U)/多段线(P)/半径(R)/修剪(T)/多个(M)]:(选择直线 1)

选择第二个对象,或按住 Shift 键选择要应用角点的对象:(选择直线 3)

例题 2: 按图 4-35a 修改图 4-35b。(多段线选项)

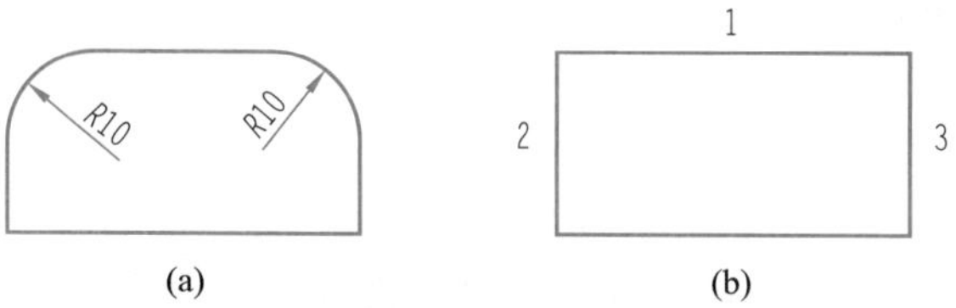

(a)　(b)

图 4-34　倒圆角

(a)　(b)

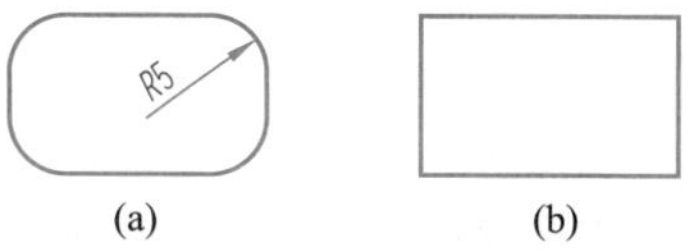

图 4-35　多段线倒圆角

解: 命令行提示:

命令:_fillet

当前设置:模式=修剪,半径=3.0000

选择第一个对象或[放弃(U)/多段线(P)/半径(R)/修剪(T)/多个(M)]:r

指定圆角半径<3.0000>:5

选择第一个对象或[放弃(U)/多段线(P)/半径(R)/修剪(T)/多个(M)]:p

选择二维多段线:(选择多段线)

4 条直线已被倒圆角

七、打断命令

微课

打断命令

打断命令用于在对象上的两个指定点之间创建间隔,从而将对象打断为两个对象。该命令通常用于为块或文字创建空间。

1. 执行方式

功能区:常用标签→修改→

菜单栏:修改(M)→打断(K)

工具栏:

命令行:BREAK(快捷命令:BR)

2. 操作步骤

命令行提示:

命令:BREAK

选择对象:选择要打断的对象

指定第二个打断点或[第一点(F)]:指定第二个断开点或输入“F”↙

3. 选项说明

(1) 执行命令时,系统自动将选择对象的拾取点作为第一个打断点,下一步操作可以继续指定第二个打断点或替换第一个打断点。如果选择“第一点(F)”选项,系统将放弃前面选择的第一个点,重新提示用户指定两个打断点。

(2) 在确定第二个打断点时,若拾取点不在被打断的对象上,系统以拾取点到被打断对象的投影点为第二打断点。

4. 打断命令的三种应用场合

(1) 删除对象中间的一部分。

(2) 删除对象的一端。

(3) 打断于点(将一个对象打断成相连的两部分)。

说明:对于圆的打断,将沿逆时针方向删除第一打断点到第二打断点之间的弧。

例题 1: 按图 4-36a 修改图 4-36b。

解: 命令行提示:

命令:_break 选择对象:(在 *A* 点选择要打断的直线)

指定第二个打断点或[第一点(F)]:(单击 *B* 点附近)

例题 2: 将图 4-37a 中直线段 *AB* 在交点 *H* 处打断成相连的两部分,如图 4-37b 所示。

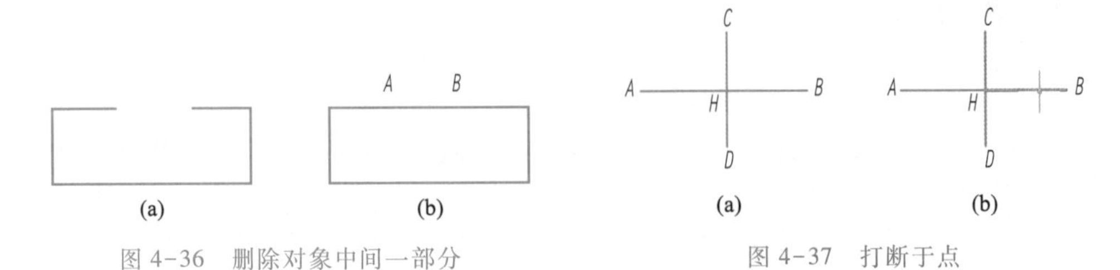

图 4-36 删除对象中间一部分

图 4-37 打断于点

解: 命令行提示:

命令:br BREAK 选择对象:(选择直线段 *AB*)

指定第二个打断点或[第一点(F)]:f

指定第一个打断点:(选择交点 *H*)

指定第二个打断点:(再次选择交点 *H*,或输入@,表示第二个打断点与第一个打断点重合)

八、分解命令

微课

分解命令

分解命令是将一个合成图形分解为其部件的工具。例如,一个矩形被分解后就会变成 4 条直线,且一个有宽度的直线分解后就会失去其宽度属性。

1. 执行方式

功能区:常用标签→修改→

菜单栏:修改(M)→分解(X)

工具栏:

命令行：EXPLODE（快捷命令：X）

2. 操作步骤

命令行提示：

命令：EXPLODE

选择对象：选择要分解的对象

选择一个对象后，该对象会被分解，系统继续提示该行信息，允许分解多个对象。

例题： 将矩形进行分解，如图 4-38a 所示为分解后，图 4-38b 所示为分解前。

解： 命令行提示：

命令：_explode

选择对象：找到 1 个（选择矩形）

选择对象：（按 Enter 键）

九、合并命令

合并命令

合并功能可以将直线、圆、椭圆弧和样条曲线等独立的图线合并为一个对象。

1. 执行方式

功能区：常用标签→修改→

菜单栏：修改（M）→合并（J）

工具栏：

命令行：JOIN

2. 操作步骤

命令行提示：

命令：JOIN

选择源对象：选择 1 个对象

选择要合并到源的直线：选择另 1 个对象

找到 1 个

选择要合并到源的直线：↙

已将 1 条直线合并到源

例题： 将 A、B 两个直线段合并成一个直线段，如图 4-39a 所示。

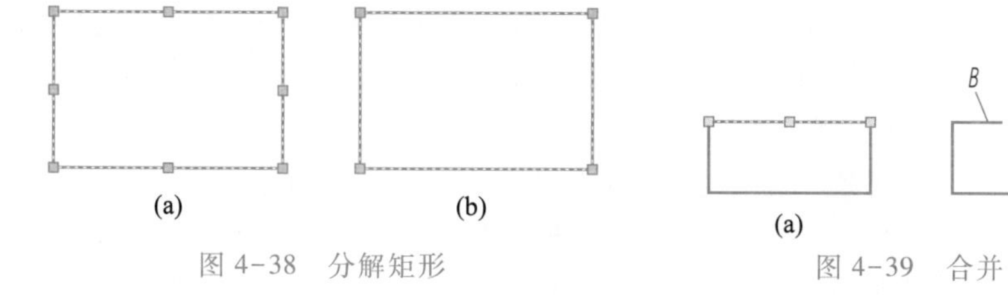

图 4-38　分解矩形　　　图 4-39　合并

解： 命令行提示：

命令：_join 选择源对象：（选择线段 A）

选择要合并到源的直线：找到 1 个（选择线段 B）

选择要合并到源的直线：（按 Enter 键）

已将 1 条直线合并到源

第四节 对象编辑

一、夹点编辑功能

微课

夹点编辑功能

夹点是一些实心的小方框，在无命令状态下选择对象时，对象关键点上将出现夹点。使用夹点编辑功能可以快速方便地编辑对象。

启用夹点编辑功能的方法是选择菜单栏中的“工具”→“选项”命令，系统打开“选项”对话框，进入“选择集”选项卡，勾选“夹点”选项组的“启用夹点”复选框，如图 4-40 所示。

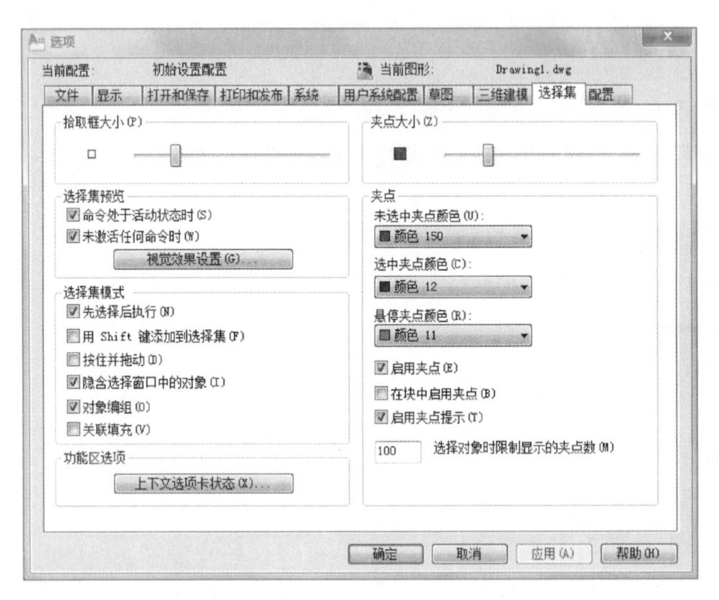

图 4-40 启用夹点编辑功能

通过改变 GPIPS 系统变量，也可控制是否启用夹点编辑功能。变量为 1 表示启用，变量为 0 表示关闭。

使用夹点编辑对象，可以先选择一个夹点作为基点，该夹点改变颜色，此即为基准夹点，命令行提示为拉伸操作，按 Space 或 Enter 键，编辑功能按“移动、旋转、缩放、镜像、拉伸”等顺序循环。也可以选择对象后，右键弹出快捷菜单，选择相应命令进行操作。

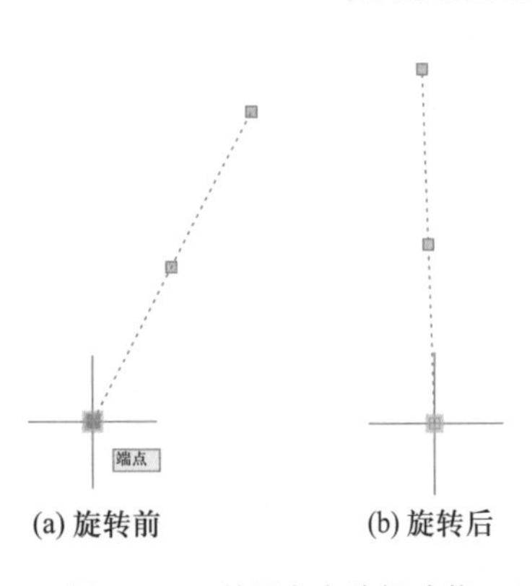

(a) 旋转前 (b) 旋转后

图 4-41 利用夹点编辑功能实施对象旋转 30°

例题： 利用夹点编辑方法将图 4-41a 对象旋转 30°。

解： 选择对象，选择基准夹点（颜色变成红色），此时命令行提示与操作如下：

＊＊拉伸＊＊

指定拉伸点或[基点(B)/复制(C)/放弃(U)/退出(X)]:

这时可以按 Space 或 Enter 键选择旋转命令，或在拉伸编辑提示下直接输入旋转命令 RO，系统就会转换为旋转操作。命令行提示与操作如下：

＊＊旋转＊＊

指定旋转角度或[基点(B)/复制(C)/放弃(U)/参照(R)/退出(X)]:30(如图 4-41b所示)

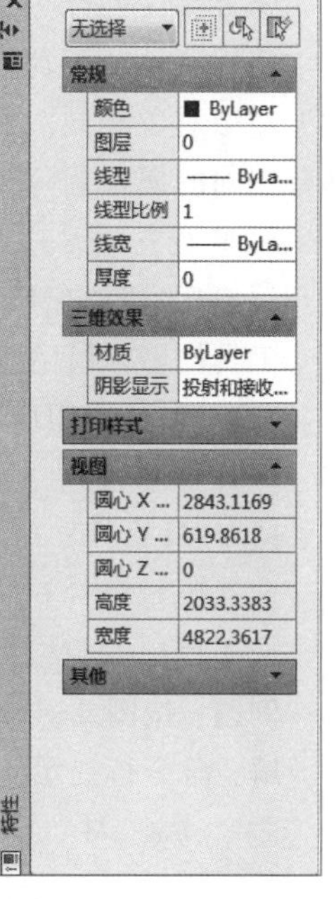

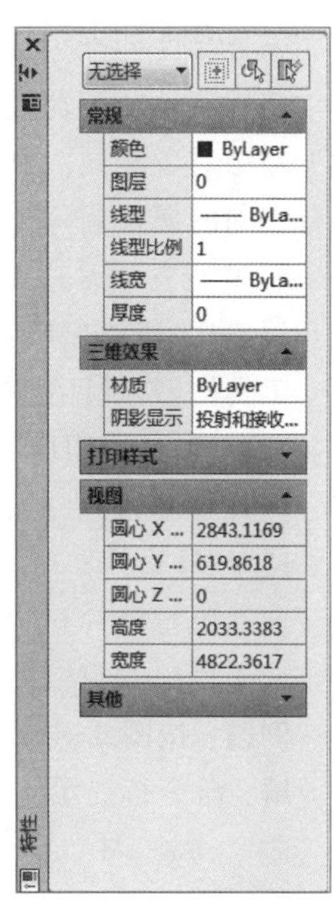

图 4-42　特性选项板

微课

修改对象属性

二、修改对象属性

1. 执行方式

菜单栏:修改(M)→特性(P)

工具栏:特性按钮

命令行:DDMODIFY 或 PROPERTIES(快捷命令:MO)

2. 操作步骤

命令:MO

执行操作后,系统打开“特性”选项板,如图 4-42 所示。利用“特性”选项板可以方便地设置或修改对象的各种属性。不同的对象具有不同的属性种类和值,修改属性值,对象改变为新的属性。

例题: 按图 4-43a 修改图 4-43b 标注。

解: 选择“52”尺寸标注,命令行提示:

命令:mo　PROPERTIES

在“特性”选项板中“文字”→“文字替代”一栏,输入“%%c52”,如图 4-44所示。

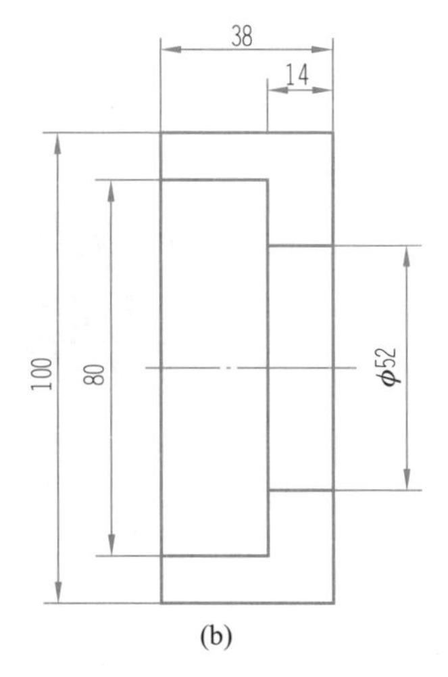

图 4-43　修改对象属性

图 4-44　文字替代修改尺寸标注

选择“80”尺寸标注,在“特性”选项板中“文字”→“文字替代”一栏,输入“%%c80”。

关闭“特性”选项板,退出命令。

微课

特性匹配

三、特性匹配

使用特性匹配功能可以将目标对象的属性与源对象的属性进行匹配,使目标对象变为与源对象相同。利用特性匹配功能可以方便快捷地修改对象属性,使不同的对象具有相同的属性。

1. 执行方式

菜单栏:修改(M)→特性匹配(M)

工具栏:特性匹配按钮

命令行:MATCHPROP(快捷命令:MA)

2. 操作步骤

命令:MA

选择源对象:(选择源对象)

选择目标对象或[设置(S)]:(选择目标对象)

例题:按图 4-45a 修改图 4-45b 对象属性。

解:命令行提示:

命令:ma MATCHPROP

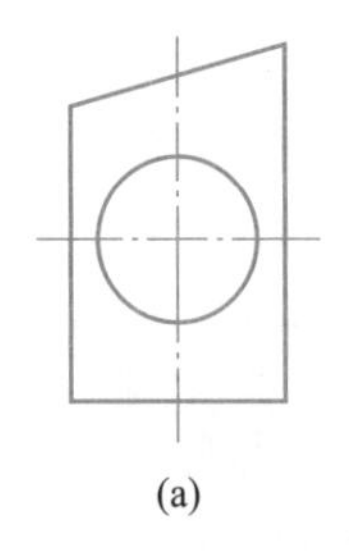

(a)

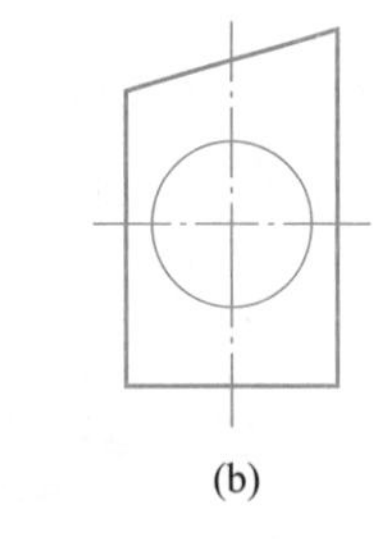

(b)

图 4-45 特性匹配

选择源对象:(选择图 4-45a 圆对象)

选择目标对象或[设置(S)]:(选择图 4-45b 圆对象)

选择目标对象或[设置(S)]:(退出命令)

命令:MATCHPROP

选择源对象:(选择图 4-45a 中心线对象)

选择目标对象或[设置(S)]:(选择图 4-45b 中心线对象)

选择目标对象或[设置(S)]:(选择图 4-45b 中心线对象)

选择目标对象或[设置(S)]:* 取消 *

即测即评四

第五章
复杂二维绘图命令

第一节 多段线

课件

复杂二维绘图命令

一、多段线的绘制

多段线是一种由线段和圆弧组合而成的多线，组合形式多样，可以有不同的线宽，适合绘制各种复杂的图形轮廓。

1. 执行方式

功能区：常用标签→绘图→

菜单栏：绘图(D)→多段线(P)

工具栏：

命令行：PLINE(快捷命令：PL)

微课

多段线的绘制

2. 操作步骤

命令行提示与操作如下：

命令：PLINE ↙

指定起点：指定多段线的起点

当前线宽为 0.0000

指定下一个点或[圆弧(A)/半宽(H)/长度(L)/放弃(U)/宽度(W)]：指定多段线的下一个点。

3. 选项说明

多段线主要由连续且不同宽度的线段或圆弧组成，如果在选项提示中选择“圆弧(A)”选项，则命令行提示如下：

指定圆弧的端点或[角度(A)/圆心(CE)/闭合(CL)/方向(D)/半宽(H)/直线(L)/半径(R)/第二个点(S)/放弃(U)/宽度(W)]：

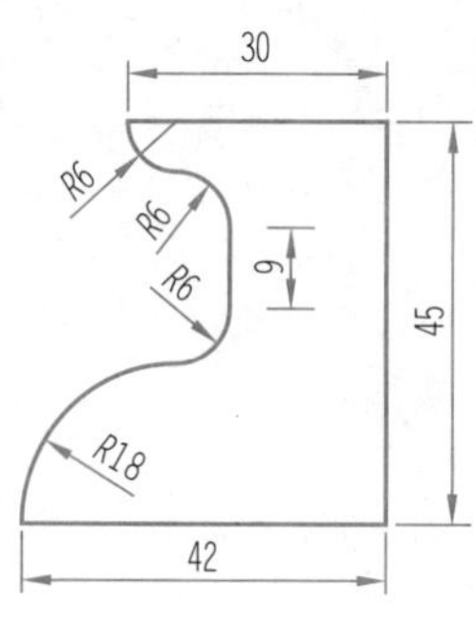

图 5-1 绘制平面图形

绘制圆弧的方法与“圆弧”命令相似。

例题:绘制如图 5-1 所示的由直线和圆弧组成的平面图形,线宽为0.4mm。

解:开启正交模式,命令行提示:

命令:_PLINE

指定起点:(在屏幕合适位置确定起点)

当前线宽为 0.0000

指定下一个点或[圆弧(A)/半宽(H)/长度(L)/放弃(U)/宽度(W)]:w(选择宽度选项)

指定起点宽度<0.0000>:0.4(设定起点宽度为 0.4)

指定端点宽度<0.4000>:(设定端点宽度为 0.4)

指定下一个点或[圆弧(A)/半宽(H)/长度(L)/放弃(U)/宽度(W)]:30(光标向右,输入 30)

指定下一点或[圆弧(A)/闭合(C)/半宽(H)/长度(L)/放弃(U)/宽度(W)]:45(光标向下,输入 45)

指定下一点或[圆弧(A)/闭合(C)/半宽(H)/长度(L)/放弃(U)/宽度(W)]:42(光标向左,输入 42)

指定下一点或[圆弧(A)/闭合(C)/半宽(H)/长度(L)/放弃(U)/宽度(W)]:a(选择圆弧选项)

指定圆弧的端点或[角度(A)/圆心(CE)/闭合(CL)/方向(D)/半宽(H)/直线(L)/半径(R)/第二个点(S)/放弃(U)/宽度(W)]:ce(选择圆心选项)

指定圆弧的圆心:18(光标向右,输入 18)

指定圆弧的端点或[角度(A)/长度(L)]:a(选择角度选项)

指定包含角:-90(顺圆弧,输入-90°)

指定圆弧的端点或[角度(A)/圆心(CE)/闭合(CL)/方向(D)/半宽(H)/直线(L)/半径(R)/第二个点(S)/放弃(U)/宽度(W)]:ce(选择圆心选项)

指定圆弧的圆心:6(光标向上,输入 6)

指定圆弧的端点或[角度(A)/长度(L)]:a(选择角度选项)

指定包含角:90(逆圆弧,输入 90°)

指定圆弧的端点或[角度(A)/圆心(CE)/闭合(CL)/方向(D)/半宽(H)/直线(L)/半径(R)/第二个点(S)/放弃(U)/宽度(W)]:l(选择直线选项)

指定下一点或[圆弧(A)/闭合(C)/半宽(H)/长度(L)/放弃(U)/宽度(W)]:9(光标向上,输入 9)

指定下一点或[圆弧(A)/闭合(C)/半宽(H)/长度(L)/放弃(U)/宽度(W)]:a(选择圆弧选项)

指定圆弧的端点或[角度(A)/圆心(CE)/闭合(CL)/方向(D)/半宽(H)/直线(L)/半径(R)/第二个点(S)/放弃(U)/宽度(W)]:ce(选择圆心选项)

指定圆弧的圆心:6(光标向左,输入 6)

指定圆弧的端点或[角度(A)/长度(L)]:a(选择角度选项)

指定包含角:90(逆圆弧,输入 90°)

指定圆弧的端点或

[角度(A)/圆心(CE)/闭合(CL)/方向(D)/半宽(H)/直线(L)/半径(R)/第二个点(S)/放弃(U)/宽度(W)]:ce(选择圆心选项)

指定圆弧的圆心:6(光标向上,输入 6)

指定圆弧的端点或[角度(A)/长度(L)]:a(选择角度选项)

指定包含角:-90(顺圆弧,输入-90°)

指定圆弧的端点或[角度(A)/圆心(CE)/闭合(CL)/方向(D)/半宽(H)/直线(L)/半径(R)/第二个点(S)/放弃(U)/宽度(W)]:(按 Enter 键结束)

二、多段线的编辑

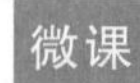

微课

多段线的编辑

1. 执行方式

功能区:常用标签→修改→

菜单栏:修改(M)→对象(O)→多段线(P)

工具栏:修改 II→

命令行:PEDIT

快捷菜单:选择要编辑的多段线,在绘图区域单击鼠标右键,然后选择“编辑多段线(I)”。

2. 操作步骤

命令行提示:

命令:PEDIT↙

多段线或[多条(M)]:

输入选项[闭合(C)/合并(J)/宽度(W)/编辑顶点(E)/拟合(F)/样条曲线(S)/非曲线化(D)/线型生成(L)/反转(R)/放弃(U)]:

3. 主要选项说明

(1) 合并(J):将多个首尾相连的直线或圆弧合并成一条多段线。

执行命令后,如果选定对象是直线、圆弧或样条曲线,则将显示以下提示:

选定的对象不是多段线。

是否将其转换为多段线? <是>:输入 y 或 n,或按 Enter 键

如果输入 y,则对象被转换为可编辑的单段二维多段线。

将选定的样条曲线转换为多段线之前,将显示以下提示:

指定精度<10>:输入新的精度值或按 Enter 键

精度值决定结果多段线与源样条曲线拟合的精确程度。有效值为 0~99 之间的整数。

注意高精度值可能会引发性能问题。

(2) 宽度(W):修改整条多段线的宽度,使其具有统一的宽度。

例题:按图 5-2a 所示图形(宽度为 3mm)编辑图 5-2b 所示多段线宽度。

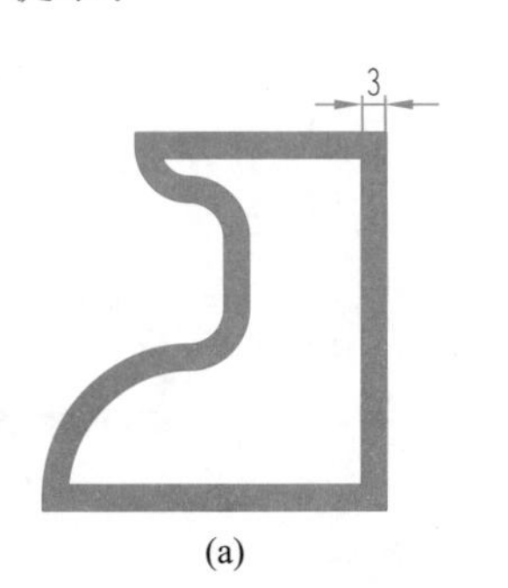

(a)

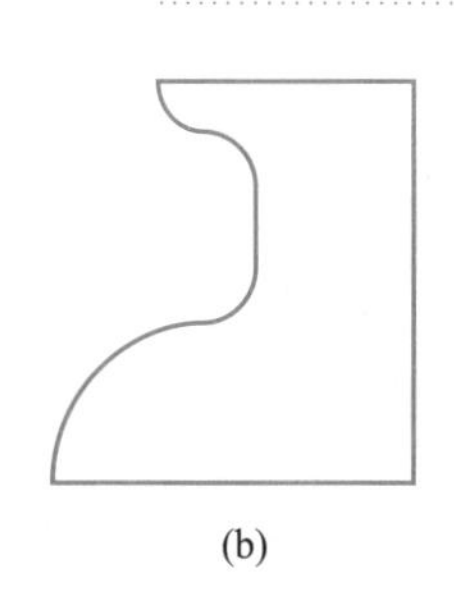

(b)

图 5-2　编辑多段线宽度

解:命令行提示:

命令:PEDIT

选择多段线或[多条(M)]:

输入选项[闭合(C)/合并(J)/宽度(W)/编辑顶点(E)/拟合(F)/样条曲线(S)/非曲线化(D)/线型生成(L)/反转(R)/放弃(U)]:w

指定所有线段的新宽度:3

输入选项[闭合(C)/合并(J)/宽度(W)/编辑顶点(E)/拟合(F)/样条曲线(S)/非曲线化(D)/线型生成(L)/反转(R)/放弃(U)]:(按 Enter 键退出命令)

微课

分解命令

三、分解命令

分解命令是将一个合成图形分解为其部件的工具。可以分解的对象包括块、多段线及面域等。任何分解对象的颜色、线型和线宽都可能会改变。其他结果将根据分解的复合对象类型的不同而有所不同。例如,一个矩形被分解后就会变成 4 条直线,且一个有宽度的多段线分解后就会失去其宽度属性。

1. 执行方式

功能区:常用标签→修改→

菜单栏:修改(M)→分解(X)

工具栏:修改(M)→

命令行:EXPLODE

2. 操作步骤

命令行提示与操作如下:

命令:EXPLODE ↙

选择对象:选择要分解的对象

选择一个对象后,该对象会被分解,系统继续提示该行信息,允许分解多个对象。

例题:将图 5-3b 所示多段线分解为图 5-3a 所示的单个线段或圆弧。

解:命令行提示:

命令:EXPLODE ↙

选择对象:找到 1 个(选择图 5-3b 图多段线,按 Enter 键得到图 5-3a 图所示单个线段或圆弧如图 5-4 所示)

选择对象:

分解此多段线时丢失宽度信息。

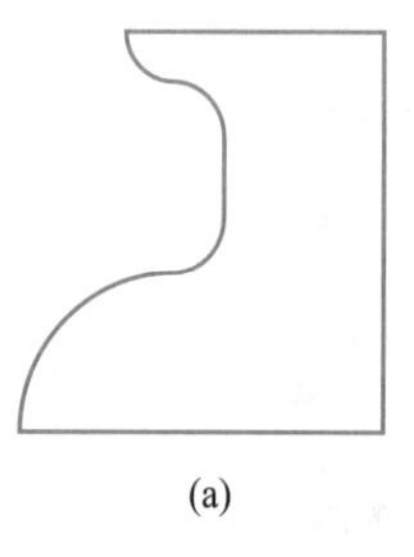

(a) (b)

图 5-3 多段线分解

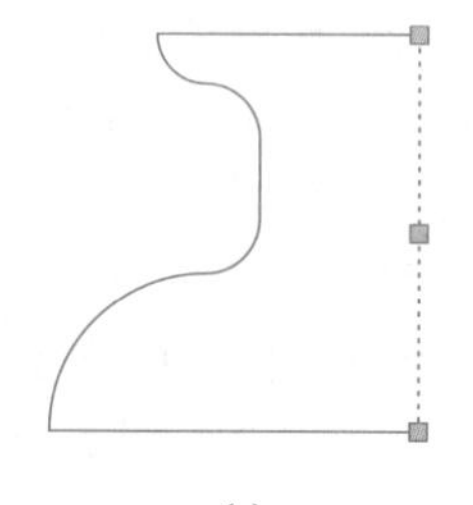

(a)

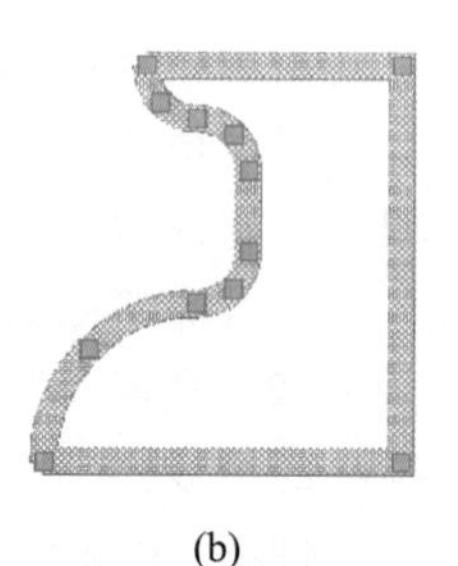

(b)

图 5-4 多段线分解前后对比

第二节　样条曲线

一、样条曲线的绘制

在 AutoCAD 中使用的样条曲线为非一致有理 B 样条(NURBS)曲线,使用 NURBS 曲线能够在控制点之间产生一条光滑的曲线,如图 5-5 所示。样条曲线可用于绘制形状不规则的图形,如为地理信息系统(GIS)或汽车设计绘制轮廓线。

微课

样条曲线的绘制

图 5-5　样条曲线

1. 执行方式

功能区:常用标签→绘图→

菜单栏:绘图(D)→样条曲线(S)

工具栏:

命令行:SPLINE(快捷命令:SPL)

2. 操作步骤

命令行提示与操作如下:

命令:SPLINE ↙

指定第一个点或[对象(O)]:指定一点或选择“对象(O)”选项

指定下一点:指定一点

指定下一个点或[闭合(C)/拟合公差(F)]<起点切向>:

3. 选项说明

(1) 对象(O):将二维或三维的二次或三次样条线拟合多段线转换为等价的样条曲线,然后(根据 DELOBJ 系统变量的设置)删除该多段线。

(2) 闭合(C):将最后一点定义与第一点一致,并使其在连接处相切,以闭合样条曲线。选择该项,命令行提示如下。

指定切向:指定点或按 Enter 键。

例题 1:按图 5-6a 的波浪线修改图 5-6b。

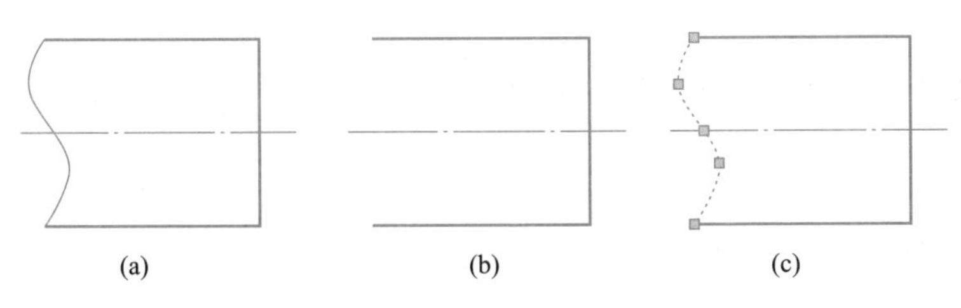

图 5-6　轴截面断开线的绘制

解:命令行提示:

命令:SPLINE

指定第一个点或［对象(O)］:(第1个点,如图5-6c所示5个夹点中的最上方或最下方点)

指定下一点:(依次指定第2个点,如图5-6c所示)

指定下一点或［闭合(C)/拟合公差(F)］<起点切向>:

(依次指定第3、4、5个点,如图5-6c所示)

指定下一点或［闭合(C)/拟合公差(F)］<起点切向>(按Enter键)

指定起点切向:(按Enter键)

指定端点切向:(按Enter键)

例题2:按图5-7a的局部视图波浪线修改图5-7b。

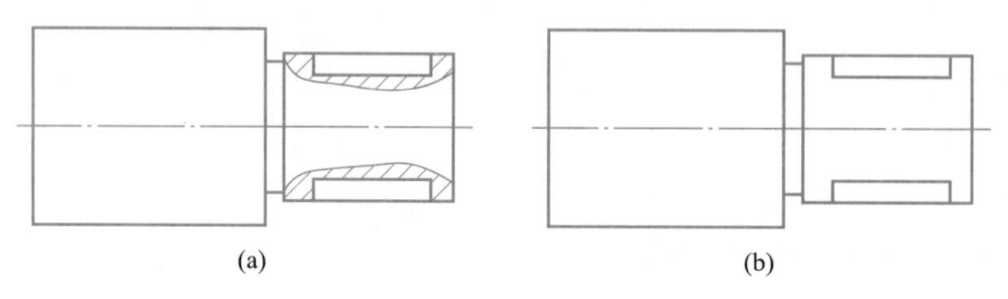

图5-7 局部视图中波浪线的绘制

解:命令行提示:

命令:SPLINE

指定第一个点或［对象(O)］:<对象捕捉 开>

依次指定5个点(连按三次Enter键,退出命令,画出上方一条波浪线)

命令:SPLINE

指定第一个点或［对象(O)］:

依次指定5个点(连按三次Enter键,退出命令,画出下方一条波浪线)

剩下的用图案填充命令画出剖面线。

二、样条曲线的编辑

1. 执行方式

功能区:常用标签→修改扩展区→

菜单栏:修改(M)→对象(O)→样条曲线(S)

工具栏:修改Ⅱ→

命令行:SPLINEDIT

快捷菜单:选择要编辑的样条曲线,在绘图区域中单击鼠标右键,然后选择“编辑样条曲线”。

2. 操作步骤

命令行提示与操作如下:

命令:SPLINEDIT↙

输入选项［拟合数据(F)/闭合(C)/移动顶点(M)/优化(R)/反转(E)/转换为多段线(P)/放弃(U)］:

例题1:将图5-8a所示样条曲线转换成闭合图形,如图5-8b所示。

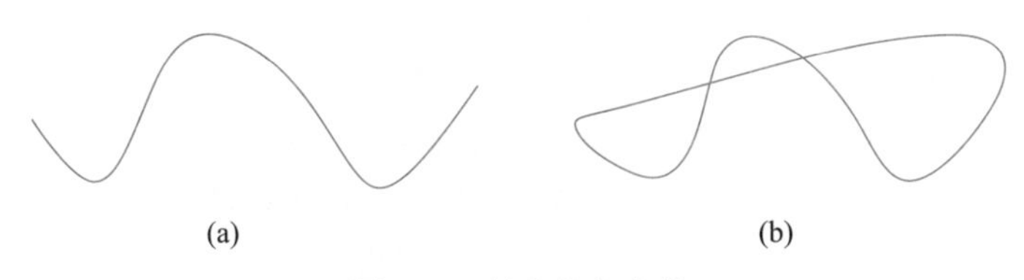

图 5-8 闭合样条曲线

解:命令行提示:

命令:_splinedit

选择样条曲线:

输入选项[拟合数据(F)/闭合(C)/移动顶点(M)/优化(R)/反转(E)/转换为多段线(P)/放弃(U)]:c

输入选项[打开(O)/移动顶点(M)/优化(R)/反转(E)/转换为多段线(P)/放弃(U)/退出(X)]<退出>:x

例题 2:按图 5-9a 所示样条曲线,修改图 5-9b 所示样条曲线。

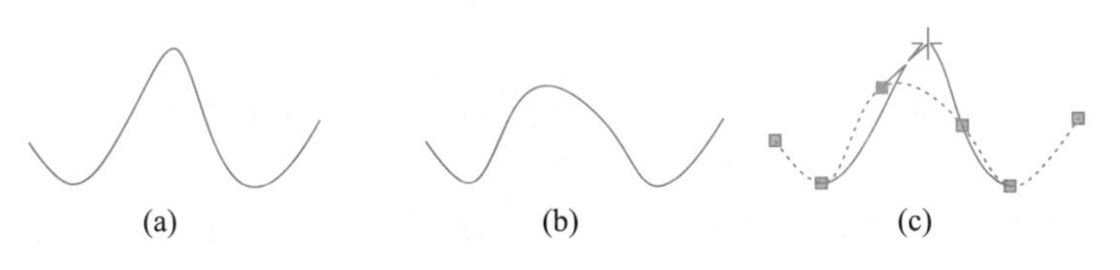

图 5-9 样条曲线夹点编辑

解:双击样条曲线,命令行提示:

命令:* * 拉伸 * *

指定拉伸点或[基点(B)/复制(C)/放弃(U)/退出(X)]:(单击拉伸点,如图 5-9c 所示)

命令:.UNDO 当前设置:自动=开,控制=全部,合并=是,图层=是

输入要放弃的操作数目或[自动(A)/控制(C)/开始(BE)/结束(E)/标记(M)/后退(B)]<1>:夹点编辑

第三节 多线

微课

多线的绘制

一、多线的绘制

1. 执行方式

菜单栏:绘图(D)→多线(U)

命令行:MLINE(快捷命令:ML)

2. 操作步骤

命令行提示与操作如下:

命令:MLINE ↙

当前设置:对正=上,比例=10.00,样式=STANDARD

指定起点或[对正(J)/比例(S)/样式(ST)]:

3. 选项说明

(1) 对正(J):确定如何在指定的点之间绘制多线。

输入对正类型[上(T)/无(Z)/下(B)]<当前>:输入选项或按 Enter 键

上:在光标下方绘制多线,指定点处将会出现具有最大正偏移值的直线,如图 5-10a 所示。

无:将光标位置作为原点绘制多线,指定点处的偏移为 0.0,如图 5-10b 所示。

下:在光标上方绘制多线,指定点处将出现具有最大负偏移值的直线,如图 5-10c 所示。

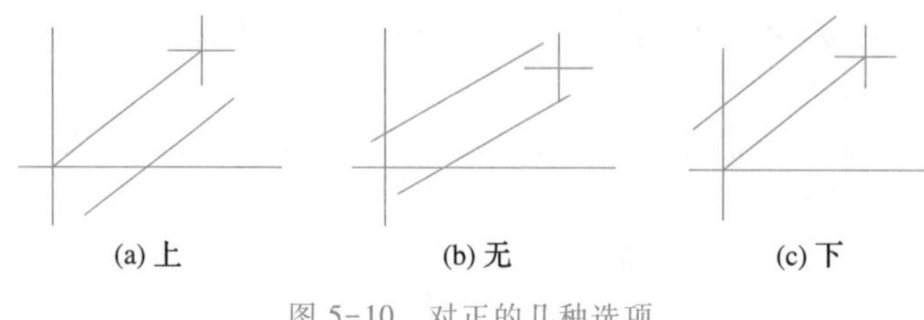

图 5-10 对正的几种选项

(2) 比例(S):控制多线的全局宽度。该比例不影响线型比例。

输入多线比例<当前>:输入比例或按 Enter 键

比例基于在多线样式定义中建立的宽度。比例因子为 2 绘制多线时,其宽度是样式定义的宽度的两倍。负比例因子将翻转偏移线的次序:当从左至右绘制多行时,偏移最小的多线绘制在顶部。负比例因子的绝对值也会影响比例。比例因子为 0 将使多线变为单一的直线。

(3) 样式(ST):指定多线的样式。

例题:用多线命令绘制如图 5-11 所示图形。

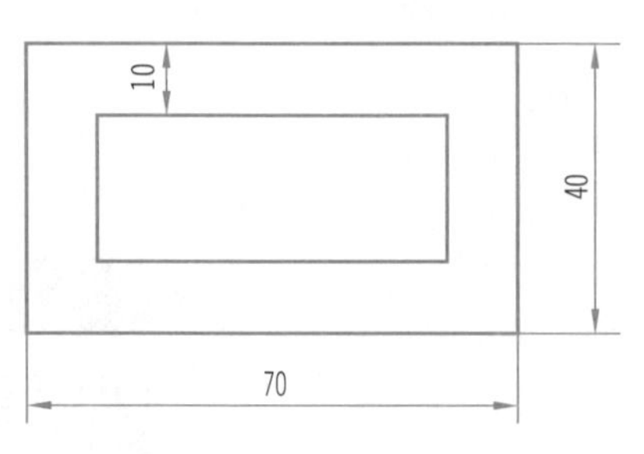

图 5-11 多线命令绘制图形

解:开启正交模式,命令行提示:

命令:mline 当前设置:对正 = 上,比例 = 20.00,样式 =STANDARD

指定起点或[对正(J)/比例(S)/样式(ST)]:s(选择比例选项)

输入多线比例<20.00>:10(输入多线比例 10)

当前设置:对正 = 上,比例 = 10.00,样式 = STANDARD

指定起点或[对正(J)/比例(S)/样式(ST)]:(在屏幕合适位置指定起点)

指定下一点:70(光标向右指向,输入 70)

指定下一点或[放弃(U)]:40(光标向下指向,输入 40)

指定下一点或[闭合(C)/放弃(U)]:70(光标向左指向,输入 70)

指定下一点或[闭合(C)/放弃(U)]:c(选择闭合选项)

微课

多线的样式

二、多线的样式

多线样式命令用于创建、修改、保存和加载多线样式,多线样式控制元素的数目和每个元素的特性。MLSTYLE 还控制背景色和每条多线的端点封口。

1. 执行方式

菜单栏:格式(O)→多线样式(M)

命令行:MLSTYLE

2. 操作步骤

命令行提示与操作如下:

命令:MLSTYLE↙

系统打开“多线样式”对话框,如图 5-12 所示。

(1) 在“多线样式”对话框中单击“新建”按钮,系统打开“创建新的多线样式”对话框,如图 5-13 所示。在“新样式名”文本框中输入“边框”,单击“继续”按钮。

图 5-12　“多线样式”对话框

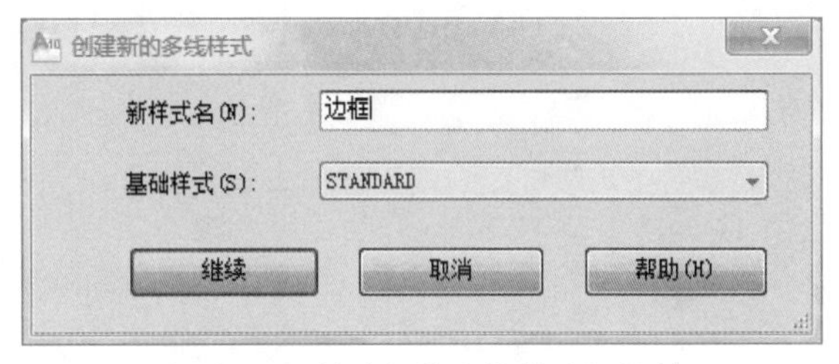

图 5-13　“创建新的多线样式”对话框

(2) 系统打开“新建多线样式”对话框,如图 5-14 所示。

选项说明:

封口选项组:设置多线起点和端点的特性,包括直线、外弧、内弧的封口及封口线段或圆弧的角度。

填充选项组:在填充颜色下拉列表框中可以选择多线填充的颜色。

图元选项组:设置组成多线元素的特性。单击“添加”按钮,可以为多线添加元素,单击“删除”按钮,为多线删除元素。在“偏移”文本框中可以设置选中元素的位置偏移值;在“颜色”下拉列表框中可以为选中的元素选择颜色;单击“线型”按钮,系统打开“选择线型”对话框,可以为选中的元素设置线型。

(3) 在“新建多线样式”对话框中设置完毕,单击“确定”按钮,系统返回到“多线样式”对话框。“样式”列表中显示出刚设置的“边框”样式名称,单击“置为当前”按钮,可将其设置为当前样式,如图 5-15 所示。

图 5-14 “新建多线样式”对话框

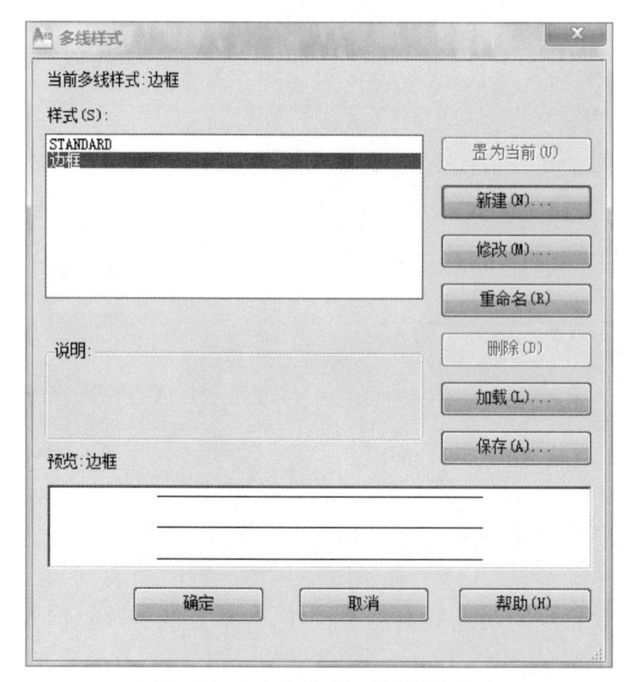

图 5-15 “多线样式”对话框的样式

单击“确定”按钮,完成多线样式设置。在边框样式下,所画的图形如图 5-16a 所示。

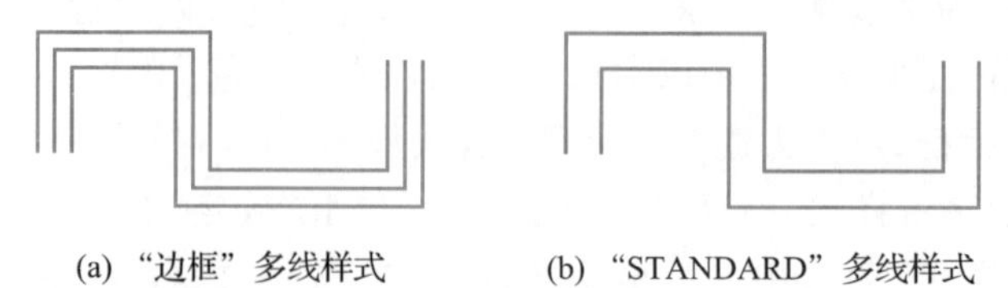

(a) “边框” 多线样式 (b) “STANDARD” 多线样式

图 5-16 多线样式图形

三、多线的编辑

多线的编辑可用于编辑多线的交点、打断点和顶点。

1. 执行方式

菜单栏：修改(M)→对象(O)→多线(M)

命令行：MLEDIT

2. 操作步骤

命令行提示与操作如下：

命令：MLEDIT↙

系统弹出“多线编辑工具”对话框，如图 5-17 所示，利用相应选项，可以创建或修改多线的模式。对话框中多线编辑工具的第一列示例图形管理十字交叉形多线，第二列管理 T 形多线，第三列管理拐角结合点和节点，第四列管理多线被剪断或连接的形式。单击选择某个示例图形，则可调用该项编辑功能。

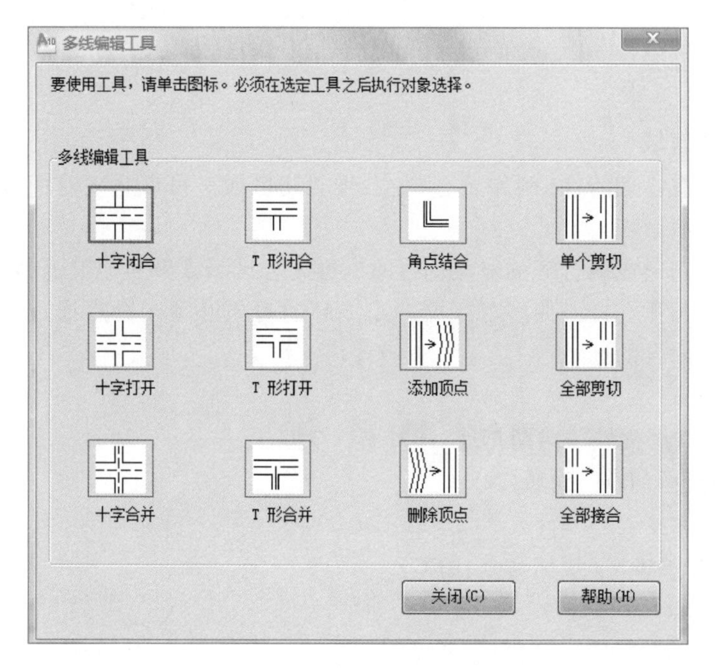

图 5-17　“多线编辑工具”对话框

例题 1：用十字闭合多线编辑工具按图 5-18a 修改图 5-18b 所示图形。

解：命令行提示：

命令：mledit(在打开的“多线编辑工具”对话框中选择十字闭合工具)

选择第一条多线：(选择竖直方向多线 1)

选择第二条多线：(选择水平方向多线 2)

选择第一条多线 或［放弃(U)］：(按 Enter 键退出命令)

例题 2：用 T 形闭合多线编辑工具按图 5-19a 修改图 5-19b 所示图形。

解：命令行提示：

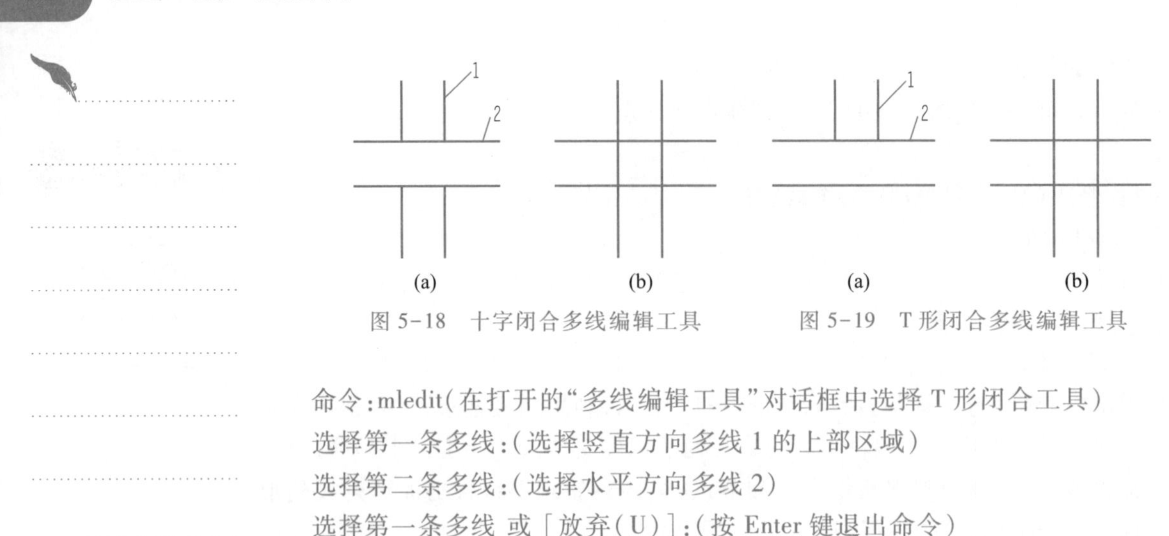

图 5-18 十字闭合多线编辑工具　　图 5-19 T 形闭合多线编辑工具

命令:mledit(在打开的“多线编辑工具”对话框中选择 T 形闭合工具)
选择第一条多线:(选择竖直方向多线 1 的上部区域)
选择第二条多线:(选择水平方向多线 2)
选择第一条多线 或［放弃(U)］:(按 Enter 键退出命令)

第四节 面域

一、创建面域

微课

创建面域

面域是具有物理特性(例如质心)的二维封闭区域。可以将现有面域合并为单个复合面域来计算面积。

面域是使用形成闭合环的对象创建的二维闭合区域。环可以是直线、多段线、圆、圆弧、椭圆、椭圆弧和样条曲线的组合。组成环的对象必须闭合或通过与其他对象共享端点而形成闭合的区域。

1. 执行方式

功能区：常用标签→绘图扩展→
菜单栏:绘图(D)→面域(N)
工具栏:
命令行:REGION (快捷命令:REG)

2. 操作步骤

命令行提示:
命令:REGION ↙
选择对象:

例题:将一个圆创建为面域。

解:命令行提示:
命令:REGION ↙
选择对象:找到 1 个(选择圆)
选择对象:(按 Enter 键)
已提取 1 个环。
已创建 1 个面域。

如图 5-20 所示,图 5-20a 是圆,图 5-20b 所示的圆转变成面域。单击“视图”菜单栏中的“视觉样式”,选择“真实”,图 5-20b 面域即显示有涂色,如图 5-21 所示。

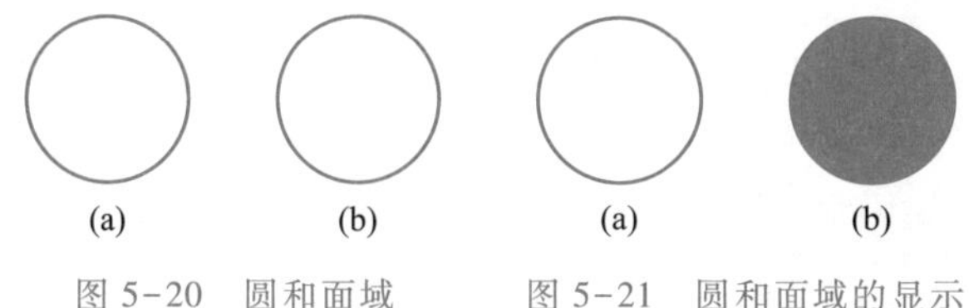

图 5-20　圆和面域　　　图 5-21　圆和面域的显示

二、面域的运算

面域的运算

布尔运算是数学中的一种逻辑运算，用在 AutoCAD 绘图中，能够极大地提高绘图效率。布尔运算包括并集、交集和差集 3 种，操作方法类似，一并介绍如下。

1. 执行方式

菜单栏：修改(M)→实体编辑(N)→并集(U)或差集(S)或交集(I)

工具栏：实体编辑工具栏中的并集、差集、交集

命令行：UNION(快捷命令：UNI)

SUBTRACT(快捷命令：SU)

INTERSECT(快捷命令：IN)

2. 操作步骤

命令行提示与操作如下：

命令：UNION(SUBTRACT、INTERSECT)↙

选择对象：

选择对象后，系统对所选择的面域做并集(差集、交集)计算。

例题：把图 5-22a 所示的原图线条进行并集、差集、交集的运算。

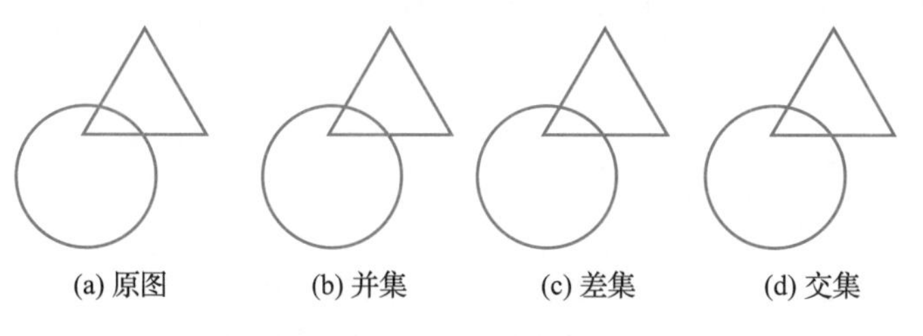

图 5-22　线框图形与面域

解：命令行提示(以图 5-22 为例进行讲解)：

命令：_copy(选择复制命令)

选择对象：指定对角点：找到 2 个(选择图 5-22a 原图的圆和三角形)

选择对象：(按确认键结束)

当前设置：复制模式=多个

指定基点或［位移(D)/模式(O)］<位移>：指定第二个点或<使用第一个点作为位移>：

指定第二个点或［退出(E)/放弃(U)］<退出>：(在合适位置复制图 5-22a 得到图 5-22b)

指定第二个点或［退出(E)/放弃(U)］<退出>：(在合适位置复制图 5-22a 得到

图 5-22c)

指定第二个点或［退出(E)/放弃(U)］<退出>:(在合适位置复制图 5-22a 得到图 5-22d)

命令:_region(选择面域命令)

选择对象:指定对角点:找到 6 个(选择图 5-22b~图 5-22d 三个图形)

选择对象:(按 Enter 键结束)

已提取 6 个环。

已创建 6 个面域。

命令:_union(选择并集命令)

选择对象:找到 1 个(选择图 5-22b 中圆面域)

选择对象:找到 1 个,总计 2 个(选择图 5-22b 中三角形面域)

选择对象:(按 Enter 键结束,得到图 5-23b)

命令:_subtract 选择要从中减去的实体、曲面和面域...(选择图 5-23c 中的圆面域)

选择对象:找到 1 个

选择对象:选择要减去的实体、曲面和面域...(选择图 5-23c 中的三角形面域)

选择对象:找到 1 个

选择对象:(按 Enter 键结束,得到图 5-23c)

命令:_intersect(选择交集命令)

选择对象:找到 1 个(选择图 5-23d 中的圆面域)

选择对象:找到 1 个,总计 2 个(选择图 5-23d 中的三角形面域)

选择对象:(按 Enter 键结束,得到图 5-23d)

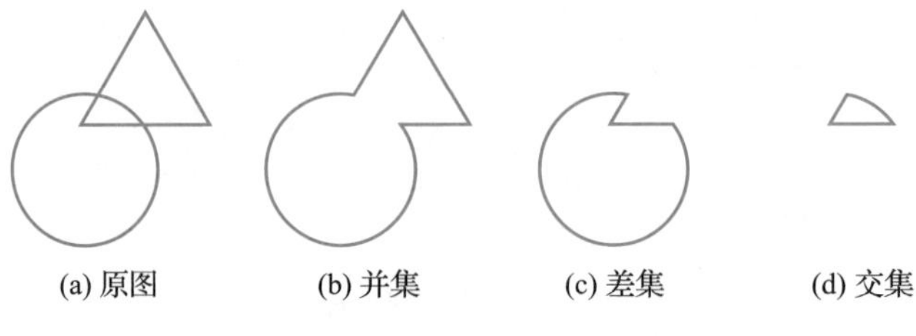

图 5-23 面域的运算

微课

图案填充的操作

第五节 图案填充

一、图案填充的操作

当用户需要用一个重复的图案(PATTERN)填充一个区域时,可以使用 BHATCH 或 HATCH 命令,创建一个相关联的填充阴影对象,即所谓的图案填充。当进行图案填充时,首先要确定填充图案的边界。定义边界的对象只能是直线、双向射线、单向射线、多段线、样条曲线、圆、圆弧、椭圆、椭圆弧、面域等对象或用这些对象定义的块,而且作为边界的对象在当前图层上必须全部可见。

1. 执行方式

功能区:常用标签→绘图→

菜单栏:绘图(D)→图案填充(S)

工具栏:

命令行:HATCH 或 BHATCH(快捷命令:H)

2. 操作步骤

命令行提示与操作如下:

命令:HATCH ↙

系统将弹出图 5-24 所示对话框。

图 5-24 “图案填充和渐变色”对话框

“图案填充和渐变色”对话框的“图案填充”选项卡中的各选项用来确定图案及其参数。验证该样例图案是否是要使用的图案。要更改图案,请从“图案(P)”列表中选择另一个图案。

如果需要,在“图案填充和渐变色”对话框中进行调整。

在“图案填充和渐变色”对话框中,单击“添加:拾取点”按钮。

在图形中,在要填充的每个区域内指定一点,然后按 Enter 键。此点称为内部点。

在“绘图次序”下,单击某个选项。可以更改填充绘制顺序,将其绘制在填充边界的后面或前面,或者其他所有对象的后面或前面。

3. 图案填充选项说明

(1)“类型”下拉列表框:用于确定填充图案的类型及图案。“用户定义”选项表示用户要临时定义填充图案,与命令行方式中的“U”选项作用相同;“自定义”选项表示选用 ACAD.PAT 图案文件或其他图案文件(.PAT 文件)中的图案填充;“预定义”选项表示用 AutoCAD 标准图案文件(ACAD.PAT 文件)中的图案填充。

(2)“图案”下拉列表框:用于确定标准图案文件中的填充图案。在其下拉列表框中,用户可从中选择填充图案。选择需要的填充图案后,在下面的“样例”显示框中会显示出该图案。只有在“类型”下拉列表框中选择了“预定义”选项,此选项才允许用户从自己定义的图案文件中选择填充图案。如果选择图案类型是“预定义”,单击“图案”下拉列表框右侧的按钮,打开如图 5-25 所示的“填充图案选项板”对话框,对话框显示了所选类型具有的图案,用户可从中确定所需要的图案。

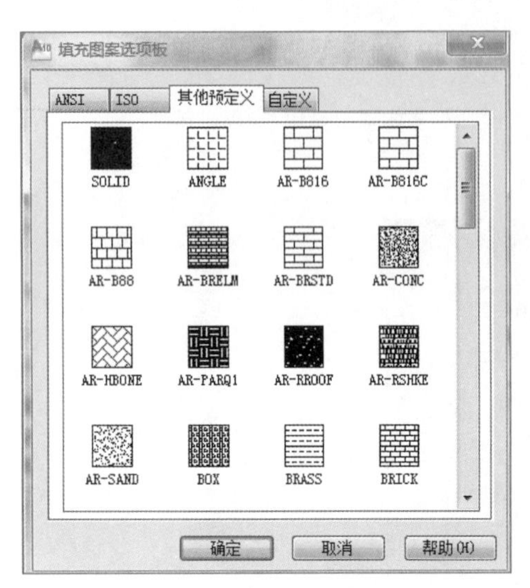

图 5-25 “填充图案选项板”对话框

(3)“样例”显示框:用于给出一个样本图案。在其右侧有一长方形图像框,显示当前用户所选用的填充图案。单击该图像,可以迅速查看或选择已有的填充图案。

(4)“自定义图案”下拉列表框:此下拉列表框只用于用户自定义的填充图案。只有在“类型”下拉列表框中选择“自定义”选项,该项才允许用户从自己定义的图案文件中选择填充图案。

(5)“角度”下拉列表框:用于确定填充图案时的旋转角度。每种图案在定义时的旋转角度为零,用户可以在“角度”文本框中设置所需要的旋转角度。

(6)“比例”下拉列表框:用于确定填充图案的比例值。图案在定义时的初始比例为 1,用户在“比例”文本框中输入相应的比例值,可以将图案放大或缩小。

(7)“双向”复选框:用于确定用户临时定义的填充线是一组平行线,还是相互垂直的两组平行线。

只有在“类型”下拉列表框中选择“用户定义”选项时,该项才可以使用。

(8)“相对图纸空间”复选框:确定是否相对于图纸空间单位来确定填充图案的比例值。勾选该复选框,可以按适合于版面布局的比例方便地显示填充图案。该选项仅适用于图形版面编排。

(9)“间距”文本框:设置线之间的间距,在“间距”文本框中输入值即可。只有在“类型”下拉列表框中选择“用户定义”选项,该项才可以使用。

(10)“ISO 笔宽”下拉列表框:用于告诉用户根据所选择的笔宽确定与 ISO 有关的图案比例。只有选择了已定义的 ISO 填充图案后,才可确定它的内容。

(11)“图案填充原点”选项组:控制填充图案生成的起始位置。此图案填充(如砖块图案)需要与图案填充边界上的一点对齐。默认情况下,所有图案填充原点都对应于当前的 UCS 原点。可以点选“指定的原点”单选钮,设置下面一级的选项重新指定原点。

4. 渐变色选项说明

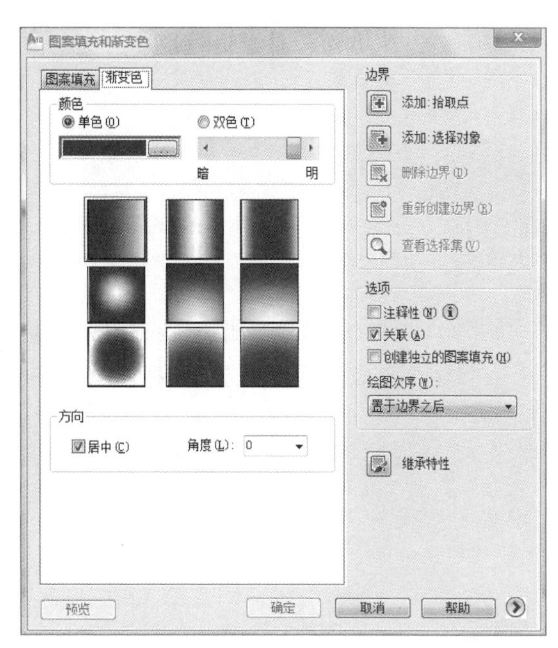

图 5-26　“图案填充和渐变色”对话框

渐变色是指从一种颜色到另一种颜色的平滑过渡。渐变色能产生光的视觉感受，可为图形添加视觉立体效果。单击该选项卡，打开对话框，如图 5-26 所示，其中各选项含义如下。

(1)“单色”单选钮：应用单色对所选对象进行渐变填充。下面的显示框显示用户所选择的真彩色，单击右侧的按钮，系统打开“选择颜色”对话框，如图5-27 所示。

(2)“双色”单选钮：应用双色对所选对象进行渐变填充。填充颜色从颜色 1 渐变到颜色 2，颜色 1 和颜色 2 的选择与单色选择相同，如图 5-28 所示。

(3)渐变方式样板：在“渐变色”选项卡中有 9 个渐变方式样板，分别表示不同的渐变方式，包括线形、球形、抛物线形等方式。

(4)“居中”复选框：决定渐变填充是否居中。

(5)“角度”下拉列表框：在该下拉列表框中选择的角度为渐变色倾斜的角度。

图 5-27　“选择颜色”对话框

图 5-28　“图案填充和渐变色”对话框

5. 边界选项组选项说明

(1)“添加：拾取点”：以拾取点的方式自动确定填充区域的边界。在填充的区域内任意拾取一点，系统会自包围该点的封闭填充边界，并且高亮度显示，如图 5-29b

所示。

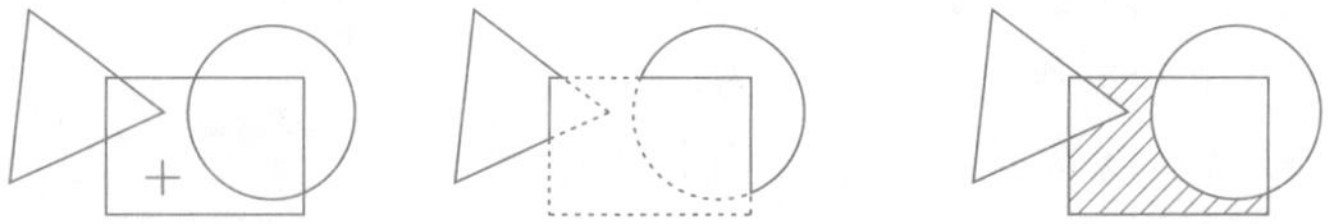

(a) 拾取一点　　(b) 填充区域　　(c) 填充效果

图 5-29 拾取点方式确定边界

(2) “添加:选择对象”:以选择对象的方式确定填充区域的边界。被选择的边界以高亮度显示,如图 5-30b 所示。

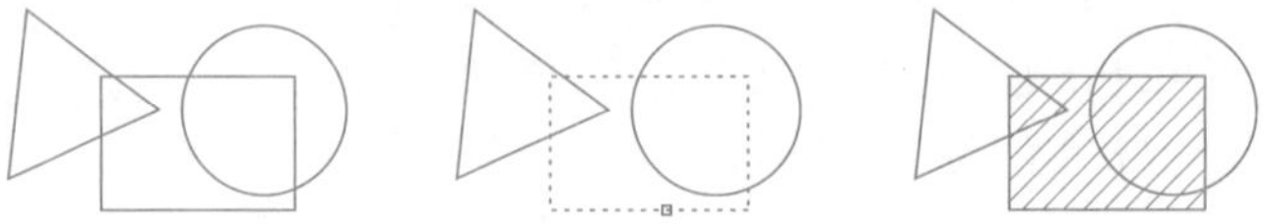

(a) 原图　　(b) 填充区域　　(c) 填充效果

图 5-30 选择对象方式确定边界

(3) “删除边界(D)”:从边界定义中删除之前添加的任何对象,如图 5-31 所示。

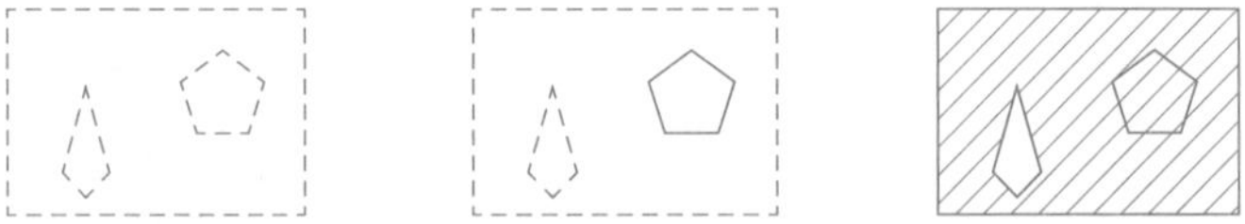

(a) 选择边界对象　　(b) 删除边界　　(c) 填充效果

图 5-31 删除边界方式确定填充区域

例题:按图 5-32a 所示给图 5-32b 填充剖面线。

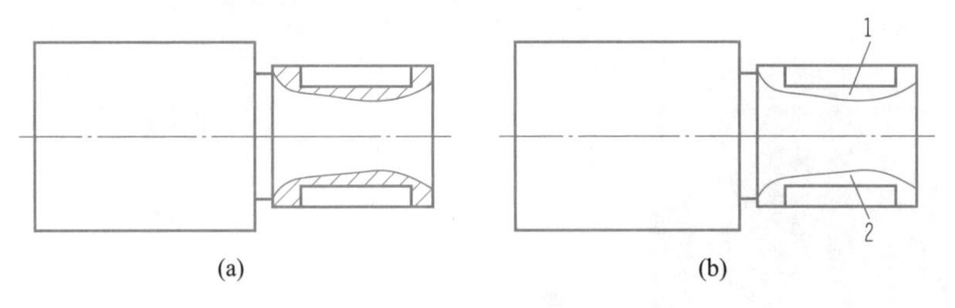

(a)　　(b)

图 5-32 局部剖视图的图案填充

解:命令行提示:

命令:_bhatch

拾取内部点或[选择对象(S)/删除边界(B)]:正在选择所有对象…(拾取上方区域内部点如 1 指向位置)

正在选择所有可见对象…

正在分析所选数据…

正在分析内部孤岛…

拾取内部点或［选择对象(S)/删除边界(B)］:(拾取下方区域内部点如 2 指向位置)

正在分析内部孤岛...

拾取内部点或［选择对象(S)/删除边界(B)］:(按 Enter 键结束)

二、图案填充的编辑

1. 执行方式

功能区:常用标签→修改→

菜单栏:修改(M)→对象(O)→图案填充(H)

工具栏:修改 II→

命令行:HATCHEDIT (快捷命令:HE)

快捷菜单:选择要编辑的图案填充对象,在绘图区域单击鼠标右键,选择"图案填充编辑"。

微课

图案填充的编辑

2. 操作步骤

命令行提示与操作如下:

命令:HATCHEDIT ↙

执行上述操作后,系统提示"选择图案填充对象"。选择填充对象后,系统打开如图 5-33 所示的"图案填充编辑"对话框。

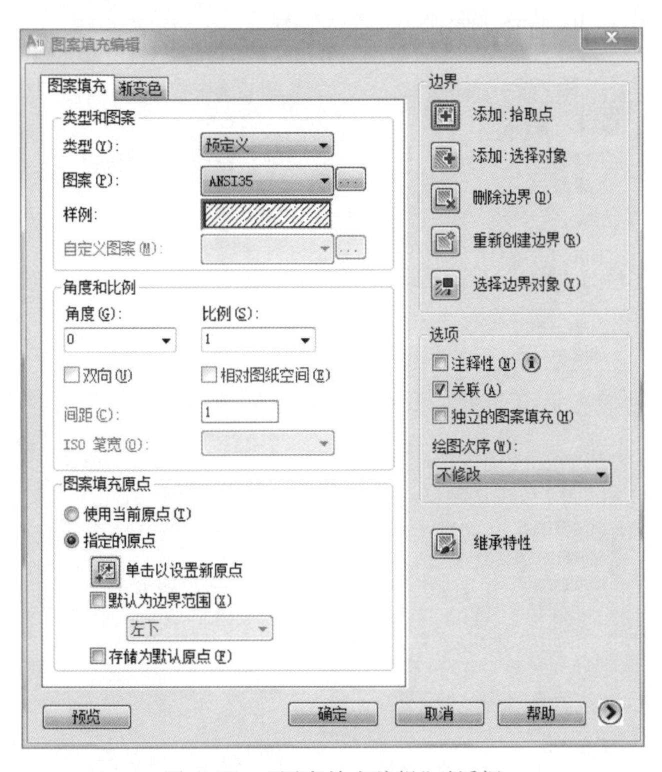

图 5-33　"图案填充编辑"对话框

在图 5-33 中,只有亮显的选项才可以对其进行操作。该对话框中各项的含义与"图案填充和渐变色"对话框中各项的含义相同,利用该对话框,可以对已填充的图案进行一系列的编辑修改。

微课

图案填充的编辑

例题：按图 5-34a 所示的剖面线（比例为 1）修改图 5-34b（比例为 0.25）。

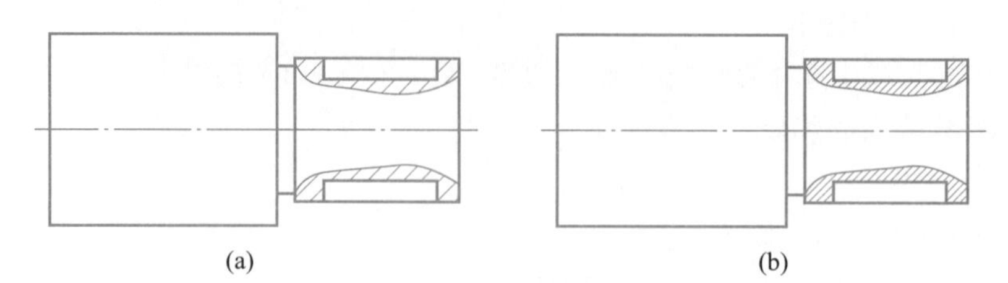

图 5-34 图案填充的编辑

解：命令行提示：

命令：_hatchedit（或双击图案填充对象）

选择图案填充对象：（选择 b 图中的剖面线）

在弹出的图案填充编辑对话框中，把比例从 0.25 改成 1，按 Enter 键即可。

微课

图案填充孤岛显示样式

三、图案填充孤岛显示样式

1. 定义

孤岛是指对象内部的闭合边界。

执行图案填充命令，弹出“图案填充和渐变色”对话框，如图 5-35 所示，单击图形右下角三角，如图 5-36 所示，弹出“孤岛”对话框。

图 5-35 “图案填充和渐变色”对话框

图 5-36 “孤岛”对话框

2. 孤岛显示样式说明

（1）普通：从外部边界向内填充，如果 HATCH 遇到内部孤岛，将关闭图案填充，直到遇到该孤岛内的另一个孤岛，如图 5-37a 所示。

（2）外部：从外部边界向内填充，如果 HATCH 遇到内部孤岛，将关闭图案填充。此选项只对结构的最外层进行图案填充，结构内部保留空白，如图 5-37b 所示。

（3）忽略：忽略所有内部的对象，填充图案时将通过这些对象，如图 5-37c 所示。

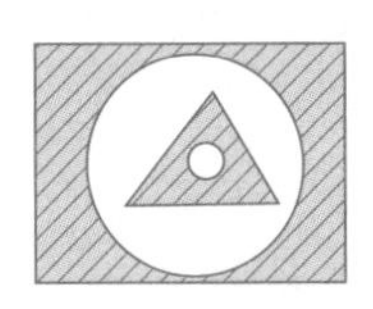
(a) 普通

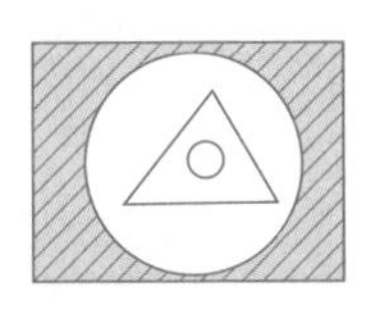
(b) 外部

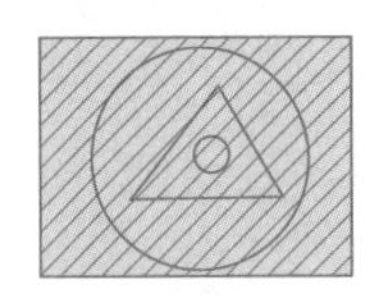
(c) 忽略

图 5-37 孤岛显示样式

第六节 查询类命令

一、距离、面积、周长查询

微课

距离、面积、周长查询

1. 执行方式

功能区：常用标签→实用工具→

菜单栏：工具（T）→查询（Q）→距离（D）

工具栏：

命令行：MEASUREGEOM（快捷命令：MEA）

2. 操作步骤

命令行提示与操作如下：

命令：MEASUREGEOM ↙

输入选项［距离(D)/半径(R)/角度(A)/面积(AR)/体积(V)］<距离>：

可用于测量选定对象或点序列的距离、半径、角度、面积和体积。

例题：查询图 5-38a 中直线 *AB* 距离、圆的半径、直线 *AC* 与 *BC* 夹角、四边形 *ABCD* 的面积和周长。

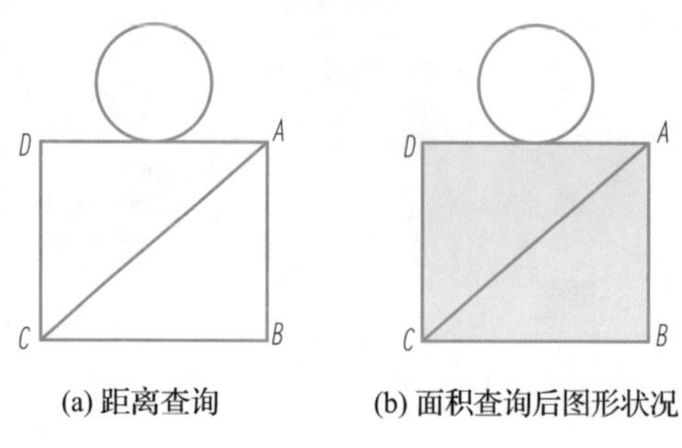

(a) 距离查询　　(b) 面积查询后图形状况

图 5-38　查询

解：命令行提示：

命令：_MEASUREGEOM

输入选项［距离(D)/半径(R)/角度(A)/面积(AR)/体积(V)］<距离>：_distance

指定第一点：(指定 *A* 点)

指定第二个点或［多个点(M)］：(指定 *B* 点)

距离=34.0000，XY 平面中的倾角=270，与 XY 平面的夹角=0

X 增量=0.0000，Y 增量=-34.0000，Z 增量=0.0000

输入选项［距离(D)/半径(R)/角度(A)/面积(AR)/体积(V)/退出(X)］<距离>：r(选择半径选项)

选择圆弧或圆：(选择圆)

半径=10.0000

直径=20.0000

输入选项［距离(D)/半径(R)/角度(A)/面积(AR)/体积(V)/退出(X)］<半径>：a(选择角度选项)

选择圆弧、圆、直线或<指定顶点>：(选择直线 *BC*)

选择第二条直线：(选择直线 *AC*)

角度=40°

输入选项［距离(D)/半径(R)/角度(A)/面积(AR)/体积(V)/退出(X)］<角度>：ar(选择面积选项)

指定第一个角点或［对象(O)/增加面积(A)/减少面积(S)/退出(X)］<对象(O)>：(指定 *A* 点)

指定下一个点或［圆弧(A)/长度(L)/放弃(U)］：(指定 *B* 点)

指定下一个点或［圆弧(A)/长度(L)/放弃(U)］：(指定 *C* 点)

指定下一个点或［圆弧(A)/长度(L)/放弃(U)/总计(T)］<总计>:(指定 *D* 点)

指定下一个点或［圆弧(A)/长度(L)/放弃(U)/总计(T)］<总计>:(按 Enter 键结束)

面积 = 1360.0000,周长 = 148.0000

四边形 ABCD 面积查询后的图形变化如图 5-38b 所示。

二、坐标查询

微课

坐标查询

坐标查询显示指定位置的 UCS 坐标

1. 执行方式

功能区:常用标签→实用工具→

菜单栏:工具(T)→查询(Q)→点坐标(I)

工具栏:

命令行:id(或'id,用于透明使用)

2. 操作步骤

命令行提示与操作如下:

命令:id

指定点:

例题:在图 5-39b 中按图 5-39a 所示在四边形的中心建立坐标系,查询点 A、B、C、D 和圆中心 O_2坐标值。

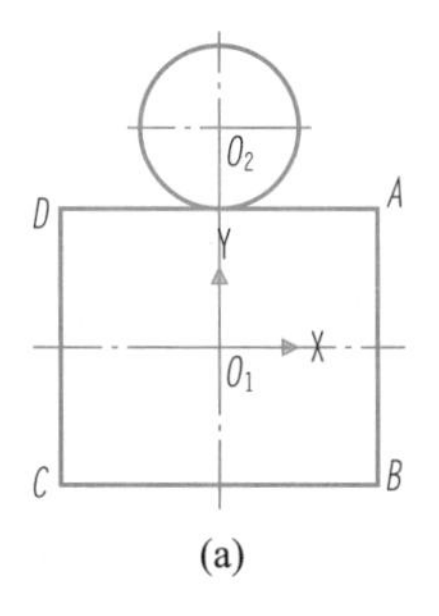

(a)

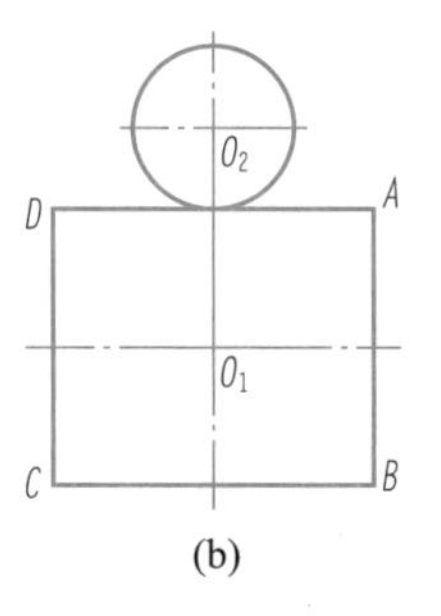

(b)

图 5-39　坐标查询

解:命令行提示:

命令:ucs

当前 UCS 名称: * 世界 *

指定 UCS 的原点或［面(F)/命名(NA)/对象(OB)/上一个(P)/视图(V)/世界(W)/X/Y/Z/Z 轴(ZA)］<世界>:(捕捉图 5-39b 中 O_1点)

指定 X 轴上的点或<接受>:(按 Enter 键)

命令:id (捕捉 *A* 点)

指定点:X = 20.0000　Y = 17.0000　Z = 0.0000(查询 *A* 点坐标)

命令:id (捕捉 *B* 点)

指定点:X = 20.0000　Y = -17.0000　Z = 0.0000(查询 *B* 点坐标)

命令:id (捕捉 *C* 点)

指定点:X=-20.0000 Y=-17.0000 Z=0.0000(查询 C 点坐标)
命令:id(捕捉 D 点)
指定点:X=-20.0000 Y=17.0000 Z=0.0000(查询 D 点坐标)
命令:id(捕捉圆心)
指定点:X=0.0000 Y=27.0000 Z=0.0000(查询圆心坐标)

即测即评五

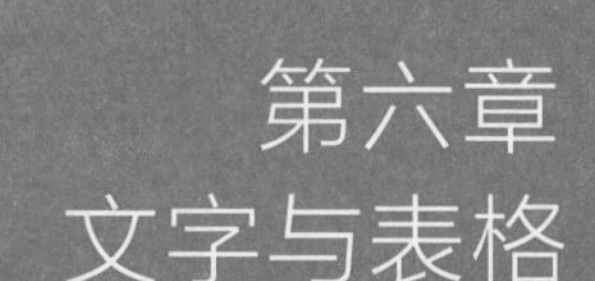

第六章 文字与表格

第一节 文本标注

课件

文字与表格

一、文字样式

文字样式命令用于创建、修改或指定文字样式。

1. 执行方式

功能区:常用标签→注释扩展→

菜单栏:格式(O)→文字样式(S)

工具栏:

命令行:STYLE(或'STYLE,用于透明使用;快捷命令:ST)

微课

文字样式

2. 操作步骤

命令行提示与操作如下:

命令:STYLE ↙

执行完该命令后,系统将弹出"文字样式"对话框如图 6-1 所示。

3. 选项说明

(1)"样式"列表框:列出所有已设定的文字样式名或对已有样式名进行相关操作。单击"新建"按钮,系统打开如图 6-2 所示的"新建文字样式"对话框。在该对话框中可以为新建的文字样式输入名称。从"样式"列表框中选中要改名的文字样式右击,选择快捷菜单中的"重命名"命令,如图 6-3 所示,可以为所选文字样式输入新的名称。

(2)"字体"选项组:用于确定字体样式。文字的字体确定字符的形状,在 AutoCAD 中,除了它固有的 SHX 形状字体文件外,还可以使用 TrueType 字体(如宋体、楷体等)。一种字体可以设置不同的效果,从而被多种文字样式所使用。

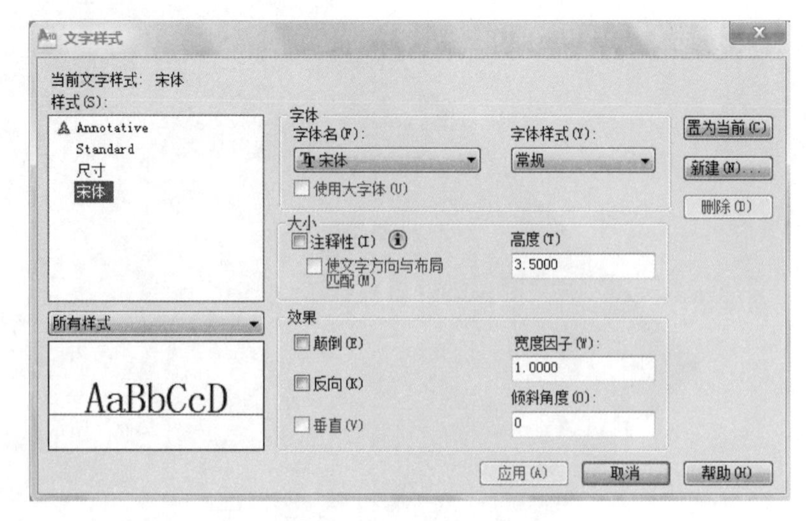

图 6-1 “文字样式”对话框

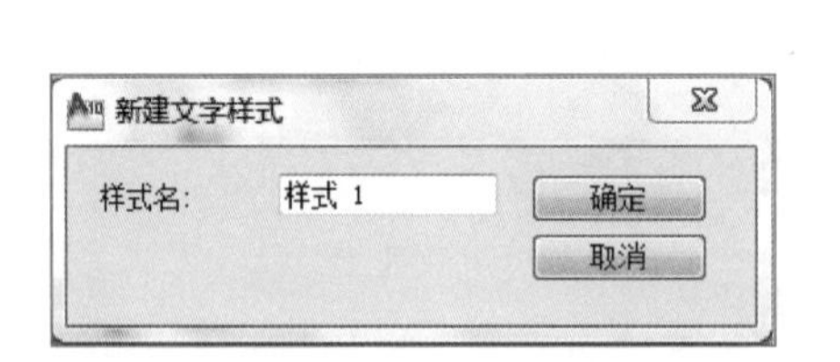

图 6-2 “新建文字样式”对话框

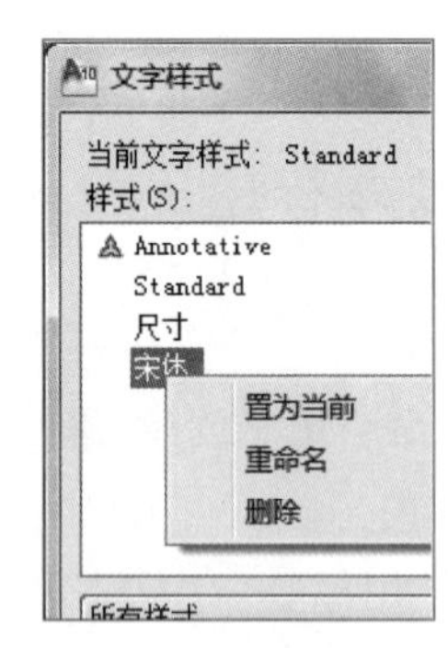

图 6-3 快捷菜单

(3)“大小”选项组：用于确定文字样式使用的字体文件、字体风格及字高。“高度”文本框用来设置创建文字时的固定字高，在用 TEXT 命令输入文字时，AutoCAD 不再提示输入字高参数。如果在此文本框中设置字高为 0，系统会在每一次创建文字时提示输入字高。如果不想固定字高，可以把“高度”文本框中的数值设置为 0。

(4)“效果”选项组：

①“颠倒”复选框：勾选该复选框，表示将文本文字倒置标注。

②“反向”复选框：确定是否将文本文字反向标注。

③“垂直”复选框：确定文本是水平标注还是垂直标注。勾选该复选框时为垂直标注，否则为水平标注。

④“宽度因子”文本框：设置宽度系数，确定文本字符的宽高比。当比例系数为 1 时，表示将按字体文件中定义的宽高比标注文字。当此系数小于 1 时，字会变窄，反之变宽。

⑤“倾斜角度”文本框：用于确定文字的倾斜角度。角度为 0 时不倾斜，为正数时向右倾斜，为负数时向左倾斜。

（5）“应用”按钮：确认对文字样式的设置。当创建新的文字样式或对现有文字样式的某些特征进行修改后，都需要单击此按钮，系统才会确认所做的改动。

例题：确定文本样式，要求用宋体，高度5、倾斜15°斜体书写文字。

解：命令行提示：

命令：STYLE ↙

执行该命令后，系统将弹出“文字样式”对话框如图6-1所示

单击“新建”按钮，系统打开如图6-2所示的“新建文字样式”对话框，进行样式命名，单击“确定”按钮，如图6-4所示。

在弹出的“文字样式”对话框中进行字体、高度、倾斜角度的设置后，单击“置为当前”按钮并保存，如图6-5所示。

图6-4 新建文字样式命名

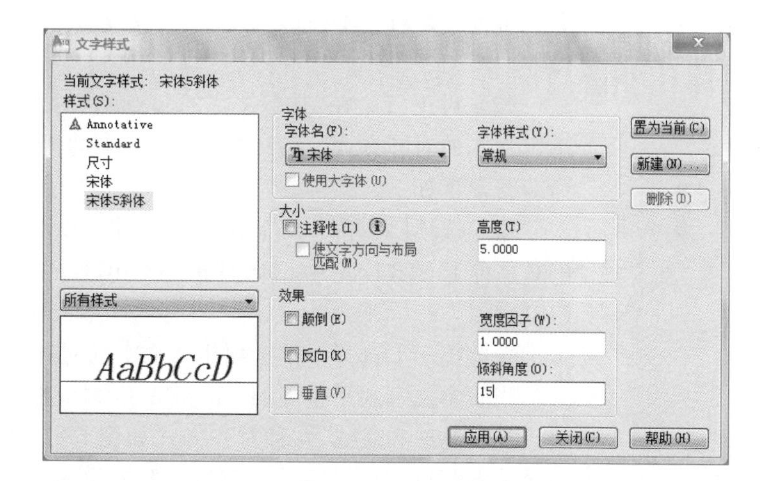

图6-5 宋体高度5倾斜15°样式的设置

二、单行文本标注

在绘制图形的过程中，文字传递了很多设计信息，它可能是一个很复杂的说明，也可能是一个简短的文字信息。当需要文字标注的文本不太长时，可以利用TEXT命令创建单行文本。

1. 执行方式

功能区：常用标签→多行文字扩展→

菜单栏：绘图(D)→文字(X)→单行文字(S)

工具栏：

命令行：TEXT

2. 操作步骤

命令行提示与操作如下：

命令：TEXT或DTEXT ↙

当前文字样式:Standard 当前文字高度:3.5000

指定文字的起点或[对正(J)/样式(S)]:

3. 选项说明

(1) 指定文字的起点:在此提示下直接在绘图区选择一点作为输入文本的起始点,命令行提示如下。

指定高度<3.5000>:确定文字高度

指定文字的旋转角度<0>:确定文本行的倾斜角度

执行上述命令后,即可在指定位置输入文本文字,待全部输入完后按两次 Enter 键,退出 TEXT 命令。

若输入文字后按一次 Enter 键,文本文字另起一行,可继续输入文字,即 TEXT 命令也可创建多行文本,只是这种多行文本每一行是一个对象,不对多行文本同时进行操作。

(2) 对正(J):在“指定文字的起点或[对正(J)/样式(S)]”提示下输入“J”,用来确定文本的对齐方式,对齐方式决定文本的哪部分与所选插入点对齐。执行此选项,命令行提示如下。

输入选项[对齐(A)/布满(F)/居中(C)/中间(M)/右对齐(R)/左上(TL)/中上(TC)/右上(TR)/左中(ML)/正中(MC)/右中(MR)/左下(BL)/中下(BC)/右下(BR)]:

在此提示下选择一个选项作为文本的对齐方式。

当文本文字水平排列时,AutoCAD 为标注文本的文字定义了如图 6-6 所示的顶线、中线、基线和底线,各种对齐方式如图 6-7 所示,图中大写字母对应上述提示中各命令。下面以“对齐”方式为例进行简要说明。

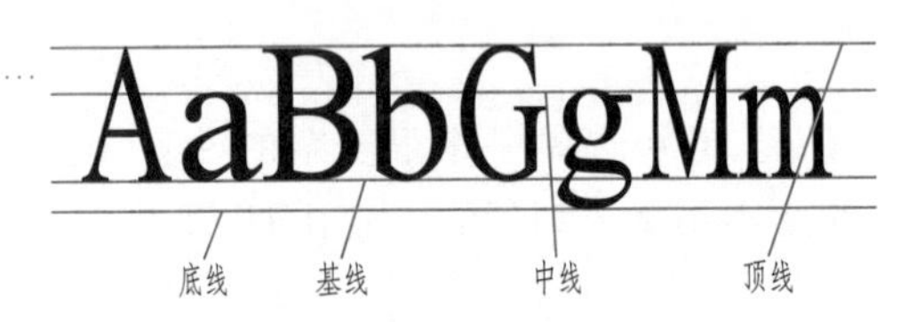

图 6-6 文本行的底线、基线、中线和底线

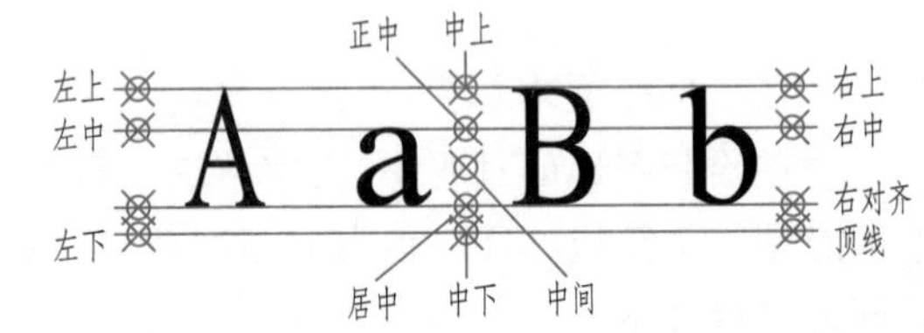

图 6-7 文本的对齐方式

选择“对齐(A)”选项,要求用户指定文本行基线的起始点与终止点的位置,命令行提示与操作如下:

指定文字基线的第一个端点:指定文本行基线的起点位置

指定文字基线的第二个端点:指定文本行基线的终点位置

输入文字:输入文本文字↙

输入文字:↙

执行结果:输入的文本文字均匀地分布在指定的两点之间,如果两点间的连线不水平,则文本行倾斜放置,倾斜角度由两点间的连线与 x 轴夹角确定;字高、字宽根据两点间的距离、字符的多少以及文本样式中设置的宽度系数自动确定。指定了两点之后,每行输入的字符越多,字宽和字高越小。其他选项与“对齐”类似,此处不再赘述。

例题:用单行文字书写宋体字母“ABCDEF”。

解:命令行及操作提示:

选择“宋体”文字样式(宋体文字样式已经提前设好)

命令:_dtext

当前文字样式:“宋体” 文字高度:3.5000 注释性:否

指定文字的起点或[对正(J)/样式(S)]:(单击屏幕合适起点位置)

指定文字的旋转角度<0>:(按 Enter 键,文字不旋转)

录入字母“ABCDEF”后按鼠标左键结束,文字如图 6-8 所示。

ABCDEF

图 6-8 文字

三、多行文本标注

当需要标注较长、比较复杂的文字信息时,可以利用 MTEXT 命令创建多行文本。

微课

多行文本标注

1. 执行方式

功能区:常用标签→A

菜单栏:绘图(D)→文字(X)→多行文字(M)

工具栏:A

命令行:MTEXT(快捷命令:T)

2. 操作步骤

命令行提示与操作如下:

选择已经设定好的宋体文字样式

命令:_mtext

当前文字样式:“宋体”文字高度:3.5 注释性:否

指定第一角点:

指定对角点或[高度(H)/对正(J)/行距(L)/旋转(R)/样式(S)/宽度(W)/栏(C)]:

3. 选项说明

(1) 指定对角点:在绘图区选择两个点作为矩形框的两个角点,AutoCAD 以这两个点为对角点构成一个矩形区域,其宽度作为将来要标注的多行文本的宽度,第一个点作为第一行文本顶线的起点。响应后 AutoCAD 打开如图 6-9 所示的“文字格式”对话框和多行文字编辑器,可利用此编辑器输入多行文本文字并对其格式进行设置。关于该对话框中各项的含义及编辑器功能,稍后再详细介绍。

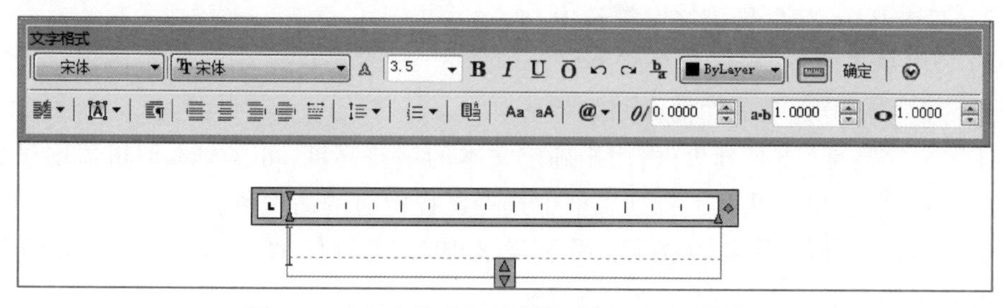

图 6-9 “文字格式”对话框和多行文字编辑器

(2) 对正(J):用于确定所标注文本的对齐方式。

选择此选项,命令行提示如下。

输入对正方式输入对正方式［左上(TL)/中上(TC)/右上(TR)/左中(ML)/正中(MC)/右中(MR)/左下(BL)/中下(BC)/右下(BR)］<左上(TL)>:

这些对齐方式与TEXT命令中的各对齐方式相同。选择一种对齐方式后按Enter键,系统回到上一级提示。

(3) 行距(L):用于确定多行文本的行间距。这里所说的行间距是指相邻两文本行基线之间的垂直距离。选择此选项,命令行提示如下。

输入行距类型［至少(A)/精确旧］<至少(A)>:

在此提示下有“至少”和“精确”两种方式确定行间距。在“至少”方式下,系统根据每行文本中最大的字符自动调整行间距。在“精确”方式下,系统为多行文本赋予一个固定的行间距,可以直接输入一个确切的间距值,也可以输入“nx”的形式,其中n是一个具体数,表示行间距设置为单行文本高度的n倍。预定义的选项为:“1.0x”、“1.5x”、“2.0x”或“2.5x”,在多行文字中将行距设置为0.5x的增量。

(4) 旋转(R):用于确定文本行的倾斜角度。选择此选项,命令行提示如下。

指定旋转角度<0>:

输入角度值后按Enter键,系统返回到“指定对角点或［高度(H)/对正(J)/行距(L)/旋转(R)/样式(S)/宽度(W)］:”的提示。

(5) 样式(S):用于确定当前的文本文字样式。

(6) 宽度(W):用于指定多行文本的宽度。可在绘图区选择一点,与前面确定的第一个角点组成一个矩形框的宽作为多行文本的宽度;也可以输入一个数值,精确设置多行文本的宽度。

在创建多行文本时,只要指定文本行的起始点和宽度后,系统就会打开如图6-9所示的多行文字编辑器,该编辑器包含一个“文字格式”对话框和一个快捷菜单。用户可以在编辑器中输入和编辑多行文本,包括设置字高、文本样式以及倾斜角度等。该编辑器与Word编辑器界面相似,事实上该编辑器与Word编辑器在某些功能上趋于一致。这样既增强了多行文字的编辑功能,又能使用户更熟悉和方便地使用。

(7) “文字格式”对话框:用来控制文本文字的显示特性。可以在输入文本文字前设置文本的特性,也可以改变已输入的文本文字特性。要改变已有文本文字显示特性,首先应选择要修改的文本,选择文本的方式有以下3种。

1) 将光标定位到文本文字开始处,按住鼠标左键,拖到文本末尾。

2) 双击某个文字,则该文字被选中。

3) 3次单击鼠标,则选中全部内容。

对话框中部分选项的功能介绍如下。

① “文字高度”下拉列表框:用于确定文本的字符高度,可在文本编辑器中设置输入新的字符高度,也可从此下拉列表框中选择已设定过的高度值。

② “加粗”**B**和“斜体”*I*按钮:用于设置加粗或斜体效果,但这两个按钮只对TrueType字体有效。

③ “下划线”U和“上划线”O按钮:用于设置或取消文字的上下划线。

④ “堆叠”按钮:为层叠或非层叠文本按钮,用于层叠所选的文本文字,也就是创建分数形式。当文本中某处出现“/”“^”或“#”3种层叠符号之一时,可层叠文本,其方

法是选中需层叠的文字，然后单击此按钮，则符号左边的文字作为分子，右边的文字作为分母进行层叠。AutoCAD 提供了 3 种分数形式：如选中“abcd/efgh”后单击此按钮，得到如图 6-10a 所示的分数形式；如果选中“abcd^efgh”后单击此按钮，则得到如图 6-10b 所示的形式，此形式多用于标注极限偏差；如果选中“abcd#efgh”后单击此按钮，则创建斜排的分数形式，如图 6-10c 所示。如果选中已经层叠的文本对象后单击此按钮，则恢复到非层叠形式。

$\frac{12}{100}$	$\begin{matrix}12\\100\end{matrix}$	$^{12}/_{100}$
(a)	(b)	(c)

图 6-10　文本层叠

⑤ “倾斜角度”0/按钮：用于设置文字的倾斜角度。

备注：倾斜角度与斜体效果是两个不同的概念，前者可以设置任意倾斜角度，后者是在任意倾斜角度的基础上设置斜体效果。

⑥ “符号”@按钮：用于输入各种符号。单击此按钮，系统打开符号列表，如图 6-11 所示，可以从中选择符号输入到文本中。

⑦ “插入字段”按钮：用于插入一些常用或预设字段。单击此按钮，系统打开“字段”对话框，如图 6-12 所示，用户可从中选择字段，插入到标注文本中。

⑧ “追踪”a•b按钮：用于增大或减小选定字符之间的空间。1.0 表示设置常规间距，设置大于 1.0 表示增大间距，设置小于 1.0 表示减小间距。

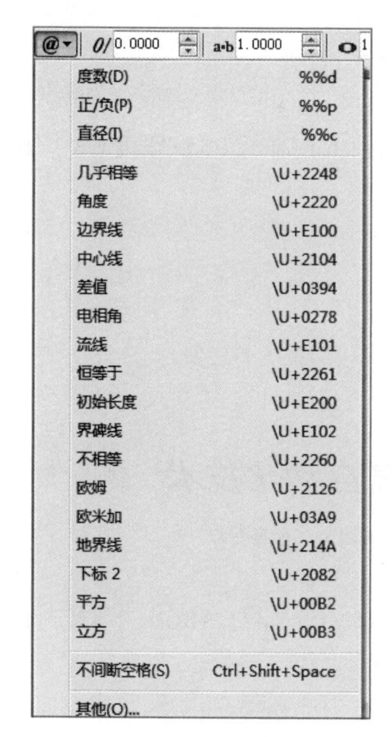

图 6-11　符号列表

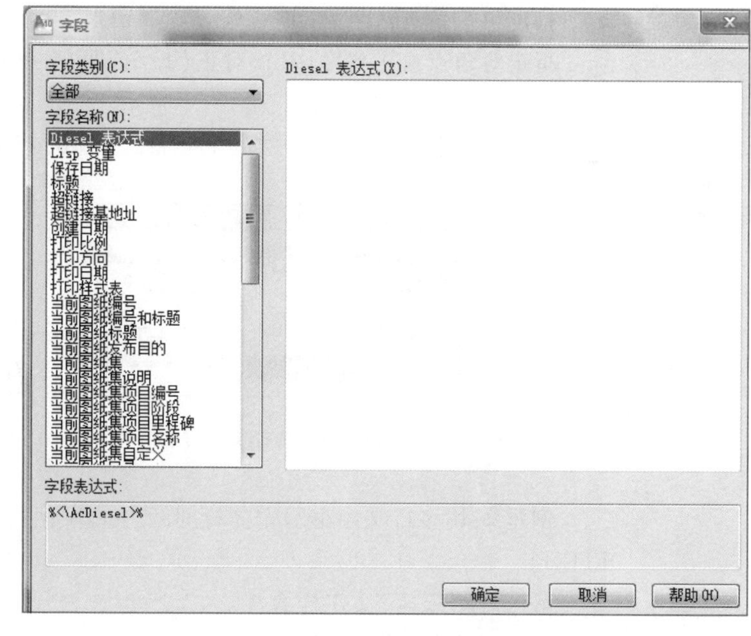

图 6-12　字段对话框

⑨ “宽度因子”按钮：用于扩展或收缩选定字符。1.0 表示设置代表此字体中字母的常规宽度，可以增大该宽度或减小该宽度。

(8) “选项”菜单。在“文字格式”对话框中单击“选项”按钮，系统打开“选项”菜单，如图 6-13 所示。其中许多选项与 word 中相关选项类似，对其中比较特殊的选项

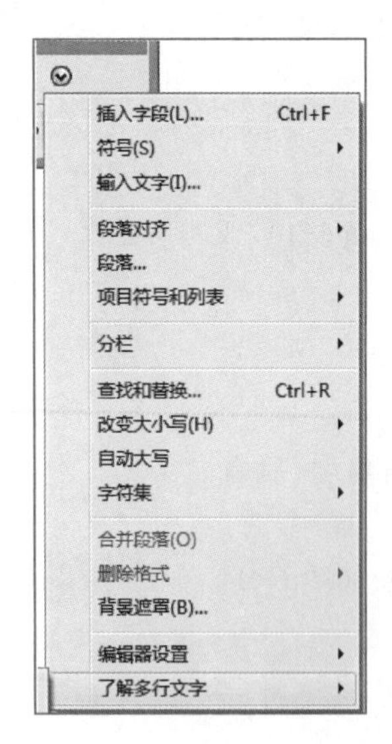

图 6-13 “选项”菜单

简单介绍如下。

① 符号：在光标位置插入列出的符号或不间断空格，也可手动插入符号。

② 输入文字：选择此项，系统打开“选择文件”对话框，如图 6-14 所示。选择任意 ASCII 或 RTF 格式的文件。输入的文字保留原始字符格式和样式特性，但可以在多行文字编辑器中编辑和格式化输入的文字。选择要输入的文本文件后，可以替换选定的文字或全部文字，或在文字边界内将插入的文字附加到选定的文字中。输入文字的文件必须小于 32KB。

③ 字符集：显示代码页菜单，可以选择一个代码页并将其应用到选定的文本文字中。

④ 删除格式：清除选定文字的粗体、斜体或下划线格式。

例题 1：选择“宋体 5 斜体”文本样式(宋体、高度 5、倾斜 15°斜体)，书写文字“电气自动化技术”。

解：选择文本样式，将“宋体 5 斜体”文本样式置为当前样式，如图 6-14 所示。命令行提示：

命令：_mtext

当前文字样式：“宋体 5 斜体”　文字高度：5　注释性：否

指定第一角点：

指定对角点或[高度(H)/对正(J)/行距(L)/旋转(R)/样式(S)/宽度(W)/栏(C)]：

录入“电气自动化技术”，按 Enter 键，如图 6-15 所示。

图 6-14 选择文本样式

电气自动化技术

图 6-15 书写文字

例题 2：用多行文字书写宋体行间距为 1.5x 两行字母，上行字母 ABCD，下行字母：EFGH。

解：选择“宋体”文字样式。

命令行及操作提示：

命令：_mtext

当前文字样式：″宋体″　文字高度：3.5　注释性：否

指定第一角点：(在屏幕合适位置单击指定起点)

指定对角点或[高度(H)/对正(J)/行距(L)/旋转(R)/样式(S)/宽度(W)/栏(C)]：L(选择行距选项)

输入行距类型［至少(A)/精确(E)］<精确(E)>:(选择精确选项)

输入行距比例或行距<0.257x>:1.5x(选择 1.5 倍行距)

指定对角点或［高度(H)/对正(J)/行距(L)/旋转(R)/样式(S)/宽度(W)/栏(C)］:(在屏幕合适位置单击指定对角点位置)

录入字母 ABCD 后按 Enter 键录入字母 EFGH 后,按 Enter 键,字母显示如图 6-16 所示。

ABCD

EFGH

图 6-16　多行文字

微课

文本编辑

四、文本编辑

1. 执行方式

菜单栏:修改(M)→对象(O)→文字(T)→编辑(E)

工具栏:

命令行:DDEDIT(快捷命令:ED)

2. 操作步骤

命令行提示与操作如下。

命令:DDEDIT↙

选择注释对象或[放弃(U)]:

要求选择想要修改的文本,同时光标变为拾取框。用拾取框选择对象,如果选择的文本是用 TEXT 命令创建的单行文本,则深显该文本,可对其进行修改;如果选择的文本是用 MTEXT 命令创建的多行文本,选择对象后则打开多行文字编辑器,可根据前面的介绍对各项设置或对内容进行修改。

例题:将例题“用多行文字书写宋体行间距为 1.5x 两行字母,上行字母 ABCD,下行字母:EFGH。”中的行距修改为 1x。

解:命令行及操作提示:

命令:ed　DDEDIT

选择注释对象或［放弃(U)］(选择给的两行字母)

在弹出的对话框中用鼠标左键选择两行字母,单击行距对话框,将原来的行距1.5x 修改为 1x,如图 6-17 所示,单击确定后字母对比显示如图 6-18 所示。

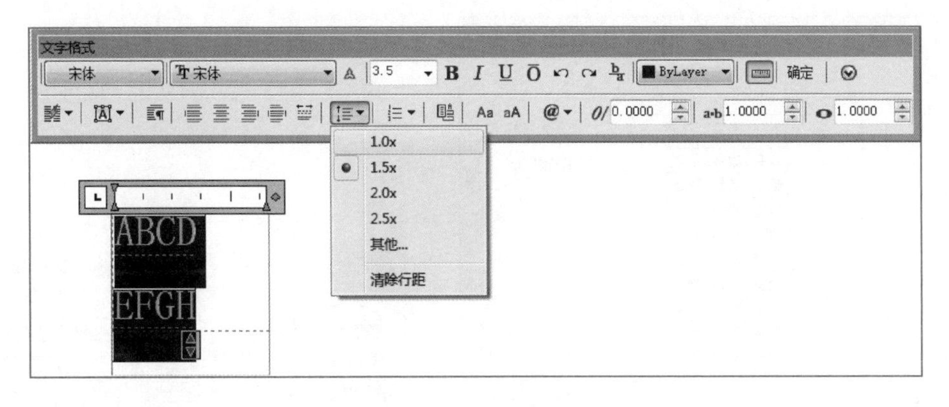

图 6-17　多行文字行距修改

ABCD

EFGH

(a) 行距1.5x

ABCD
EFGH

(b) 行距1.0x

图 6-18 多行文字行距修改对比

第二节 表格

一、表格样式

微课

表格样式

同文字样式一样,所有 AutoCAD 图形中的表格都有与其相对应的表格样式。当插入表格对象时,系统使用当前设置的表格样式。表格样式是用来控制表格基本形状和间距的一组设置。模板文件 ACAD.DWT 和 ACADISO.DWT 中定义了名为“Standard”的默认表格样式。

1. 执行方式

功能区:常用标签→注释扩展→

菜单栏:格式(O)→表格样式(B)

工具栏:

命令行:TABLESTYLE

2. 操作步骤

命令行提示与操作如下:

命令:TABLESTYLE ↙

执行完该命令后,系统将弹出“表格样式”对话框,如图 6-19 所示。

3. 选项说明

(1)“修改”按钮,用于对当前表格样式进行修改,方式与新建表格样式相同。

(2)“新建”按钮:单击该按钮,系统打开“创建新的表格样式”对话框,如图 6-20

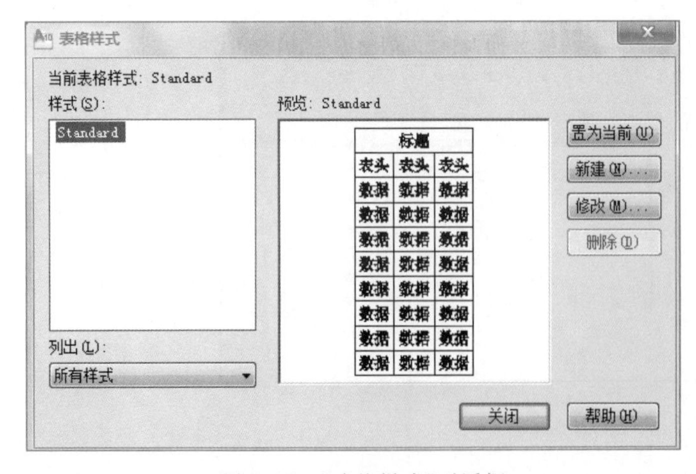

图 6-19 “表格样式”对话框

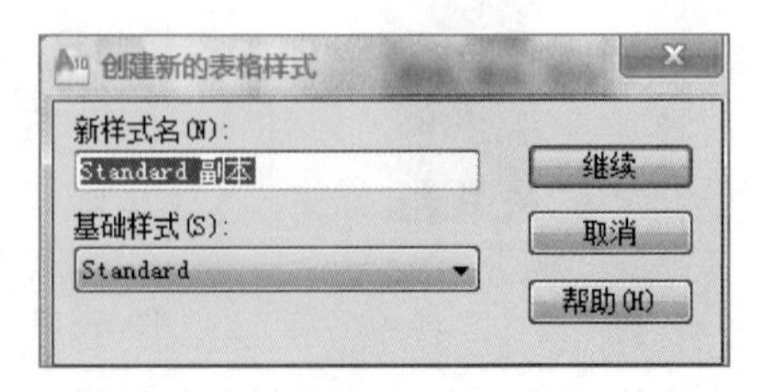

图 6-20 “创建新的表格样式”对话框

所示。输入新的表格样式名后,单击“继续”按钮,系统打开“新建表格样式”对话框,如图 6-21 所示,从中可以定义新的表格样式。

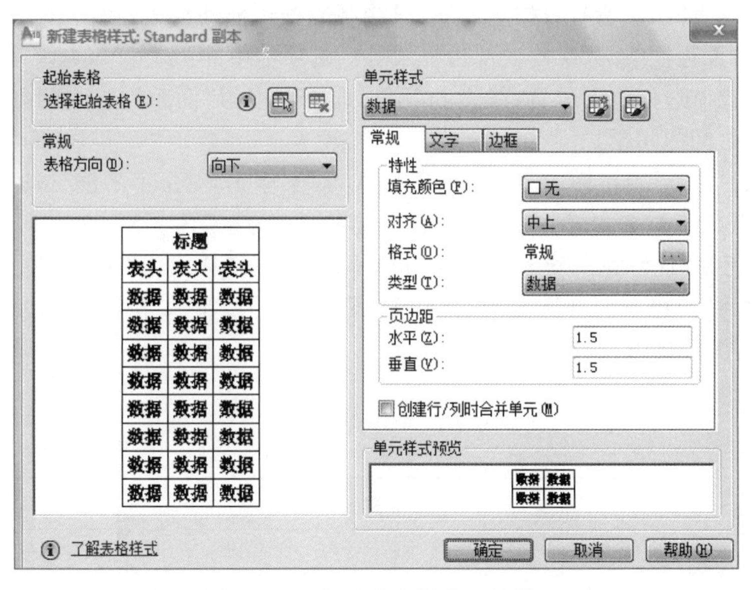

图 6-21　“新建表格样式”对话框

新建表格样式对话框的“单元样式”下拉列表框中有 3 个重要的选项:“数据”“表头”和“标题”,分别控制表格中数据、列标题和总标题的有关参数,如图 6-22 所示。

图 6-22　单元样式

① “常规”选项卡:用于控制数据栏格与标题栏格的上下位置关系。

② “文字”选项卡:用于设置文字属性,单击此选项卡,在“文字样式”下拉列表框中可以选择已定义的文字样式并应用于数据文字,也可以单击右侧的按钮[...]重新定义文字样式。其中“文字高度”“文字颜色”和“文字角度”各选项设定的相应参数格式可

供用户选择。

③“边框”选项卡:用于设置表格的边框属性。下面的边框线按钮控制数据边框线的各种形式,如绘制所有数据边框线、只绘制数据边框外部边框线、只绘制数据边框内部边框线、无边框线、只绘制底部边框线等。选项卡中的“线宽”“线型”和“颜色”下拉列表框则控制边框线的线宽、线型和颜色,选项卡中的“间距”文本框用于控制单元边界和内容之间的间距。

例:新建“表 2”表格样式。数据文字样式为“宋体 3.5”,文字高度自动生成 3.5,文字颜色为“蓝色”,对齐方式为“中上”;表头文字样式为“宋体 3.5”,文字高度自动生成 3.5,文字颜色为“洋红色”,对齐方式为“正中”,标题文字样式为“宋体 5”,文字高度为 5,文字颜色为“黑色”,对齐方式为“正中”,表格方向为“下”,水平单元边距和垂直单元边距都为“1.5”的表格样式。

表格示例如图 6-23 所示。

标题　表头

课程表					
	周一	周二	周三	周四	周五
1、2节					
3、4节					
5、6节					
7、8节					

数据

图 6-23　表格示例

微课

创建表格

二、创建表格

用户设置好表格样式后,可以利用 TABLE 命令创建表格。

1. 执行方式

功能区:常用标签→注释→▦

菜单栏:绘图(D)→表格

工具栏:▦

命令行:TABLE

2. 操作步骤

命令行提示与操作如下:

命令:TABLE ↙

执行完该命令后,系统将弹出“插入表格”对话框,如图 6-24 所示。

3. 选项说明

(1)“表格样式”下拉列表框:用于选择表格样式,也可以单击右侧的按钮新建或修改表格样式。

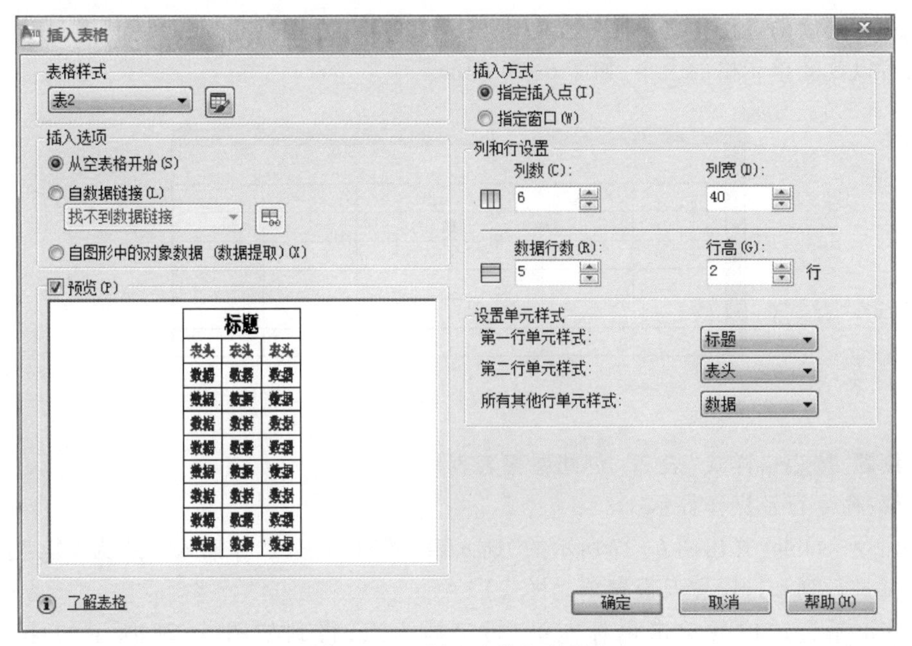

图 6-24 “插入表格”对话框

(2)“插入方式”选项组说明如下。

①“指定插入点”单选钮:指定表左上角的位置。可以使用定点设备,也可以在命令行输入坐标值。如果在“表格样式”对话框中将表格的方向设置为由下而上读取,则插入点位于表格的左下角。

②“指定窗口”单选钮:指定表格的大小和位置。可以使用定点设备,也可以在命令行输入坐标值。点选该单选钮,列数、列宽、数据行数和行高取决于窗口的大小以及列和行的设置情况。

(3)“列和行设置”选项组:用于指定列和行的数目以及列宽与行高。

在“插入表格”对话框中进行相应设置后,单击“确定”按钮,系统在指定的插入点或窗口自动插入一个空表格,并打开多行文字编辑器,用户可以逐行逐列输入相应的文字或数据,如图 6-25 所示。

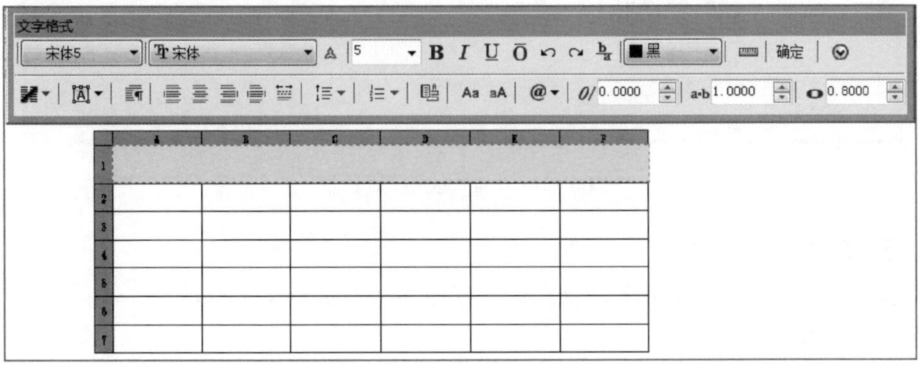

图 6-25 多行文字编辑器

在插入后的表格中选择某一个单元格，单击鼠标左键后出现钳夹点，通过移动钳夹点可以改变单元格的大小，如图 6-26 所示。

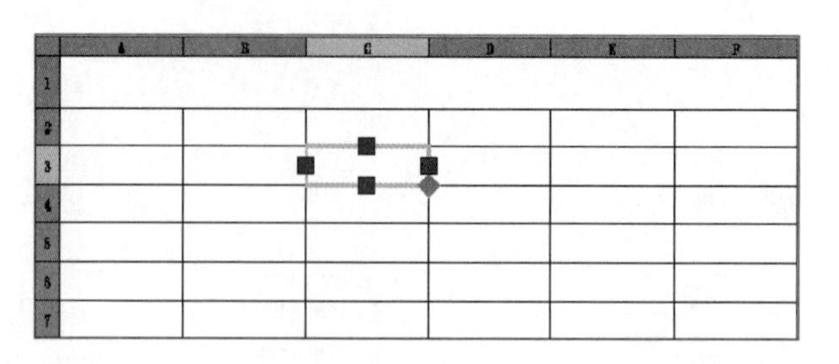

图 6-26 改变单元格大小

例题：按表格样式“表 2”，创建课程表表格。

解：命令行及操作提示：

命令：_table（弹出图 6-27 所示的“插入表格”对话框，选择插入方式为“指定插入点”，并进行列和行设置及设置单元样式）

在屏幕合适位置单击鼠标左键，指定插入点，得到如图 6-28 所示的课程表表格。

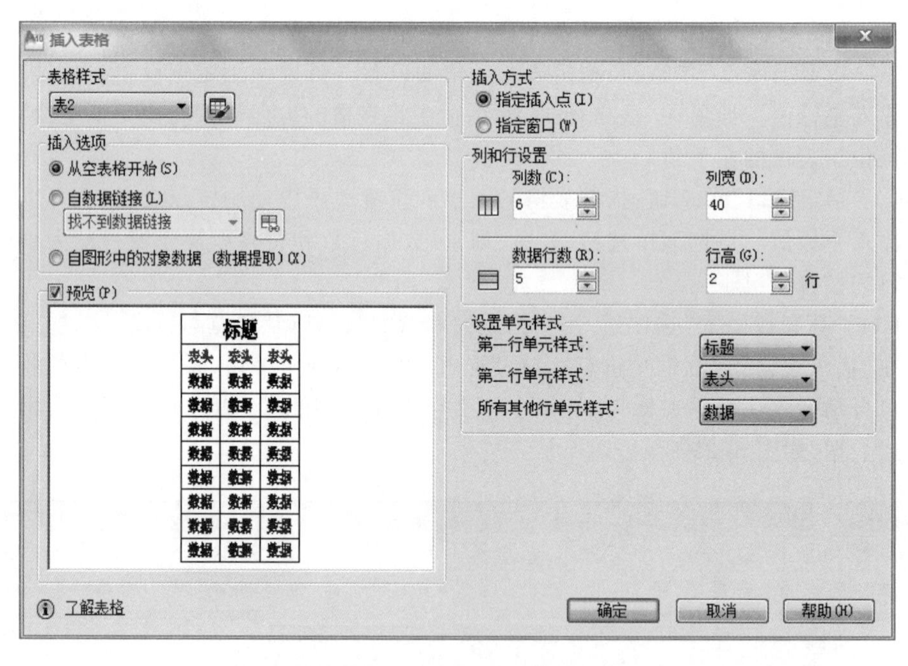

图 6-27 “插入表格”对话框

表格文字编辑

三、表格文字编辑

用户可以使用 TABLEDIT 命令在创建好的表格中进行文字编辑。

1. 执行方式

命令行：TABLEDIT

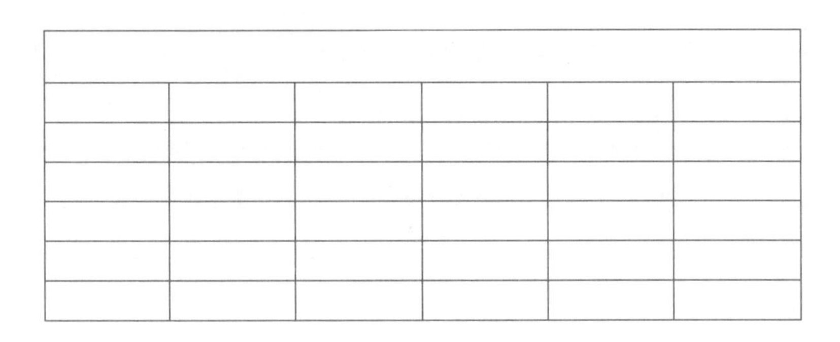

图 6-28 课程表表格

快捷菜单:选择表格单元后,单击鼠标右键并单击“编辑文字”。

双击表单元格。

2. 操作步骤

以创建的课程表为例讲解表格文字编辑。

(1) 输入标题。打开创建的课程表表格文件,鼠标左键双击标题处,弹出文字格式框,输入“课程表”,按 Enter 键,如图 6-29 所示。

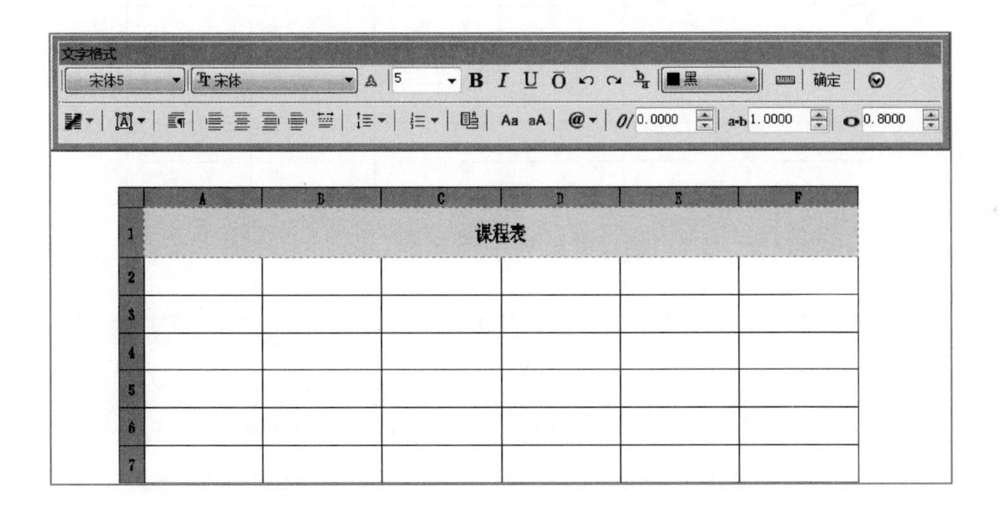

图 6-29 输入标题文字

(2) 输入表头。双击表头处,弹出文字格式框,输入“星期一”,按 Enter 键,如图 6-30 所示。依次双击其他表头表格,分别输入星期二、星期三、星期四、星期五,如图 6-31 所示。

(3) 输入数据。双击第一列数据处,弹出文字格式框,输入“12 节”,按 Enter 键,如图 6-32 所示。依次双击第一列其他数据表格,分别输入 34 节、56 节、78 节,如图 6-33 所示。

文字格式

宋体3.5 宋体 3.5 B I U Ō 洋红 确定

0.0000 1.0000 0.8000

	A	B	C	D	E	F
1	课程表					
2		星期一				
3						
4						
5						
6						
7						

图 6-30 输入表头文字

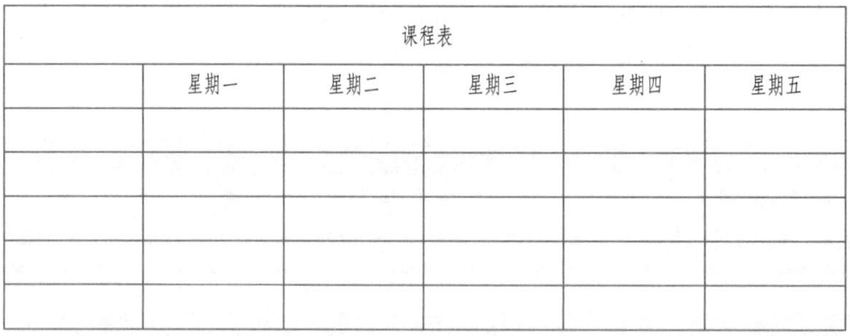

课程表					
	星期一	星期二	星期三	星期四	星期五

图 6-31 表头文字

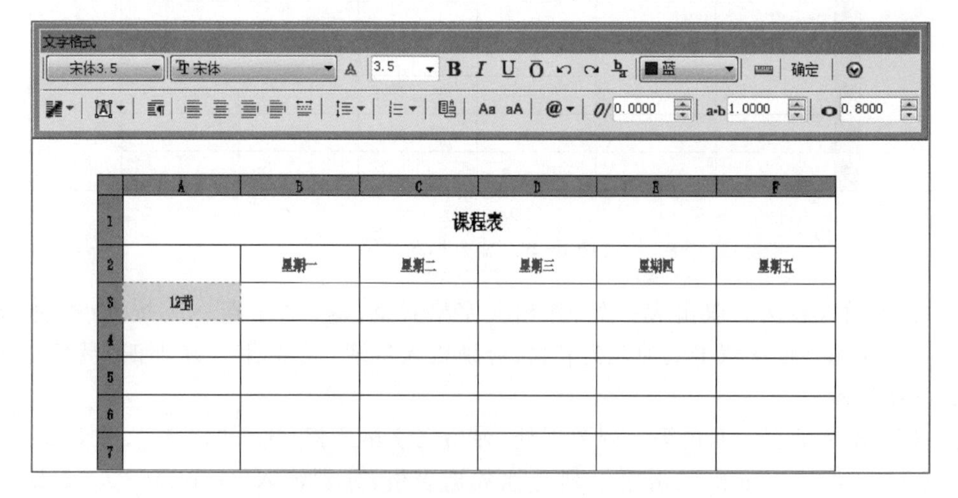

图 6-32 输入数据

课程表					
	星期一	星期二	星期三	星期四	星期五
1、2节					
3、4节					
5、6节					
7、8节					

图 6-33 数据文字

例题:创建图 6-34 所示标题栏,并输入文字(宋体,高度 3.5)。

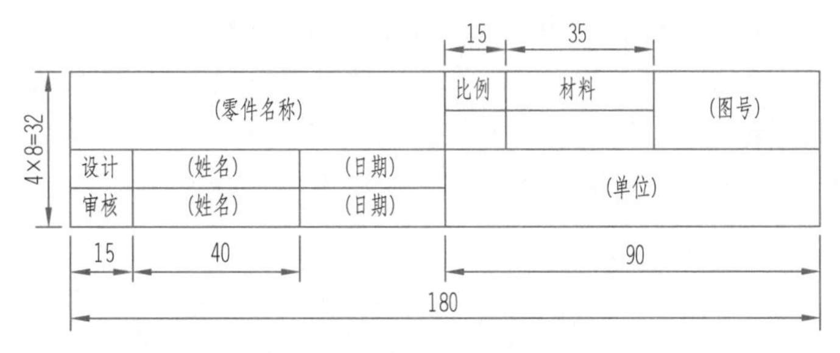

图 6-34 标题栏

解:命令行提示及操作步骤如下:

命令:_table(在弹出的插入表格对话框中进行列和行设置及设置单元样式,如图 6-35所示)

在屏幕合适位置单击鼠标左键,指定插入点,创建图 6-36 所示表格。

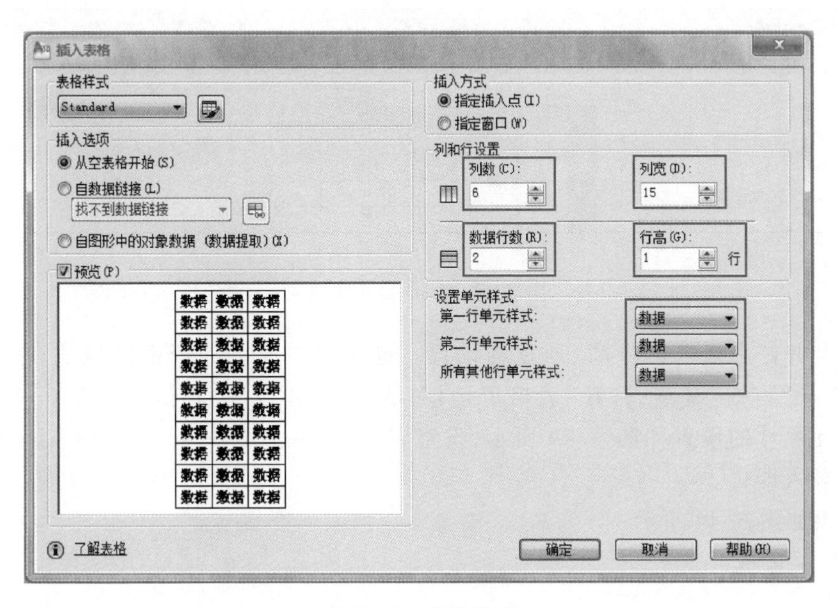

图 6-35 表格设置

图 6-36 创建表格

对图 6-36 所示表格进行合并编辑。按下鼠标左键，选择合并区域，如图 6-37 所示，松开鼠标左键，如图 6-38 所示，单击右键出现快捷菜单，如图 6-39 所示，单击合并→全部，得到图 6-40 所示合并的表格区域，单击鼠标左键结束。用同样的方法合并其他表格单元，图 6-40 和图 6-41 所示为选择合并区域，图 6-42 是合并好的表格。

图 6-37 选择合并区域 1

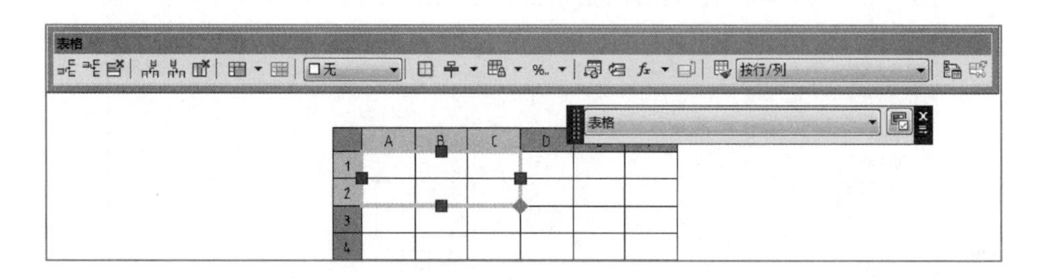

图 6-38 选择合并区域 2

对合并好表格进行行高、列宽的设置。选择需要设置的表格区域后，单击鼠标右键，选择“特性”选项，打开“表格单元”对话框，设置行高和列宽，如图 6-43 所示。表格单元尺寸的设置如图 6-44 所示，设置完毕后，单击图 6-44 标题栏表格单元，进行文字录入即可。

结果如图 6-44 所示。

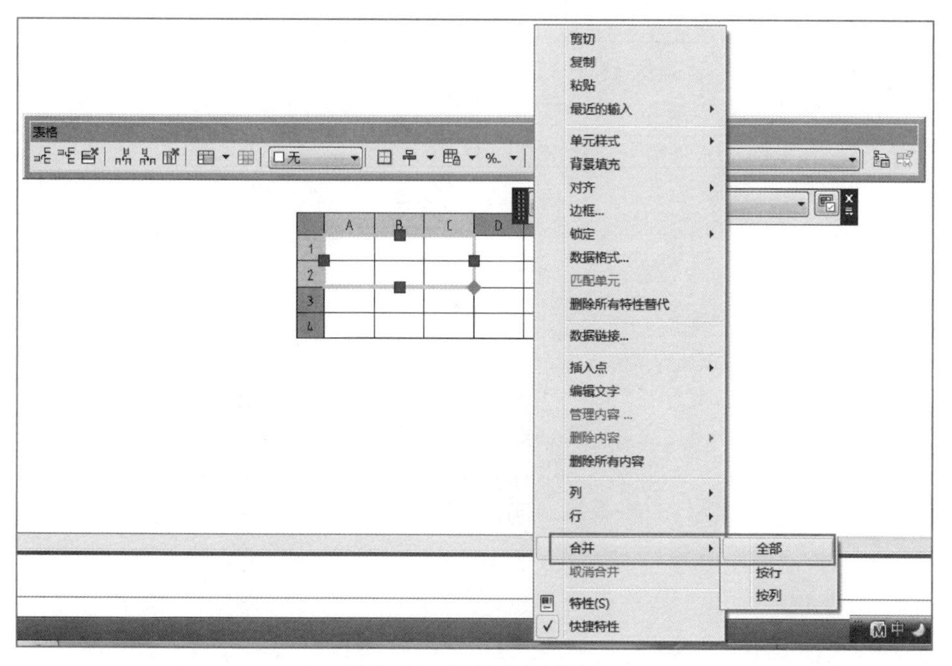

图 6-39　选择合并区域 3

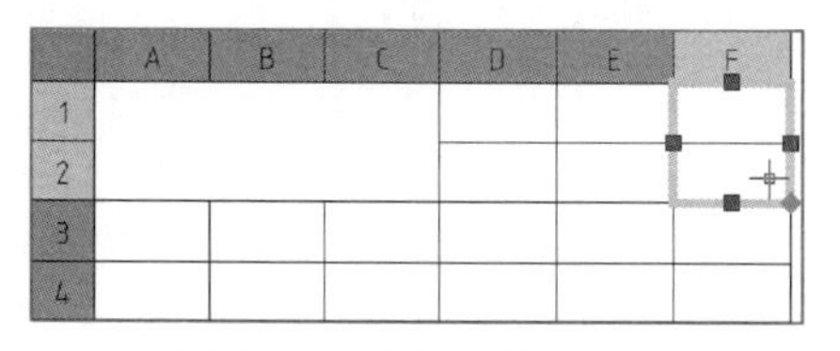

图 6-40　选择合并区域 4

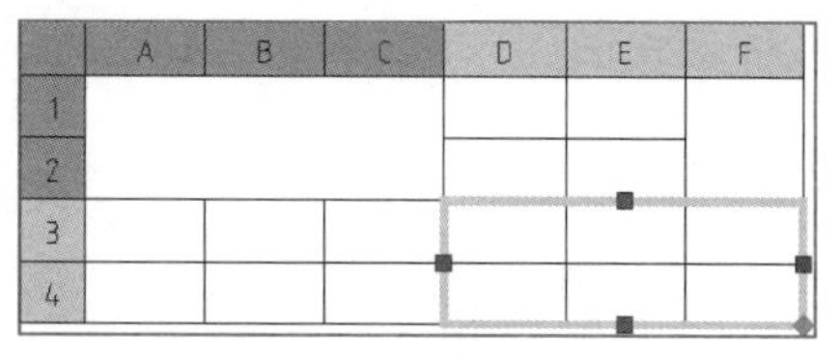

图 6-41　选择合并区域 5

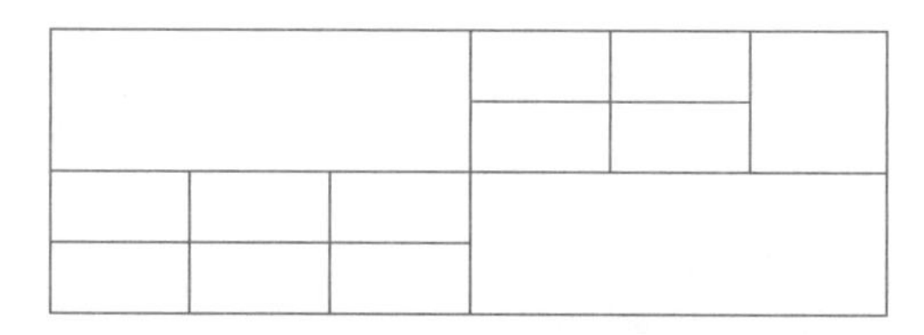
图 6-42　合并好的表格

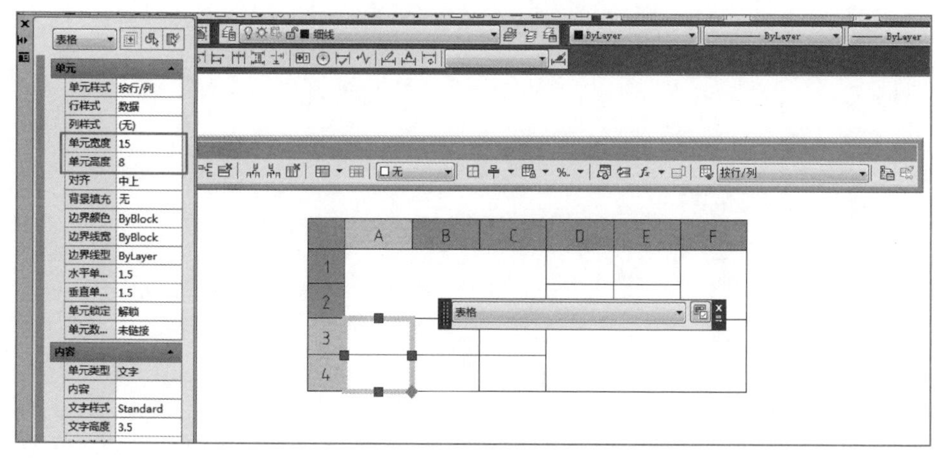

图 6-43　表格单元行高和列宽的设置

<table>
<tr><td colspan="3" rowspan="2">(零件名称)</td><td>比例</td><td>材料</td><td rowspan="2">(图号)</td></tr>
<tr><td></td><td></td></tr>
<tr><td>设计</td><td>(姓名)</td><td>(日期)</td><td colspan="3" rowspan="2">(单位)</td></tr>
<tr><td>审核</td><td>(姓名)</td><td>(日期)</td></tr>
</table>

图 6-44 标题栏

即测即评六

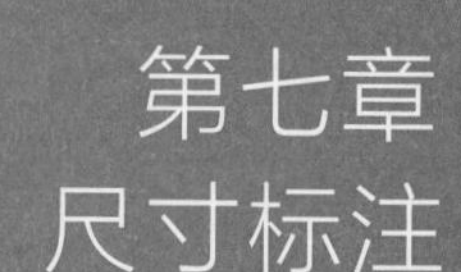

第一节 尺寸样式

课件

尺寸标注

一、新建尺寸标注样式

尺寸标注样式是标注设置的命名集合，可用来控制标注的外观，如箭头样式、文字位置和尺寸公差等。

如果用户不创建尺寸标注样式而直接进行标注，系统将使用默认名称为 Standard 的样式。用户可以创建尺寸标注样式，以快速指定标注的格式，并确保标注符合行业或工程标准。标注将使用当前标注样式中的设置。

如果要修改标注样式中的设置，则图形中的所有标注将自动使用更新后的样式。

用户可以创建与当前标注样式不同的指定标注类型的尺寸样式，如果需要，可以临时替代标注样式。

微课

新建尺寸标注样式

1. 执行方式

功能区：常用标签→注释扩展→

菜单栏：格式(O)→标注样式(D)

工具栏：

命令行：DIMSTYLE(快捷命令：D)

2. 操作步骤

命令行提示与操作如下：

命令：D↙

执行完该命令，系统将弹出“标注样式管理器”对话框，如图 7-1 所示。

利用图 7-1 所示的对话框可方便直观地定制和浏览尺寸标注样式，包括创建新的标注样式、修改已存在的标注样式、设置当前尺寸标注样式、样式重命名以及删除已有标注样式等。

3. 选项说明

(1)“置为当前”按钮:单击此按钮,把在“样式”列表框中选择的样式设置为当前标注样式。

(2)“新建”按钮:单击该按钮,系统打开“创建新标注样式”对话框,如图 7-2 所示。利用此对话框可创建一个新的尺寸标注样式,其中各项的功能说明如下。

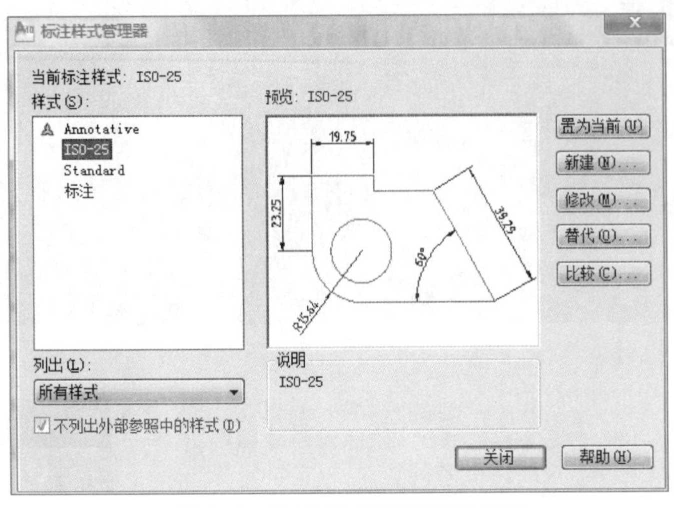

图 7-1 “标注样式管理器”对话框

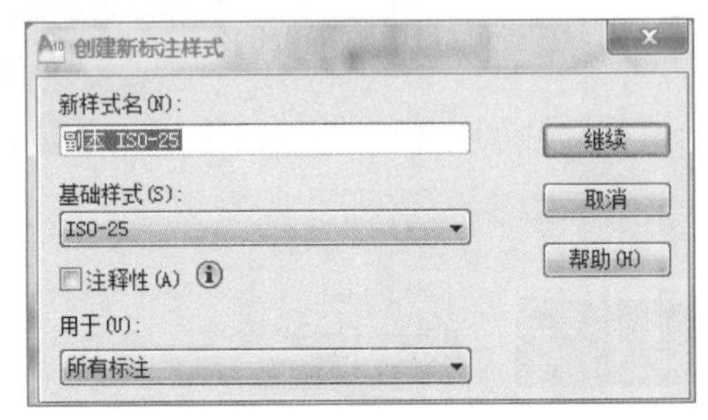

图 7-2 创建新标注样式对话框

① “新样式名”文本框:为新的尺寸标注样式命名,本次命名为“工程 3.5”。

② “基础样式”下拉列表框:选择创建新样式所基于的标注样式。单击“基础样式”下拉列表框,如图 7-3 所示,打开当前已有的样式列表,从中选择一个作为定义新样式的基础,新的样式是在所选样式的基础上修改一些特性得到的。

③ “用于”下拉列表框:指定新样式应用的尺寸类型。单击此下拉列表框,如图 7-4 所示,打开尺寸类型列表,如果新建样式应用于所有尺寸,则选择“所有标注”选项;如果新建样式只应用于特定的尺寸标注(如只在标注直径时使用此样式),则选择相应的尺寸类型。

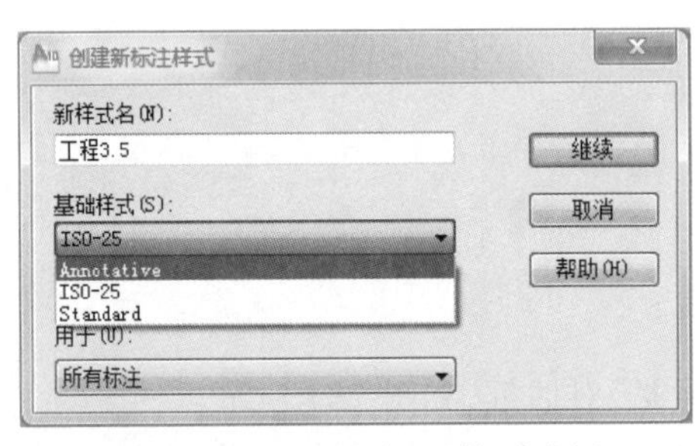

图 7-3 “基础样式”下拉列表框

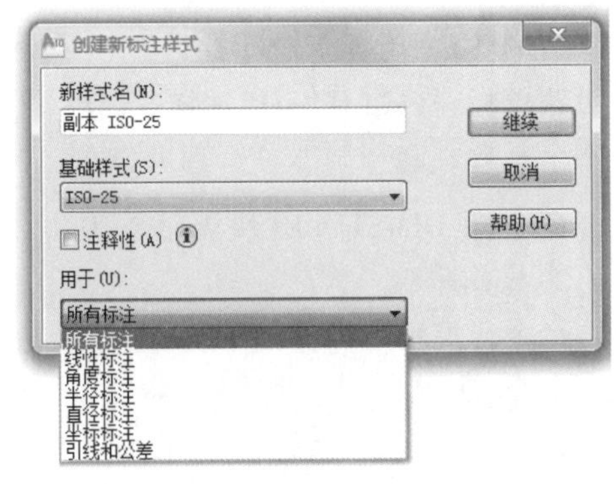

图 7-4 “用于”下拉列表框

④"继续"按钮:各选项设置好以后,单击"继续"按钮,系统打开"新建标注样式"对话框,如图7-5所示,利用此对话框可对新标注样式的各项特性进行设置。该对话框中各部分的含义和功能见后面介绍。

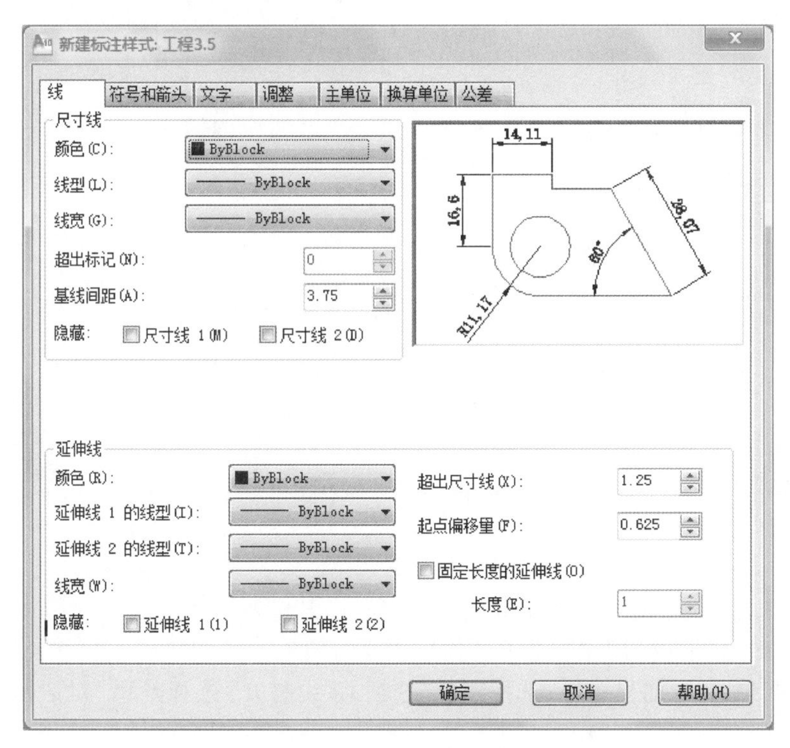

图7-5　"新建标注样式"对话框

(3)"修改"按钮:修改一个已存在的尺寸标注样式。单击此按钮,系统打开"修改标注样式"对话框,该对话框中的各选项与"新建标注样式"对话框中完全相同,可以对已有标注样式进行修改。

(4)"替代"按钮:设置临时覆盖尺寸标注样式。单击此按钮,系统打开"替代当前样式"对话框,该对话框中各选项与"新建标注样式"对话框中完全相同,用户可改变选项的设置,以覆盖原来的设置,但这种修改只对指定的尺寸标注起作用,不影响当前其他尺寸变量的设置。

(5)"比较"按钮:比较两个尺寸标注样式在参数上的区别,或浏览一个尺寸标注样式的参数设置。单击此按钮,系统打开"比较标注样式"对话框,如图7-6所示。可以把比较结果复制到剪贴板上,然后再粘贴到其他的Windows应用软件上。

二、尺寸样式——线

在"新建标注样式"对话框中,第一个选项卡是"线"选项卡,如图7-7所示。该选项卡用于设置尺寸线、尺寸延伸线的形式和特性。

选项卡中的各选项说明如下:

微课

尺寸样式——线

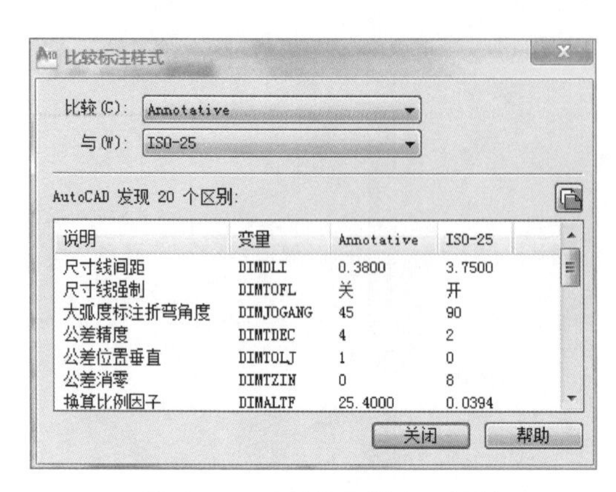

图 7-6 “比较标注样式”对话框

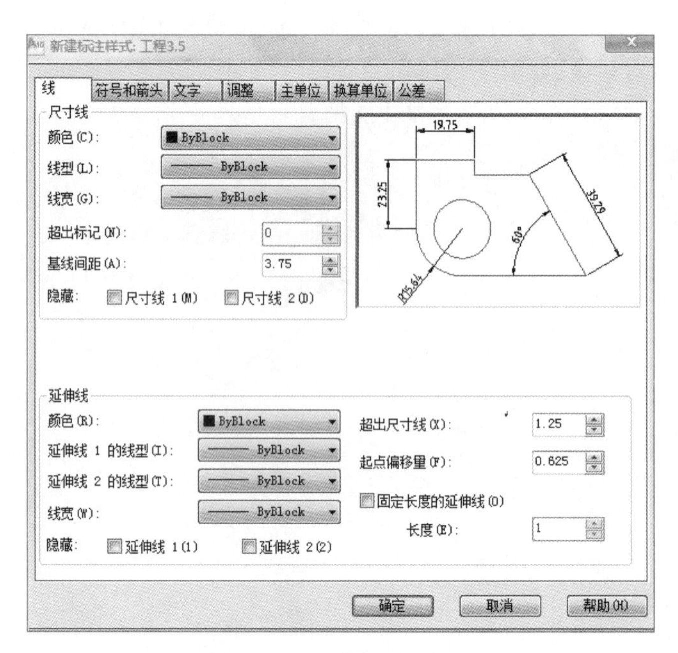

图 7-7 “线”选项卡

1. “尺寸线”选项组:用于设置尺寸线的特性,其中各选项的含义如下:

(1)“颜色”下拉列表框:用于设置尺寸线的颜色。可直接输入颜色名字,也可从下拉列表框中选择,如果选择“选择颜色”选项,系统打开“选择颜色”对话框供用户选择其他颜色。

(2)“线型”下拉列表框:用于设置尺寸线的线型。

(3)“线宽”下拉列表框:用于设置尺寸线的线宽,下拉列表框中列出了各种线宽的名称和宽度。

(4)“超出标记”微调框:当尺寸箭头设置为短斜线、短波浪线等,或尺寸线上无箭头时,可利用此微调框设置尺寸线超出尺寸延伸线的距离。

(5)“基线间距”微调框:设置以基线方式标注尺寸时,相邻两尺寸线之间的距离。

(6)“隐藏”复选框组:确定是否隐藏尺寸线及相应的箭头。如图 7-8 所示,第 1 尺寸线是指标注尺寸时,靠近第 1 个拾取点的尺寸线,第 2 尺寸线是指靠近第 2 个拾取点的尺寸线。勾选“尺寸线 1”复选框,表示隐藏第 1 段尺寸线;勾选“尺寸线 2”复选框,表示隐藏第 2 段尺寸线。

2. “延伸线”选项组:用于确定尺寸延伸线的形式,其中各选项的含义如下。

(1)“颜色”下拉列表框:用于设置尺寸延伸线的颜色。

(2)“延伸线 1 的线型”下拉列表框:用于设置第 1 条延伸线(标注尺寸时,靠近第 1 个拾取点的延伸线)的线型。

(3)“延伸线 2 的线型”下拉列表框:用于设置第 2 条延伸线(标注尺寸时,靠近第 2 个拾取点的延伸线)的线型。

(4)“线宽”下拉列表框:用于设置尺寸延伸线的线宽。

(5)“超出尺寸线”微调框:用于确定尺寸延伸线超出尺寸线的距离。

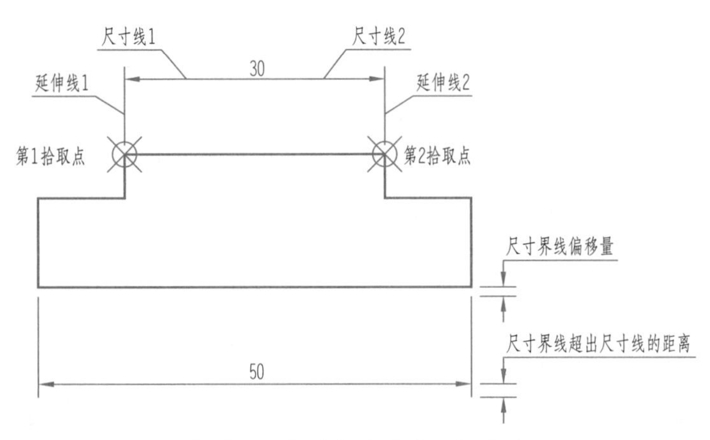

图 7-8　“线”选项卡的选项说明

（6）“起点偏移量”微调框：用于确定尺寸延伸线的实际起始点相对于指定尺寸延伸线起始点的偏移量。

（7）“隐藏”复选框组：确定是否隐藏尺寸延伸线。勾选“延伸线 1”复选框，表示隐藏第一段尺寸延伸线；勾选“延伸线 2”复选框，表示隐藏第二段尺寸延伸线。

（8）“固定长度的延伸线”复选框：勾选该复选框，系统以固定长度的尺寸延伸线标注尺寸，可以在其下面的“长度”文本框中输入长度值。

微课

尺寸样式——符号和箭头

三、尺寸样式——符号和箭头

在“新建标注样式”对话框中，第二个选项卡是“符号和箭头”选项卡，如图 7-9 所示。该选项卡用于设置箭头、圆心标记、弧长符号和半径标注折弯的形式和特性。

图 7-9　“符号和箭头”选项卡

选项卡中的各选项说明如下：

1. “箭头”选项组

用于设置尺寸箭头的形式。AutoCAD 提供了多种箭头形状，列在“第一个”和“第二个”下拉列表框中。另外，还允许采用用户自定义的箭头形状。两个尺寸箭头可以采用相同的形式，也可采用不同的形式。

(1) “第一个”下拉列表框：用于设置第一个尺寸箭头的形式。单击此下拉列表框，如图 7-10 所示，打开各种箭头形式，其中列出了各类箭头的形状即名称。一旦选择了第一个箭头的类型，第二个箭头则自动与其匹配，要想第二个箭头取不同的形状，可在“第二个”下拉列表框中设定。

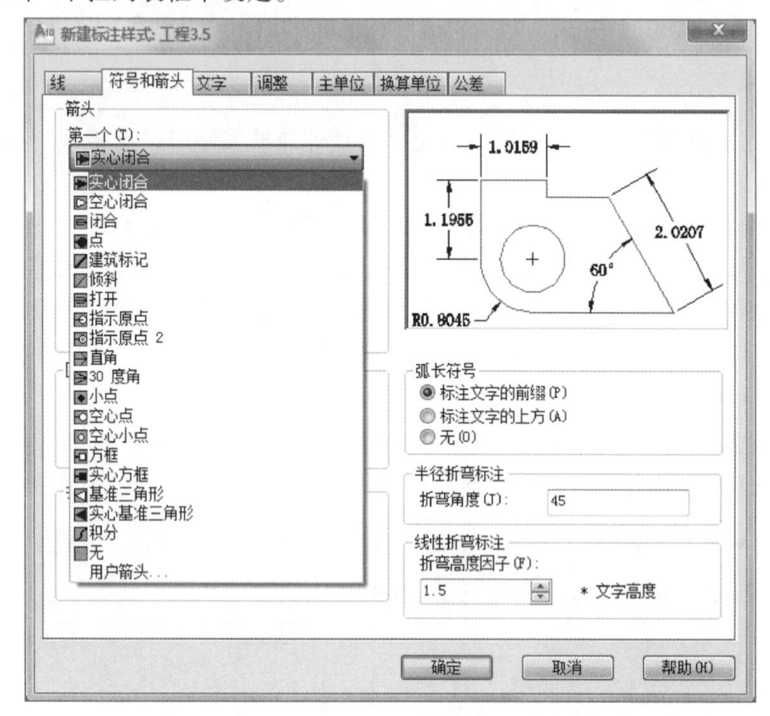

图 7-10 “第一个”下拉列表框

如果在列表框中选择了“用户箭头”选项，则打开如图 7-11 所示的“选择自定义箭头块”对话框。可以事先把自定义的箭头存成一个图块，在此对话框中输入该图块名即可。

(2) “第二个”下拉列表框：用于设置第二个尺寸箭头的形式，可与第一个箭头形式不同。

(3) “引线”下拉列表框：确定引线箭头的形式，与“第一个”设置类似。

(4) “箭头大小”微调框：用于设置尺寸箭头的大小。

2. “圆心标记”选项组

用于设置半径标注、直径标注以及中心标注中的中心标记和中心线形式。

(1) “无”单选钮：点选该单选钮，既不产生中心标记，也不产生中心线。

(2) “标记”单选钮：点选该单选钮，中心标记为一个点记号。如图 7-12a 所示。

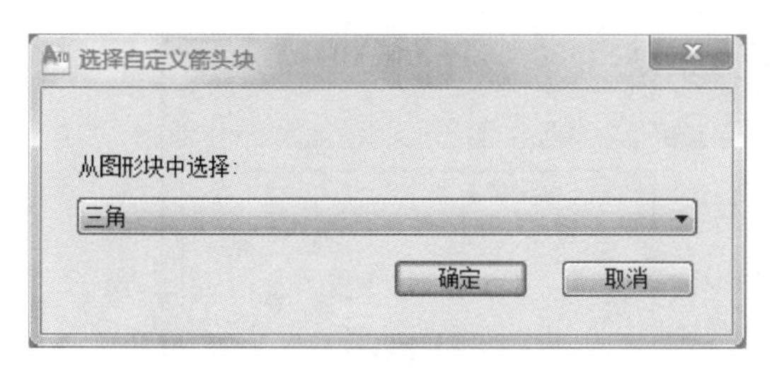

图 7-11 “选择自定义箭头块”对话框

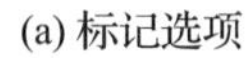

(a) 标记选项

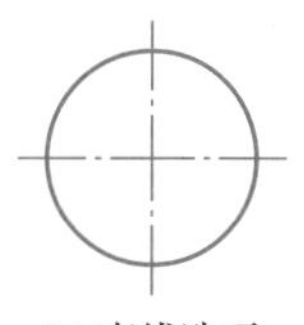

(b) 直线选项

图 7-12 圆心标记

(3)“直线”单选钮:点选该单选钮,中心标记采用中心线的形式。如图 7-12b 所示。

(4)“大小”微调框:用于设置中心标记和中心线的大小和粗细。

3.“折断标注”选项组

用于控制折断标注的间距宽度。

4.“弧长符号”选项组

用于控制弧长标注中圆弧符号的显示。

(1)“标注文字的前缀”单选钮:点选该单选钮,将弧长符号放在标注文字的左侧,如图 7-13a 所示。

(2)“标注文字的上方”单选钮:点选该单选钮,将弧长符号放在标注文字的上方,如图 7-13b 所示。

(3)“无”单选钮:点选该单选钮,不显示弧长符号,如图 7-13c 所示。

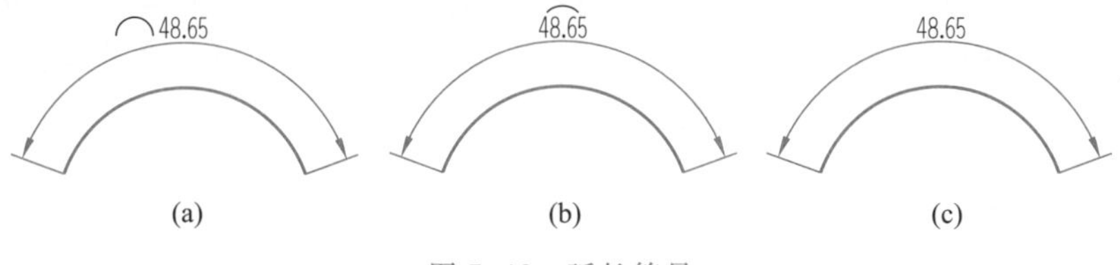

图 7-13 弧长符号

5.“半径折弯标注”选项组

用于控制折弯(Z 字形)半径标注的显示。折弯半径标注通常在中心点位于页面外部时创建。在“折弯角度”文本框中可以输入连接半径标注的尺寸延伸线和尺寸线的横向直线角度。

6.“线性折弯标注”选项组

用于控制线性折弯标注的显示。当标注不能精确表示实际尺寸时,常将折弯线添加到线性标注中。通常,实际尺寸比所需值小。

四、尺寸样式——文字

在“新建标注样式”对话框中,第 3 个选项卡是“文字”选项卡,如图 7-14 所示。该选项卡用于设置尺寸文本文字的形式、布置、对齐方式等。

选项卡中的各选项如下:

微课

尺寸样式——文字

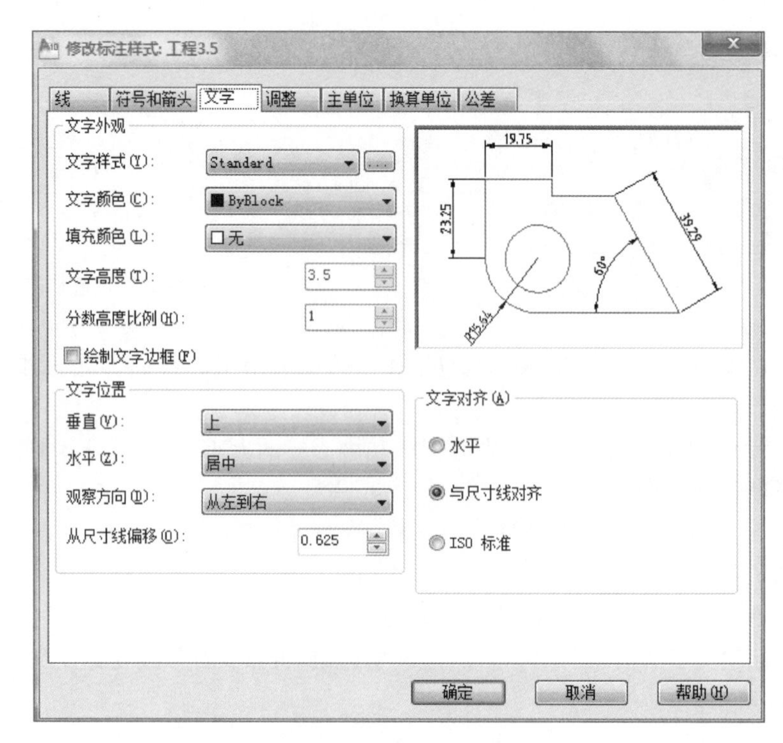

图 7-14 "文字"选项卡

1. "文字外观"选项组

(1)"文字样式"下拉列表框:用于选择当前尺寸文本采用的文字样式。单击此下拉列表框,可以从中选择一种文字样式,也可单击右侧的按钮,打开"文字样式"对话框以创建新的文字样式或对文字样式进行修改。

(2)"文字颜色"下拉列表框:用于设置尺寸文本的颜色,其操作方法与设置尺寸线颜色的方法相同。

(3)"填充颜色"下拉列表框:用于设置标注中文字背景的颜色。如果选择"选择颜色"选项,系统打开"选择颜色"对话框,可以从 255 种 AutoCAD 索引(ACI)颜色、真彩色和配色系统颜色中选择颜色。

(4)"文字高度"微调框:用于设置尺寸文本的字高。如果选用的文本样式中已设置了具体的字高(不是 0),则此处的设置无效;如果文本样式中设置的字高为 0,以此处设置为准。

(5)"分数高度比例"微调框:用于确定尺寸文本的比例系数。

(6)"绘制文字边框"复选框:勾选此复选框,AutoCAD 在尺寸文本的周围加上边框。

2. "文字位置"选项组

(1)"垂直"下拉列表框:用于确定尺寸文本相对于尺寸线在垂直方向的对齐方式。单击此下拉列表框,可从中选择的对齐方式有以下 5 种,如图 7-15 所示。

① 上:将尺寸文本放在尺寸线的上方。

② 居中:将尺寸文本放在尺寸线的中间。

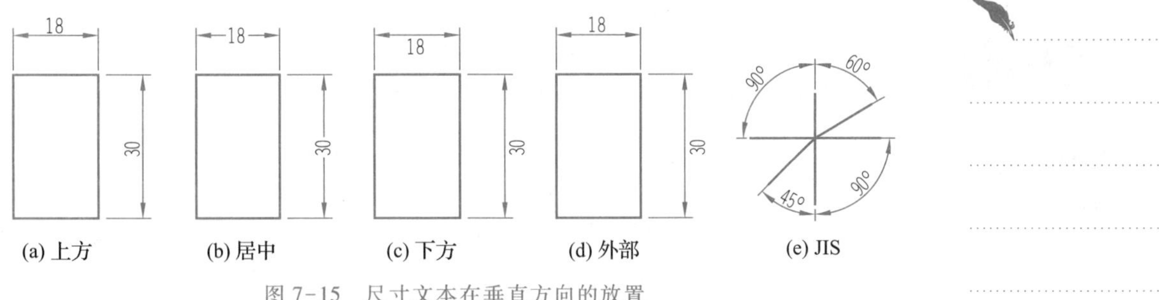

图 7-15 尺寸文本在垂直方向的放置

③ 下:将尺寸文本放在尺寸线的下方。

④ 外部:将尺寸文本放在远离第一条尺寸延伸线起点的位置,即和所标注的对象分列于尺寸线的两侧。

⑤ JIS:使尺寸文本的放置符合 JIS(日本工业标准)规则。

(2)"水平"下拉列表框:用于确定尺寸文本相对于尺寸线和尺寸延伸线在水平方向的对齐方式。单击此下拉列表框,可从中选择的对齐方式有 5 种:居中、第一条延伸线、第二条延伸线、第一条延伸线上方、第二条延伸线上方,如图 7-16 所示。

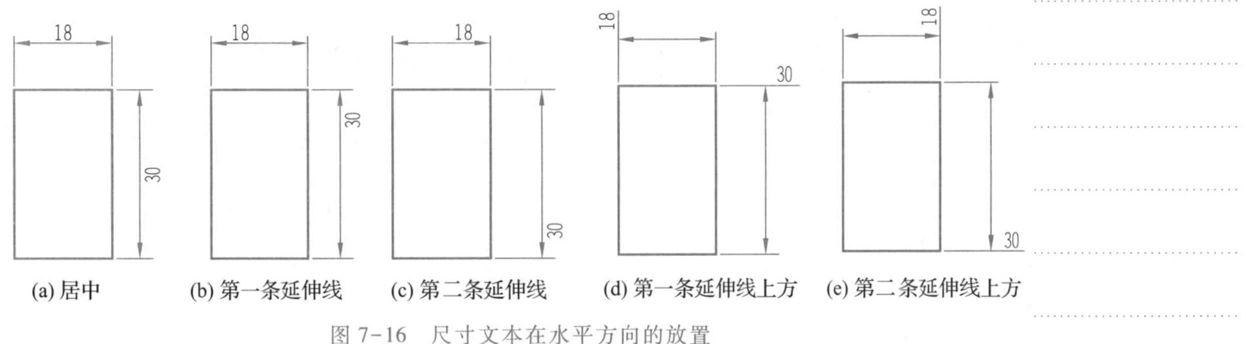

图 7-16 尺寸文本在水平方向的放置

(3)"观察方向"下拉列表框:用于控制标注文字的观察方向。"观察方向"包括以下两项选项。

① 从左到右:按从左到右阅读的方式放置文字。

② 从右到左:按从右到左阅读的方式放置文字。

(4)"从尺寸线偏移"微调框:当尺寸文本放在断开的尺寸线中间时,此微调框用来设置尺寸文本与尺寸线之间的距离。

3. "文字对齐"选项组

用于控制尺寸文本的排列方向。

(1)"水平"单选钮:点选该单选钮,尺寸文本沿水平方向放置。不论标注什么方向的尺寸,尺寸文本总保持水平。

(2)"与尺寸线对齐"单选钮:点选该单选钮,尺寸文本沿尺寸线方向放置。

(3)"ISO 标准"单选钮:点选该单选钮,当尺寸文本在尺寸延伸线之间时,沿尺寸线方向放置;在尺寸延伸线之外时,沿水平方向放置。

五、尺寸样式——调整

微课

尺寸样式——调整

在“新建标注样式”对话框中，第 4 个选项卡是“调整”选项卡，如图 7-17 所示。该选项卡根据两条尺寸延伸线之间的空间，设置将尺寸文本、尺寸箭头放置在两尺寸延伸线内还是外。如果空间允许，AutoCAD 总是把尺寸文本和箭头放置在尺寸延伸线的里面，如果空间不够，则根据本选项卡的各项设置放置。

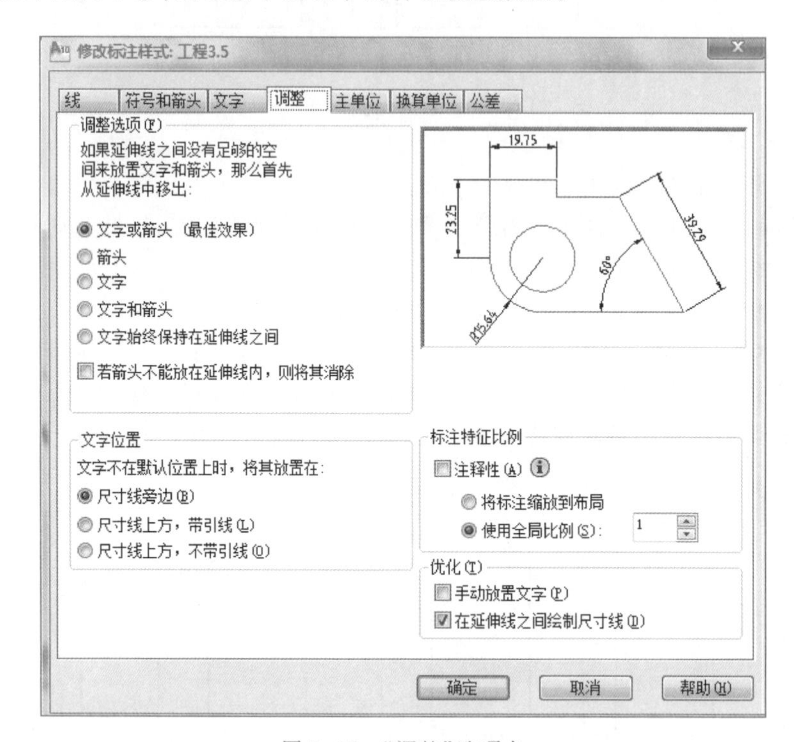

图 7-17 “调整”选项卡

选项卡中的各选项说明如下：

1.“调整选项”选项组

(1)“文字或箭头”单选钮：点选此单选钮，如果空间允许，把尺寸文本和箭头都放置在两尺寸延伸线之间；如果两尺寸延伸线之间只够放置尺寸文本，则把尺寸文本放置在尺寸延伸线之间，而把箭头放置在尺寸延伸线之外；如果只够放置箭头，则把箭头放在里面，把尺寸文本放在外面；如果两尺寸延伸线之间既放不下文本，也放不下箭头，则把二者均放在外面。

(2)“箭头”单选钮：点选此单选钮，如果空间允许，把尺寸文本和箭头都放置在两尺寸延伸线之间：如果空间只够放置箭头，则把箭头放在尺寸延伸线之间，把文本放在外面；如果尺寸延伸线之间的空间放不下箭头，则把箭头和文本均放在外面。

(3)“文字”单选钮：点选此单选钮，如果空间允许，把尺寸文本和箭头都放置在两尺寸延伸线之间；否则把文本放在尺寸延伸线之间，把箭头放在外面；如果尺寸延伸线之间放不下尺寸文本，则把文本和箭头都放在外面。

(4)“文字和箭头”单选钮：点选此单选钮，如果空间允许，把尺寸文本和箭头都放置在两尺寸延伸线之间；否则把文本和箭头都放在尺寸延伸线外面。

（5）“文字始终保持在延伸线之间”单选钮：点选此单选钮，AutoCAD 总是把尺寸文本放在两条尺寸延伸线之间。

（6）“若箭头不能放在延伸线内，则将其消除”复选框：勾选此复选框，延伸线之间的空间不够时省略尺寸箭头。

2.“文字位置”选项组

用于调整尺寸文本的位置，其中 3 个单选钮的含义如下。

（1）“尺寸线旁边”单选钮：点选此单选钮，把尺寸文本放在尺寸线的旁边，如图 7-18a 所示。

（2）“尺寸线上方，带引线”单选钮：点选此单选钮，把尺寸文本放在尺寸线的上方，并用引线与尺寸线相连，如图 7-18b 所示。

（3）“尺寸线上方，不带引线”单选钮：点选此单选钮，把尺寸文本放在尺寸线的上方，中间无引线，如图 7-18c 所示。

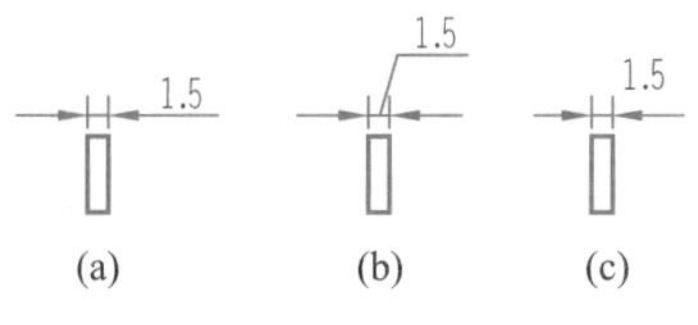

图 7-18 尺寸调整文本位置

3.“标注特征比例”选项组

（1）“将标注缩放到布局”单选钮：根据当前模型空间视口和图纸空间之间的比例确定比例因子。当在图纸空间而不是模型空间视口中工作时，或当变量 TILEMODE 被设置为 1 时，将使用默认的比例因子 1.00。

（2）“使用全局比例”单选钮：确定尺寸的整体比例系数。其后面的“比例值”微调框可以用来选择需要的比例。

4.“优化”选项组

用于设置附加的尺寸文本布置选项，包含以下两个选项。

（1）“手动放置文字”复选框：勾选此复选框，标注尺寸时由用户确定尺寸文本的放置位置，忽略前面的对齐设置。

（2）“在延伸线之间绘制尺寸线”复选框：勾选此复选框，不论尺寸文本在尺寸延伸线里面还是外面，AutoCAD 均在两尺寸延伸线之间绘出一尺寸线，否则当尺寸延伸线内放不下尺寸文本而将其放在外面时，尺寸延伸线之间无尺寸线。

六、尺寸样式——主单位

微课

尺寸样式——主单位

在“新建标注样式”对话框中，第 5 个选项卡是“主单位”选项卡，如图 7-19 所示。该选项卡用来设置尺寸标注的主单位和精度，以及为尺寸文本添加固定的前缀或后缀，选项卡包含两个选项组，分别对长度型标注和角度型标注进行设置。

选项卡中的各选项说明如下：

1.“线性标注”选项组

用来设置标注长度型尺寸时采用的单位和精度。

（1）“单位格式”下拉列表框：用于确定标注尺寸时使用的单位制（角度型尺寸除外）。在其下拉列表框中 AutoCAD 2010 提供了“科学”“小数”“工程”“建筑”“分数”和“Windows 桌面”6 种单位制，可根据需要选择。

（2）“精度”下拉列表框：用于确定标注尺寸时的精度，也就是精确到小数点后几位。

（3）“分数格式”下拉列表框：用于设置分数的形式。AutoCAD 2010 提供了“水平”“对角”和“非堆叠”3 种形式供用户选用。

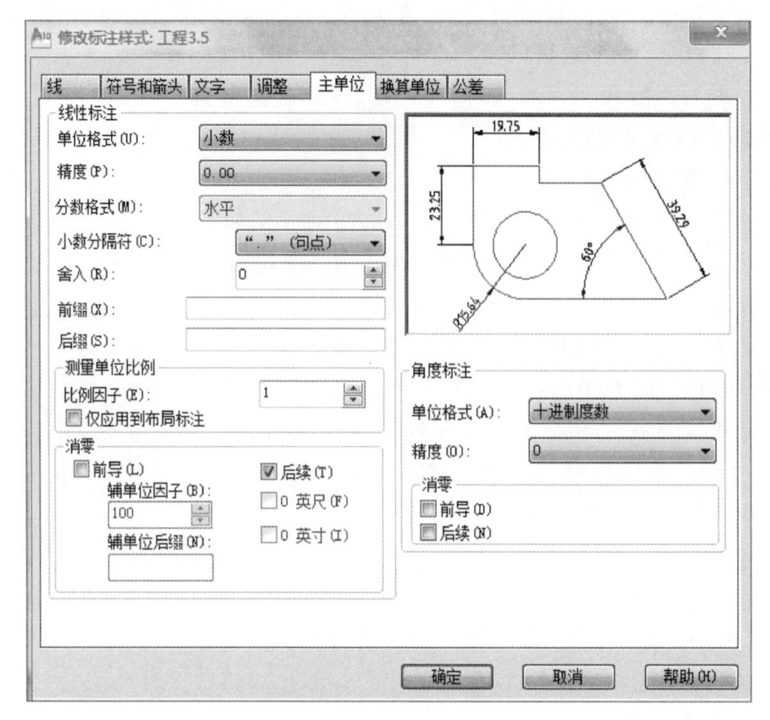

图 7-19 “主单位”选项卡

(4)“小数分隔符”下拉列表框:用于确定十进制单位(Decimal)的分隔符。AutoCAD 2010 提供了句点(.)、逗点(,)和空格 3 种形式。

(5)“舍入”微调框:用于设置除角度之外的尺寸测量圆整规则。在文本框中输入一个值,如果输入 1,则所有测量值均圆整为整数。

(6)“前缀”文本框:为尺寸标注设置固定前缀。可以输入文本,也可以利用控制符产生特殊字符,这些文本将被加在所有尺寸文本之前。

如输入“%%P”,即在尺寸文本前设置前缀“±”。

(7)“后缀”文本框:为尺寸标注设置固定后缀。

如输入“%%%”,即在尺寸文本前设置后缀“%”。

(8)“测量单位比例”选项组:用于确定 AutoCAD 自动测量尺寸时的比例因子。

其中“比例因子”微调框用来设置除角度之外所有尺寸测量的比例因子。例如,用户确定比例因子为 2,AutoCAD 则把实际测量为 1 的尺寸标注为 2。如果勾选“仅应用到布局标注”复选框,则设置的比例因了只适用于布局标注。

(9)“消零”选项组:用于设置是否省略标注尺寸时的 0。

①“前导”复选框:勾选此复选框,省略尺寸值处于高位的 0。例如,0.50000 标注为.50000。

②“后续”复选框:勾选此复选框,省略尺寸值小数点后末尾的 0。例如,9.5000 标注为 9.5,而 30.0000 标注为 30。

③“0 英尺”复选框:勾选此复选框,采用“工程”和“建筑”单位制时,如果尺寸值小于 1 尺时,省略尺。例如,0′-6 1/2″标注为 6 1/2″。

④“0英寸”复选框：勾选此复选框，采用“工程”和“建筑”单位制时，如果尺寸值是整数尺时，省略寸。例如，1′-0″标注为1′。

2.“角度标注”选项组

用于设置标注角度时采用的角度单位。

(1)“单位格式”下拉列表框：用于设置角度单位制。AutoCAD 2010提供了“十进制度数”“度/分/秒”“百分度”和“弧度”4种角度单位。

(2)“精度”下拉列表框：用于设置角度型尺寸标注的精度。

(3)“消零”选项组：用于设置是否省略标注角度时的0。

七、尺寸样式——换算单位

在“新建标注样式”对话框中，第6个选项卡是“换算单位”选项卡，如图7-20所示，该选项卡用于对替换单位的设置。

选项卡中的各选项说明如下：

1.“显示换算单位”复选框

勾选此复选框，则替换单位的尺寸值也同时显示在尺寸文本上。

2.“换算单位”选项组

用于设置替换单位，其中各选项的含义如下。

(1)“单位格式”下拉列表框：用于选择替换单位采用的单位制。

(2)“精度”下拉列表框：用于设置替换单位的精度。

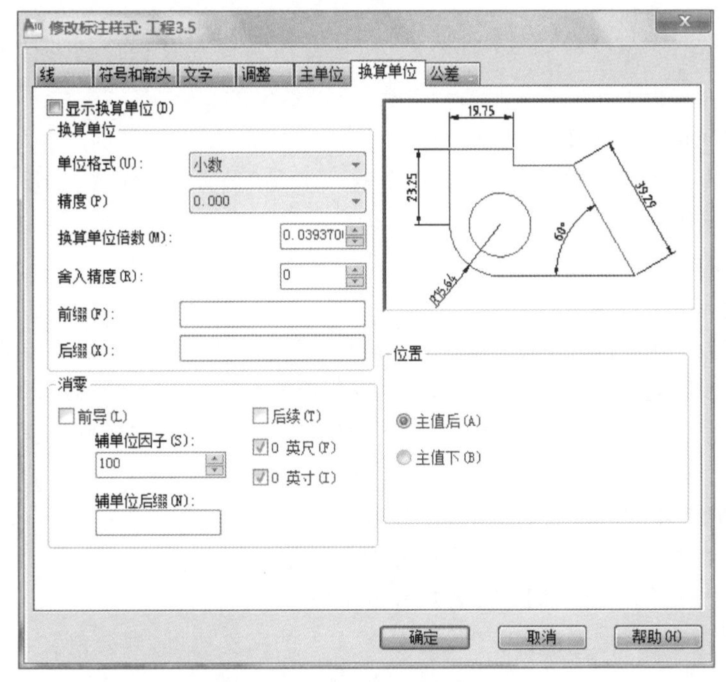

图7-20 “换算单位”选项卡

(3)“换算单位倍数”微调框：用于指定主单位和替换单位的转换因子。

(4)“舍入精度”微调框：用于设定替换单位的圆整规则。

(5)“前缀”文本框：用于设置替换单位文本的固定前缀。

（6）“后缀”文本框：用于设置替换单位文本的固定后缀。

3. “消零”选项组

（1）“前导”复选框：勾选此复选框，不输出所有十进制标注中的前导 0。例如，0.6000 标注为.6000。

（2）“后续”复选框：勾选此复选框，不输出所有十进制标注的后续零。例如，17.50000 标注为 17.5，36.0000 标注为 36。

（3）“辅单位因子”微调框：将辅单位的数量设置为一个单位。它用于在距离小于一个单位时以辅单位为单位计算标注距离。例如，如果后缀为 m 而辅单位后缀以 cm 显示，则输入 100。

（4）“辅单位后缀”文本框：用于设置标注辅单位中包含的后缀。可以输入文字或使用控制代码显示特殊符号。例如，输入 cm 可将 56m 显示为 56cm。

（5）“0 英尺”复选框：勾选此复选框，如果长度小于 1 英尺，则消除“英尺-英寸”标注中的英尺部分。例如，0′-61/2″标注为 61/2″。

（6）“0 英寸”复选框：勾选此复选框，如果长度为整英尺数，则消除“英尺-英寸”标注中的英寸部分。例如，1′-0″标注为 1′。

4. “位置”选项组

用于设置替换单位尺寸标注的位置。

（1）“主值后”单选钮：点选该单选钮，把替换单位尺寸标注放在主单位标注的后面。

（2）“主值下”单选钮：点选该单选钮，把替换单位尺寸标注放在主单位标注的下面。

微课

尺寸样式——公差

八、尺寸样式——公差

在“新建标注样式”对话框中，第 7 个选项卡是“公差”选项卡，如图 7-21 所示。该选项卡用于确定标注公差的方式。

选项卡中的各选项说明如下：

1. “公差格式”选项组

用于设置公差的标注方式。

（1）“方式”下拉列表框：用于设置公差标注的方式。AutoCAD 提供了 5 种标注公差的方式，分别是“无”“对称”“极限偏差”“极限尺寸”和“基本尺寸”，其中“无”表示不标注公差，其余 4 种标注情况如图 7-22 所示。

（2）“精度”下拉列表框：用于确定公差标注的精度。

（3）“上偏差”微调框：用于设置尺寸的上偏差。

（4）“下偏差”微调框：用于设置尺寸的下偏差。

（5）“高度比例”微调框：用于设置公差文本的高度比例，即公差文本的高度与一般尺寸文本的高度之比。

（6）“垂直位置”下拉列表框：用于控制“对称”和“极限偏差”形式公差标注的文本对齐方式，如图 7-23 所示。

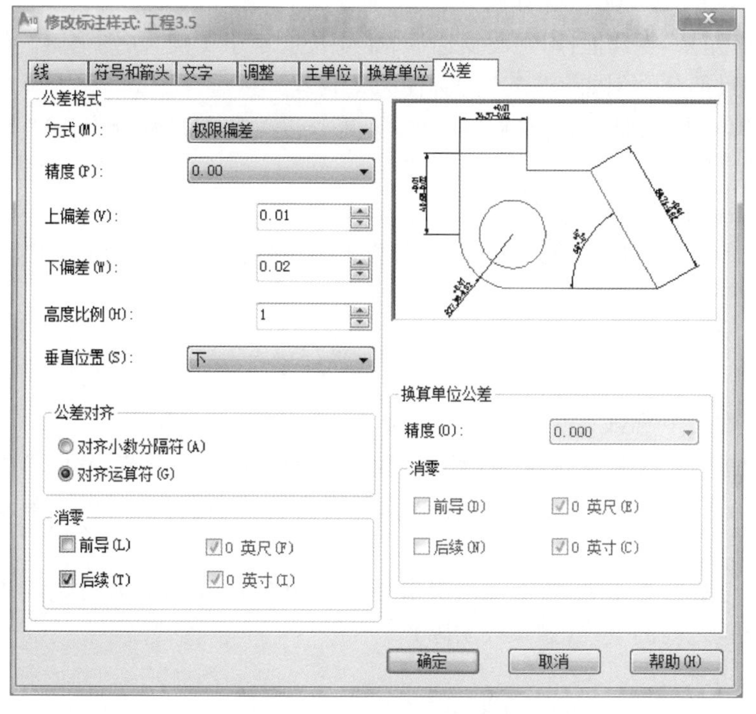

图 7-21 “公差”选项卡

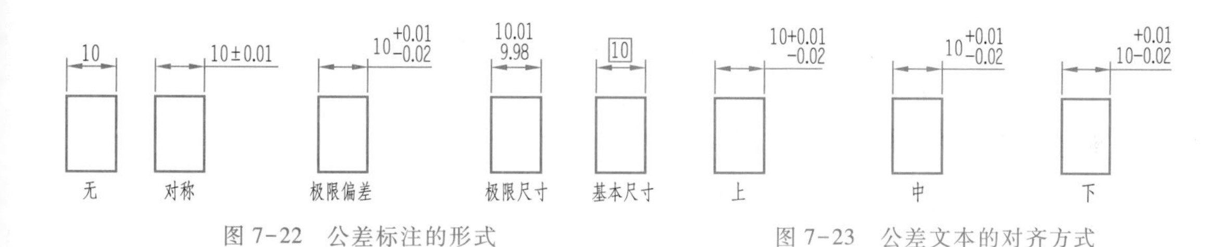

图 7-22 公差标注的形式

图 7-23 公差文本的对齐方式

① 上:公差文本的顶部与一般尺寸文本的顶部对齐。

② 中:公差文本的中线与一般尺寸文本的中线对齐。

③ 下:公差文本的底线与一般尺寸文本的底线对齐。

2.“公差对齐”选项组

用于在堆叠时,控制上偏差值和下偏差值的对齐。

(1)“对齐小数分隔符”单选钮:点选该单选钮,通过值的小数分割符堆叠值。

(2)“对齐运算符”单选钮:点选该单选钮,通过值的运算符堆叠值。

3.“消零”选项组

用于控制是否禁止输出前导 0 和后续 0 以及 0 英尺和 0 英寸部分(可用 DIMTZIN 系统变量设置)。

(1)“前导”复选框:勾选此复选框,不输出所有十进制公差标注中的前导 0。例如,0.7000 标注为.7000。

(2)“后续”复选框:勾选此复选框,不输出所有十进制公差标注的后续 0。例如,

9.5000 标注为 9.5,23.0000 标注为 23。

(3)“0 英尺”复选框:勾选此复选框,如果长度小于 1 英尺,则消除“英尺-英寸”标注中的英尺部分。例如,0′-7 1/2″标注为 7 1/2″。

(4)“0 英寸”复选框:勾选此复选框,如果长度为整英尺数,则消除“英尺-英寸”标注中的英寸部分。例如,2′-0″标注为 2′。

4.“换算单位公差”选项组

用于对形位公差标注的替换单位进行设置,各项的设置方法与上面相同。

第二节 标注尺寸

一、线性尺寸标注

微课

线性尺寸标注

正确地进行尺寸标注是设计绘图工作中非常重要的一个环节,AutoCAD 2010 提供了方便快捷的尺寸标注方法,可以通过执行命令实现,也可以利用菜单或工具按钮实现。

线性尺寸标注有水平、垂直或对齐放置。使用对齐标注时,尺寸线将平行于两尺寸延伸线原点之间的直线(想象或实际)。

1. 执行方式

功能区:常用标签→注释→线性

菜单栏:标注(N)→线性(L)

工具栏:

命令行:DIMLINEAR(缩写名:DIMLIN,快捷命令:DLI)

2. 操作步骤

命令行提示与操作如下:

命令:DIMLIN ↙

指定第一条延伸线原点或<选择对象>:(按 Enter 键,选择对象)

光标变为拾取框,并在命令行提示如下:

选择标注对象:用拾取框选择要标注尺寸的线段

指定尺寸线位置或[多行文字(M)/文字(T)/角度(A)/水平(H)/垂直(V)/旋转(R)]:

3. 选项说明

(1)指定尺寸线位置:用于确定尺寸线的位置。用户可移动鼠标选择合适的尺寸线位置,然后单击鼠标左键,AutoCAD 自动测量要标注线段的长度并标注出相应的尺寸。

(2)多行文字(M):该选项会打开多行文本编辑器,其中高亮显示的值是标注的标注值,在该值前面输入的文字在标注时将加在标注值的前面;在该值后面输入的文字在标注时将加在标注值的后面。要修改标注值,可去掉高亮显示的值,重新输入新的数值。

(3)文字(T):用于在命令行提示下输入代替标注值的新的标注文本,生成的标注值显示在尖括号(<>)中。

（4）角度（A）：用于确定标注值的倾斜角度。输入不同文字旋转角的效果如图 7-24 所示。

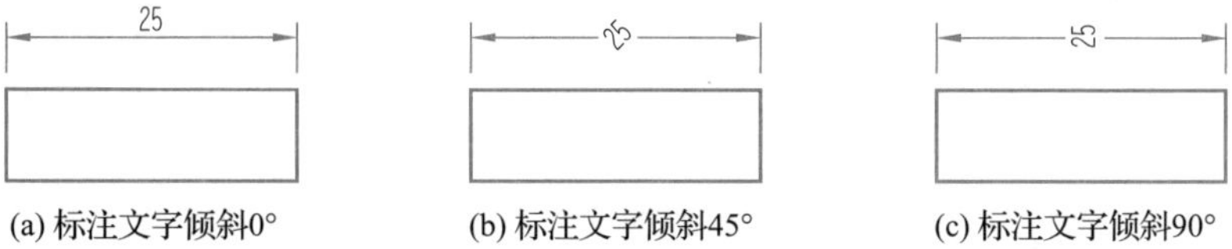

(a) 标注文字倾斜0°　(b) 标注文字倾斜45°　(c) 标注文字倾斜90°

图 7-24 输入不同文字旋转角时的效果图

（5）水平（H）：水平标注尺寸，不论标注什么方向的线段，尺寸线总保持水平放置。

（6）垂直（V）：垂直标注尺寸，不论标注什么方向的线段，尺寸线总保持垂直放置。

（7）旋转（R）：用于将尺寸线旋转一个角度值，即标注倾斜尺寸。

例题：按图 7-25a 所示标注图 7-25b 的线性尺寸。

解：命令行及操作提示：

选择设置好的标注样式和标注层

命令：DIMLINEAR

指定第一条延伸线原点或<选择对象>：

选择标注对象：（选择主视图中的长度）

指定尺寸线位置或 （在屏幕合适位置放置尺寸线）

[多行文字（M）/文字（T）/角度（A）/水平（H）/垂直（V）/旋转（R）]：

标注文字＝22（显示自动测量标注的长度尺寸为 22）（单击鼠标左键，退出命令）

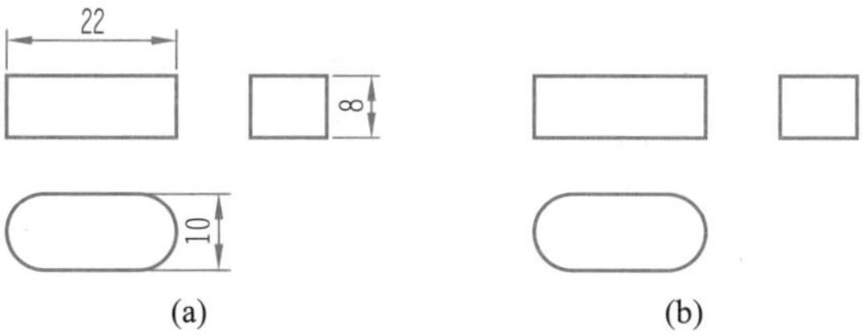

(a)　(b)

图 7-25 线性尺寸标注

重复执行命令 DIMLINEAR，指定侧视图中的第一条高度延伸线、第二条高度延伸线，显示自动测量标注的高度尺寸为 8。

重复执行命令 DIMLINEAR，指定俯视图中的第一条、第二条宽度延伸线，显示自动测量标注的宽度尺寸为 10。

二、对齐标注

微课

对齐标注

对齐标注命令就是创建对齐线性标注，即创建与延伸线的原点对齐的线性标注。

1. 执行方式

功能区：常用标签→注释→线性扩展→线性 / 对齐

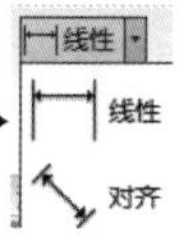

菜单栏：标注（N）→对齐（G）

工具栏：

命令行：DIMALIGNED（快捷命令：DAL）

2. 操作步骤

命令行提示与操作如下：

命令：_dimaligned ↙

指定第一条延伸线原点或<选择对象>：（光标变为拾取框，单击鼠标）

指定第二条延伸线原点：（单击鼠标）

指定尺寸线位置或

[多行文字(M)/文字(T)/角度(A)]：

3. 选项说明（与线性尺寸标注的选项说明一致）

（1）多行文字（M）：打开多行文本编辑器，其中高亮显示的值是生成的标注值。可修改标注值，或给标注值添加前缀或后缀。

（2）文字（T）：用于在命令行提示下输入代替标注值的新的标注文本，生成的标注值显示在尖括号（<>）中。

（3）角度（A）：用于确定标注值的倾斜角度。

例题：按图 7-26a 所示，标注图 7-26b 的对齐标注尺寸。

解：命令行及操作提示：

选择设置好的标注样式和标注层

命令：_dimaligned

指定第一条延伸线原点或<选择对象>：（单击倾斜线的左端点）

指定第二条延伸线原点：（单击倾斜线的右端点）

指定尺寸线位置或 （在屏幕合适位置放置尺寸线）

[多行文字(M)/文字(T)/角度(A)]：

标注文字＝21（显示标注的尺寸数值为 21）

21

(a)

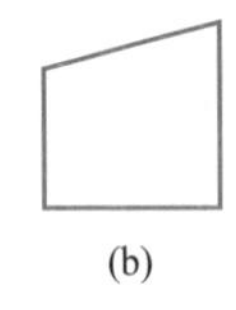

(b)

图 7-26 对齐标注

微课

弧长标注

三、弧长标注

1. 执行方式

功能区：常用标签→注释→线性扩展→

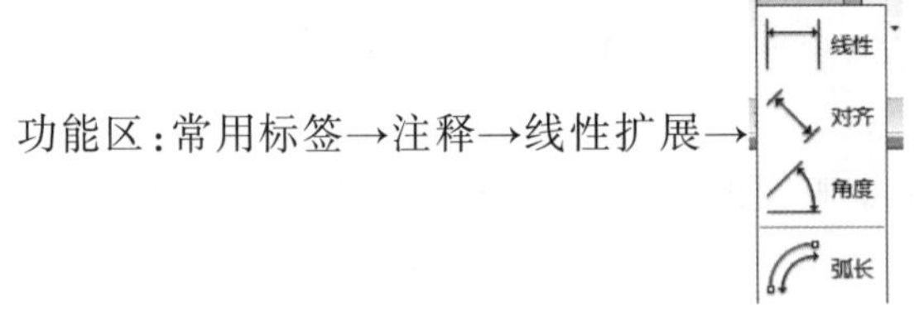

菜单栏：标注（N）→弧长（H）

工具栏：

命令行：DIMARC

2. 操作步骤

命令行提示与操作如下。

命令：DIMARC ↙

选择弧线段或多段线弧线段：选择圆弧

指定弧长标注位置或[多行文字(M)/文字(T)/角度(A)/部分(P)/引线(L)]:

3. 选项说明

(1) 弧长标注位置:指定尺寸线的位置并确定延伸线的方向。

(2) 多行文字(M):打开多行文本编辑器,其中高亮显示的值是生成的标注值。可修改标注值,或给标注值添加前缀或后缀。

(3) 文字(T):用于在命令行提示下输入代替标注值的新的标注文本,生成的标注值显示在尖括号(<>)中。

(4) 角度(A) :用于确定标注值的倾斜角度。

(5) 部分(P):用于部分圆弧的弧长标注。如图 7-27 所示。

(6) 引线(L):添加引线对象,仅当圆弧(或弧线段)大于 90°时才会显示此选项。引线是按径向绘制的,指向所标注圆弧的圆心,如图 7-28 所示。

例题 1:按图 7-27a 所示,标注图 7-27b 中 A 到 B 之间部分弧长。

解:命令行及操作提示:

选择设置好的标注样式样式和标注层

命令:_dimarc

选择弧线段或多段线圆弧段:(选择图中的圆弧)

指定弧长标注位置或［多行文字(M)/文字(T)/角度(A)/部分(P)/引线(L)］:P(选择部分选项)

指定弧长标注的第一个点:(单击 A 点)

指定弧长标注的第二个点:(单击 B 点)

指定弧长标注位置或［多行文字(M)/文字(T)/角度(A)/部分(P)/］:(放置标注位置)

标注文字=33 (显示标注部分弧长为 33)

例题 2:按图 7-28a 所示,标注图 7-28b 的引线圆弧弧长标注。

解:命令行及操作提示:

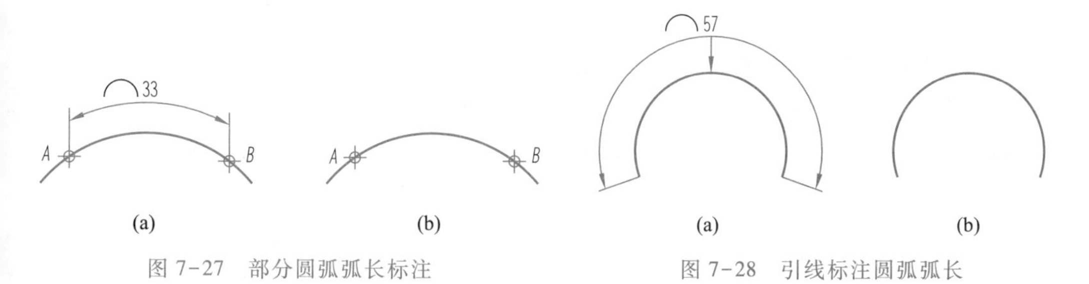

(a)　(b)

图 7-27　部分圆弧弧长标注

(a)　(b)

图 7-28　引线标注圆弧弧长

选择设置好的标注样式和标注层

命令:_dimarc

选择弧线段或多段线圆弧段:(选择图中圆弧)

指定弧长标注位置或［多行文字(M)/文字(T)/角度(A)/部分(P)/引线(L)］:l(选择引线选项)

指定弧长标注位置或［多行文字(M)/文字(T)/角度(A)/部分(P)/无引线

(N)]:(放置标注位置)

标注文字=57(显示引线标注弧长为57)

微课

角度标注

四、角度标注

角度标注用来标注两条非平行直线之间的夹角、圆弧的圆心角及不共线的三点决定的两直线之间的夹角。

1. 执行方式

功能区:常用标签→注释→线性扩展→

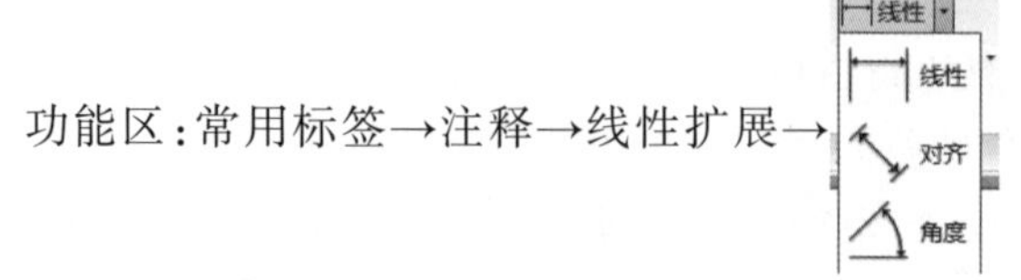

菜单栏:标注(N)→角度(A)

工具栏:

命令行:DIMANGULAR(快捷命令:DAN)

2. 操作步骤

命令行提示与操作如下:

命令:DIMANGULAR ↙

选择圆弧、圆、直线或<指定顶点>:

3. 选项说明

(1) 选择圆弧:标注圆弧的中心角。当用户选择一段圆弧后,命令行提示如下:

指定标注弧线位置或[多行文字(M)/文字(T)/角度(A)/象限点(Q)]:

指定标注弧线位置:指定尺寸线的位置并确定绘制延伸线的方向。指定位置之后,AutoCAD 系统按自动测量得到的值标注出相应的角度,命令执行完毕。

多行文字(M):打开多行文本编辑器,其中高亮显示的值是生成的标注值。可修改标注值,或给标注值添加前缀或后缀。

文字(T):用于在命令行提示下输入代替标注值的新的标注文本,生成的标注值显示在尖括号(<>)中。

角度(A) :用于确定标注值的倾斜角度。

象限点(Q):指定标注应锁定到的象限。打开象限行为后,将标注文字放置在角度标注外时,尺寸线会延伸超过延伸线。

例题 1:按图 7-29a 所示,标注图 7-29b 的圆弧角度。

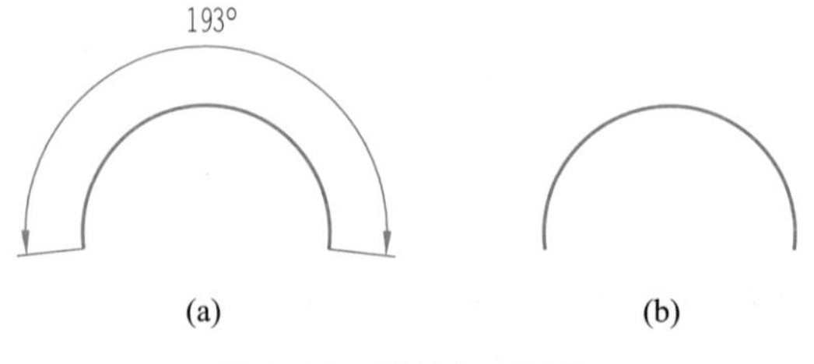

图 7-29 圆弧角度标注

解:执行角度标注命令后,选择要标注角度的圆弧,确定标注位置即可。

(2) 选择圆:标注圆上某段圆弧的中心角。当用户选择圆上的一点后,命令行提示如下:

指定角的第二个端点:选择另一点,该点可在圆上,也可不在圆上

指定标注弧线位置或[多行文字(M)/文字(T)/角度(A)/象限点(Q)]

在此提示下确定尺寸线的位置,AutoCAD系统标注出一个角度值,该角度以圆心为顶点,两条尺寸延伸线通过所选取的两点。

例题2:按图7-30a所示,标注图7-30b的圆弧角度。

解:执行角度标注命令后,选择要标注角度的圆。如图7-30a所示,在1附近单击圆,在2附近确定角的第二个点,确定标注位置即可。

(3) 选择直线:标注两条直线间的夹角。当用户选择一条直线后,命令行提示如下。

选择第二条直线:选择另一条直线

指定标注弧线位置或[多行文字(M)/文字(T)/角度(A)/象限点(Q)]:

在此提示下确定尺寸线的位置,系统自动标出两条直线之间的夹角。该角以两条直线的交点为顶点,以两条直线为尺寸延伸线,所标注角度取决于尺寸线的位置。

例题3:按图7-31a所示,标注图7-31b两直线间的角度。

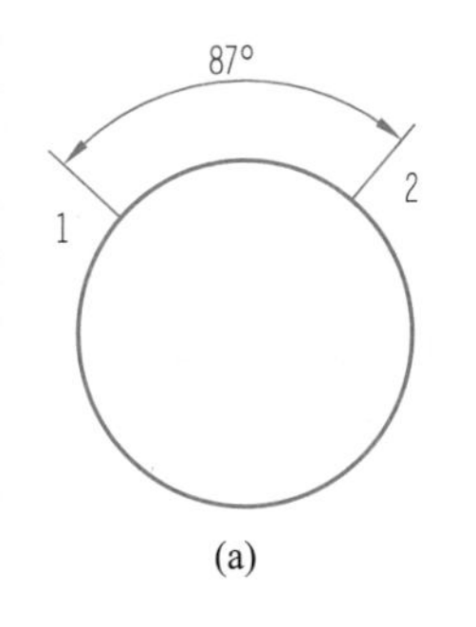

(a)

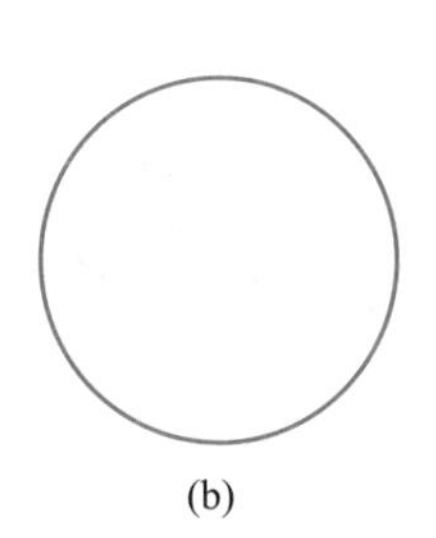
(b)

图7-30　圆上某段圆弧的角度标注

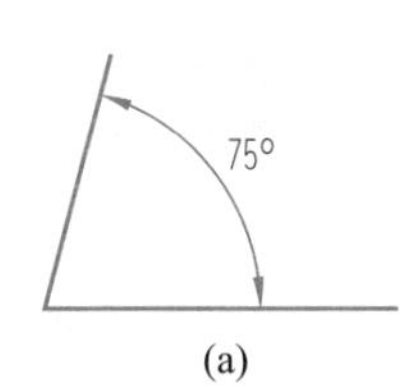

(a)

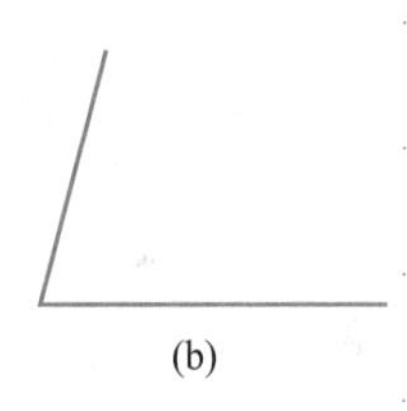
(b)

图7-31　两直线间的角度标注

解:执行角度标注命令后,选择要标注角度的两条直线,确定标注位置即可。

(4) 指定顶点,直接按Enter键,命令行提示与操作如下。

指定角的顶点:指定顶点

指定角的第一个端点:输入角的第一个端点

指定角的第二个端点:输入角的第二个端点,创建无关联的标注

指定标注弧线位置或[多行文字(M)/文字(T)/角度(A)/象限点(Q)]输入一点作为角的顶点

在此提示下给定尺寸线的位置,AutoCAD根据指定的三点标注出角度。

例题4:按图7-32a所示,标注图7-32b中∠213的角度。

解:执行角度标注命令后,指定顶点1,指定第一个端点2,指定第二个端点3,确定标注位置即可。

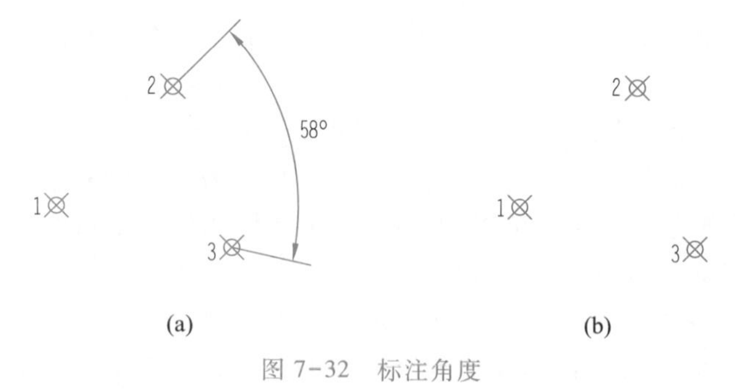

图 7-32 标注角度

五、半径与直径标注

1. 执行方式

功能区:常用标签→注释→线性扩展→

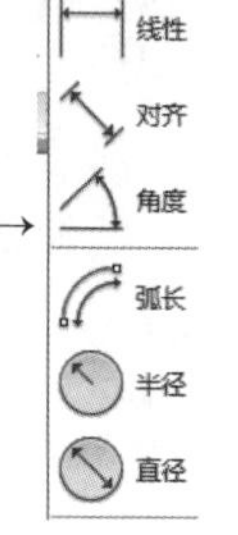

菜单栏:标注(N)→半径(R)/直径(D)

工具栏:半径/直径

命令行:半径 DIMRADIUS(快捷命令:DRA)/直径 DIMDIAMETER(快捷命令:DDI)

2. 操作步骤

命令行提示与操作如下:

命令:半径 DIMRADIUS ↙/直径 DIMDIAMETER ↙

选择圆弧或圆:选择要标注直径的圆或圆弧

指定尺寸线位置或[多行文字(M)/文字(T)/角度(A)]:确定尺寸线的位置或选择某一选项

3. 选项说明

(1) 尺寸线位置:确定尺寸线的角度和标注文字的位置。如果未将标注放置在圆弧上而导致标注指向圆弧外,则 AutoCAD 会自动绘制圆弧延伸线。

(2) 多行文字(M):打开多行文本编辑器,其中高亮显示的值是生成的标注值。可修改标注值,或给标注值添加前缀或后缀。

(3) 文字(T):用于在命令行提示下输入代替标注值的新的标注文本,生成的标注值显示在尖括号(<>)中。

(4) 角度(A):用于确定标注值的倾斜角度。

例题:标注图 7-33a 圆的直径。

解:执行命令后,选择圆,确定尺寸线位置后单击鼠标左键即可。

尺寸线位置不同时的标注效果如图 7-33b 和图 7-33c 所示。

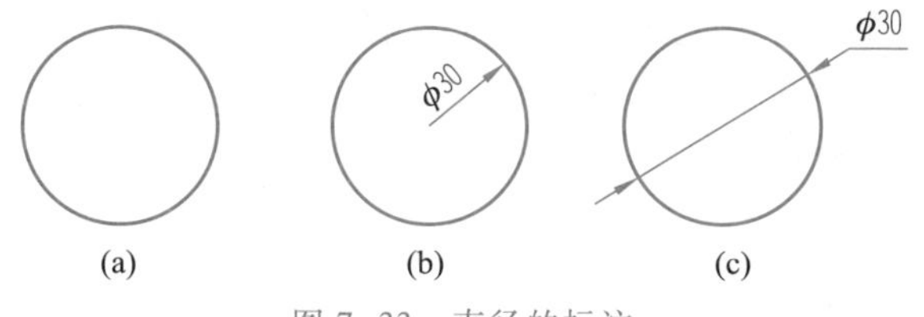

图 7-33　直径的标注

六、折弯标注和圆心标记

1. 折弯标注

(1) 执行方式

功能区:常用标签→注释→线性扩展→

菜单栏:标注(N)→折弯(J)

工具栏:

命令行:DIMJOGGED(快捷命令:DJO 或 JOG)

(2) 操作步骤

命令行及操作提示:

选择设置好的标注样式和标注层

命令:_dimjogged

选择圆弧或圆:(选择圆弧或圆)

指定图示中心位置:(指定中心位置)

标注文字 = :(标注半径)

指定尺寸线位置或［多行文字(M)/文字(T)/角度(A)］:(指定标注位置,或选择某一选项)

指定折弯位置:(指定折弯位置)

例题:按图 7-34a 所示,标注图 7-34b 圆弧的折弯标注。(设置半径折弯角度 45°,折弯高度因子 2.5)

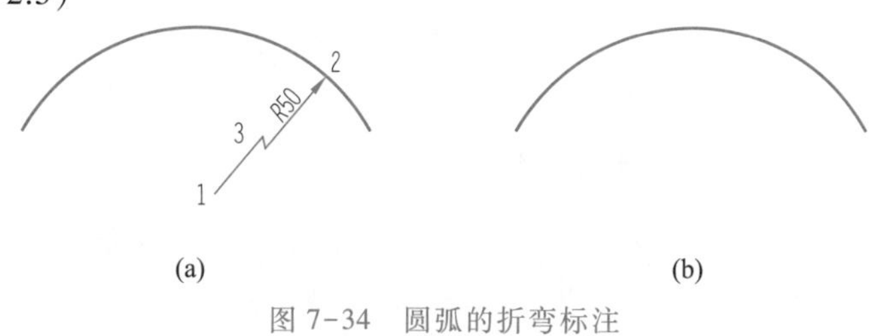

图 7-34　圆弧的折弯标注

微课

折弯标注和圆心标记

解:执行折弯标注命令,标注样式中设置半径折弯角度45°,折弯高度因子2.5。

选择圆弧;提示指定图示中心位置时,单击1点;提示指定尺寸线位置时,单击2点;提示指定折弯位置时单击3点。

2. 圆心标记

(1) 执行方式

菜单栏:标注(N)→圆心标记(M)

工具栏:

命令行:DIMCENTER

(2) 操作步骤

命令:_dimcenter

选择圆弧或圆:(选择要标注圆心的圆弧或圆)

圆心标记选项组中选择标记选项或直线选项的效果如图7-35所示。

(a) 标记选项

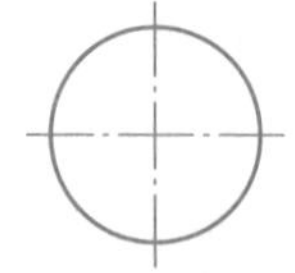

(b) 直线选项

图7-35 圆心标记和中心线标注

微课

基线标注

七、基线标注

基线标注用于产生一系列基于同一尺寸延伸线的尺寸标注,适用于长度尺寸、角度和坐标标注。在使用基线标注方式之前,应该先标注出一个相关的尺寸作为基准标注。

1. 执行方式

菜单栏:标注(N)→基线(B)

工具栏:

命令行:DIMBASELINE(快捷命令:DBA)

2. 操作步骤

命令行提示与操作如下:

命令:DIMBASELINE ↙

指定第二条尺寸延伸线原点或[放弃(U)/选择(S)]<选择>:

3. 选项说明

(1) 指定第二条尺寸延伸线原点:直接确定另一个尺寸的第二条尺寸延伸线的起点,AutoCAD以上次标注的尺寸为基准标注,标注出相应尺寸。

(2) 选择(S):在上述提示下直接按Enter键,命令行提示如下:

选择基准标注:选择作为基准的尺寸标注。

例题:按图7-36a所示,标注图7-36b阶梯图形的基线标注。

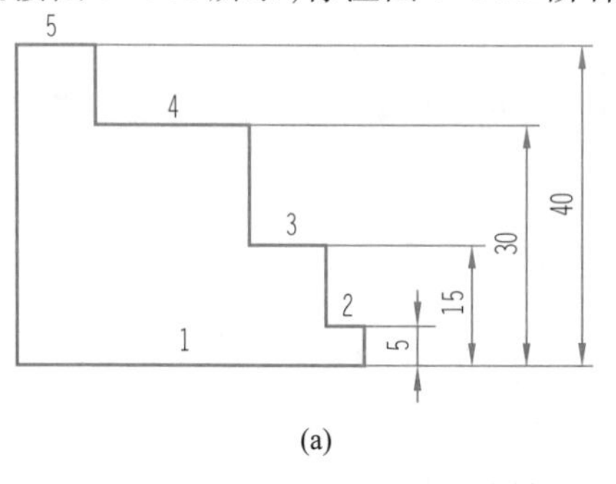

(a)

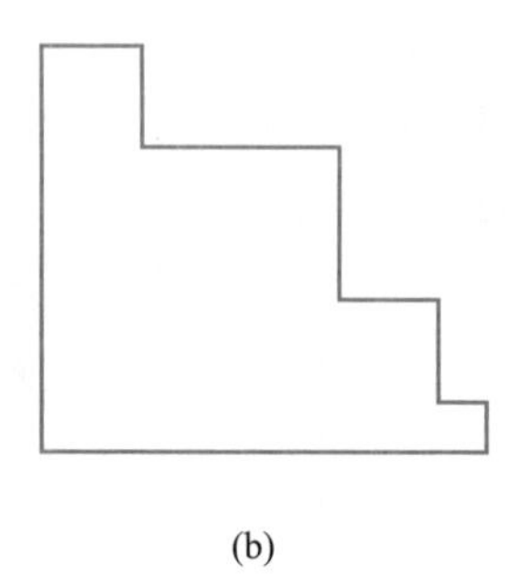

(b)

图7-36 阶梯图形的基线标注

解:命令行及操作提示:

选择设置好的标注样式和标注层。

(1) 线性标注直线 1 和直线 2 之间的距离,可将标注值 5 手动移动至尺寸界线之间。

(2) 基线标注

命令:_dimbaseline (选择基线标注)

指定第二条延伸线原点或 [放弃(U)/选择(S)]<选择>:(选择直线 3)

标注文字=15

指定第二条延伸线原点或 [放弃(U)/选择(S)]<选择>:(选择直线 4)

标注文字=30

指定第二条延伸线原点或 [放弃(U)/选择(S)]<选择>:(选择直线 5)

标注文字=40

指定第二条延伸线原点或 [放弃(U)/选择(S)]<选择>:(按 Enter 键结束)

八、连续标注

微课

连续标注

连续标注又叫尺寸链标注,用于产生一系列连续的尺寸标注,后一个尺寸标注均把前一个标注的第二条尺寸延伸线作为它的第一条尺寸延伸线。适用于长度型尺寸、角度型和坐标标注。在使用连续标注方式之前,应该先标注出一个相关的尺寸作为基准标注。

1. 执行方式

菜单栏:标注(N)→连续(C)

工具栏:

命令行:DIMCONTINUE(快捷命令:DCO)

2. 操作步骤

命令行提示与操作如下:

命令:DIMCONTINUE ↙

指定第二条尺寸延伸线原点或[放弃(U)/选择(S)]<选择>:

3. 选项说明

(1) 指定第二条尺寸延伸线原点:直接确定另一个尺寸的第二条尺寸延伸线的起点,AutoCAD 以上次标注的尺寸为基准标注,标注出相应尺寸。

(2) 选择(S):在上述提示下直接按 Enter 键,命令行提示如下:

选择基准标注:选择作为基准的尺寸标注。

例题:按图 7-37a 所示,标注图 7-37b 阶梯图形的连续标注。

解:命令行及操作提示:

选择设置好的标注样式和标注层

(1) 线性标注直线 1 和直线 2 之间的距离。

(2) 连续标注

命令:_dimcontinue (选择连续标注)

指定第二条延伸线原点或 [放弃(U)/选择(S)]<选择>:(选择直线 3)

标注文字=20

指定第二条延伸线原点或 [放弃(U)/选择(S)]<选择>:(选择直线 4)

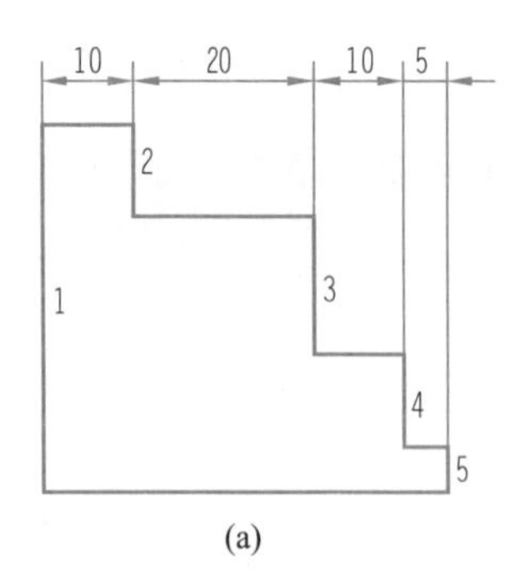

(a)

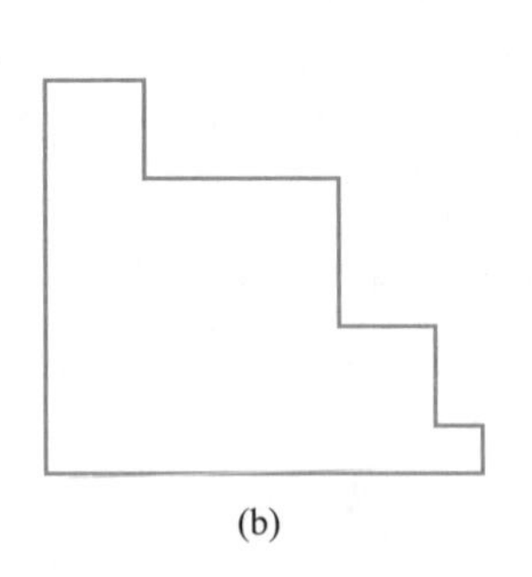

(b)

图 7-37 阶梯图形的连续标注

标注文字 = 10

指定第二条延伸线原点或［放弃(U)/选择(S)］<选择>:(选择直线 5,可将标注值 5 手动移动至尺寸界线之间)

标注文字 = 5

指定第二条延伸线原点或［放弃(U)/选择(S)］<选择>:(按 Enter 键结束)

微课

快速标注

九、快速标注

快速标注命令用于从选定对象中快速创建一组标注。用户可以同时选择多个圆或圆弧标注直径或半径,也可同时选择多个对象进行基线标注和连续标注,选择一次即可完成多个标注,从而有效提高工作效率。

1. 执行方式

菜单栏:标注(N)→快速标注(Q)

工具栏:

命令行:QDIM

2. 操作步骤

命令行提示与操作如下:

命令:QDIM ↙

选择要标注的几何图形:(选择要标注尺寸的多个对象)

指定尺寸线位置或[连续(C)/并列(S)/基线(B)/坐标(O)/半径(R)/直径(D)/基准点(P)/编辑(E)/设置(T)]<基线>:

3. 选项说明

(1) 指定尺寸线位置:直接确定尺寸线的位置,系统在该位置按默认的尺寸标注类型标注出相应的尺寸。

(2) 连续(C):产生一系列连续标注的尺寸。选择此选项,系统提示用户选择要进行标注的对象,选择完成后按 Enter 键,返回上面的提示,给定尺寸线位置,完成连续尺寸标注。

(3) 并列(S):产生一系列交错的尺寸标注。

(4) 基线(B):产生一系列基线标注尺寸。

(5) 坐标(O):产生一系列坐标标注尺寸。

(6) 半径(R):产生一系列半径标注尺寸。

(7) 直径(D):产生一系列直径标注尺寸。

(8) 基准点(P):为基线标注和连续标注指定一个新的基准点。

(9) 编辑(E):对多个尺寸标注进行编辑。AutoCAD 允许对已存在的尺寸标注添加或移去尺寸点。选择此选项,命令行提示如下:

指定要删除的标注点或[添加(A)/退出(X)]<退出>:

在此提示下确定要移去的点后按 Enter 键,系统对尺寸标注进行更新。

(10) 设置(T):确定关联标注优先级是端点还是交点。

例题 1:按图 7-38a 所示,用快速标注命令标注图 7-38b 阶梯轴图形的基线长度标注。

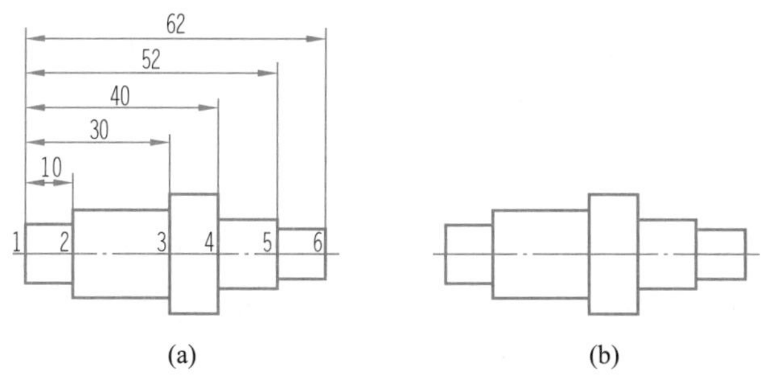

图 7-38 快速标注阶梯轴基线长度尺寸

解:命令行及操作提示:

选择设置好的标注样式和标注层

命令:_qdim

关联标注优先级=端点

选择要标注的几何图形:找到 1 个(选择竖直线 1)

选择要标注的几何图形:找到 1 个,总计 2 个(选择竖直线 2)

依次选择竖直线 4、5、6,标注的几何图形总计 6 个

选择要标注的几何图形:(按 Enter 键)

指定尺寸线位置或[连续(C)/并列(S)/基线(B)/坐标(O)/半径(R)/直径(D)/基准点(P)/编辑(E)/设置(T)]<连续>:b(选择基线标注)

指定尺寸线位置或[连续(C)/并列(S)/基线(B)/坐标(O)/半径(R)/直径(D)/基准点(P)/编辑(E)/设置(T)]<基线>:(指定标注尺寸位置)

例题 2:按图 7-39a 所示,用快速标注命令标注图 7-39b 多个圆的直径。

解:命令行及操作提示

选择设置好的标注样式和标注层

命令:_qdim

关联标注优先级=端点

选择要标注的几何图形:找到 1 个(选择中心的圆)

依次选择均布的第 1、2、3 个圆,标注的几何图形总计 4 个

选择要标注的几何图形:(按 Enter 键)

指定尺寸线位置或[连续(C)/并列(S)/基线(B)/坐标(O)/半径(R)/直径(D)/

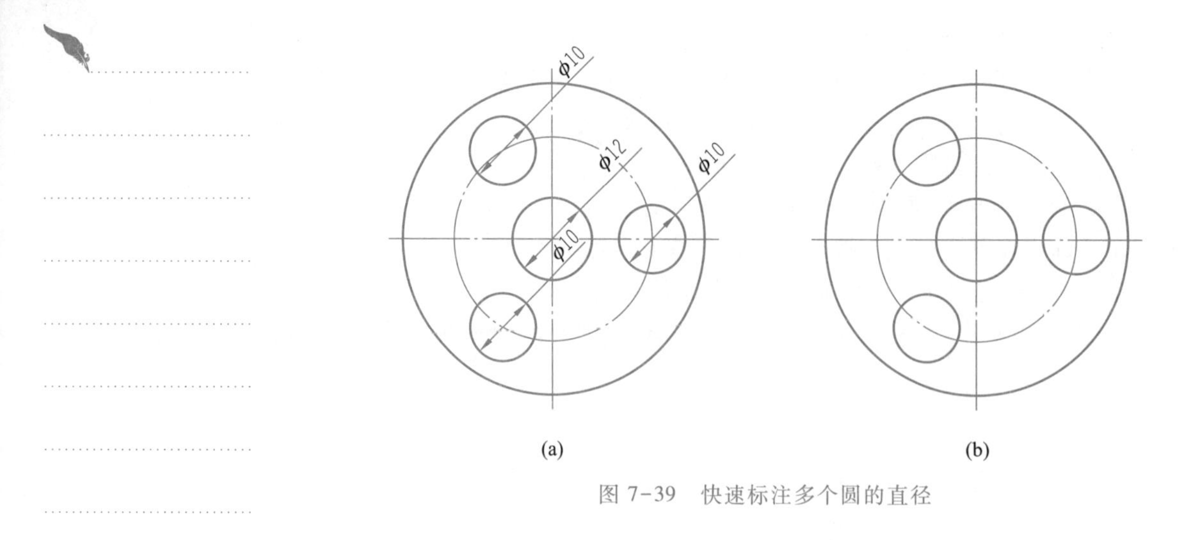

图 7-39 快速标注多个圆的直径

基准点(P)/编辑(E)/设置(T)]<连续>:d(选择直径选项)

指定尺寸线位置或[连续(C)/并列(S)/基线(B)/坐标(O)/半径(R)/直径(D)/基准点(P)/编辑(E)/设置(T)]<直径>:(指定标注尺寸位置)

第三节 编辑引线标注

一、一般引线标注

微课

一般引线标注

利用 LEADER 命令可以创建灵活多样的引线标注形式,可根据需要把指引线设置为折线或曲线。指引线可带箭头,也可不带箭头。注释文本可以是多行文本、形位公差,或从图形其他部位复制,也可以是一个图块。

1. 执行方式

命令行:LEADER(快捷命令:LEAD)

2. 操作步骤

命令行提示与操作如下:

命令:LEADER ↙

指定引线起点:(输入指引线的起始点)

指定下一点:(输入指引线的另一点)

指定下一点或[注释(A)/格式(F)/放弃(U)]<注释>:

3. 选项说明

(1) 指定下一点:直接输入一点,系统根据前面的点绘制出折线作为指引线。

(2) 注释(A):输入注释文本,为默认项。在此提示下直接按 Enter 键,命令行提示如下:

输入注释文字的第一行或<选项>:

1) 输入注释文字:在此提示下输入第一行文字后按 Enter 键,用户可继续输入第二行文字,如此反复执行,直到输入全部注释文字,然后在此提示下直接按 Enter 键,系统会在指引线终端标注出所输入的多行文本文字,结束 LEADER 命令。

2）直接按键：若在提示下直接按 Enter 键，命令行提示如下：

输入注释选项[公差(T)/副本(C)/块(B)/无(N)/多行文字(M)]<多行文字>：

在此提示下选择一个注释选项或直接按 Enter 键默认选择“多行文字”选项，其他各选项的含义如下。

① 公差(T)：标注形位公差。

② 副本(C)：把已利用 LEADER 命令创建的注释复制到当前指引线的末端。选择该选项，命令行提示如下：

选择要复制的对象：

在此提示下选择一个已创建的注释文本，则系统把它复制到当前指引线的末端。

③ 块(B)：插入块，把已经定义好的图块插入到指引线的末端。选择该选项，命令行提示如下：

输入块名或[?]：

在此提示下输入一个已定义好的图块名，系统把该图块插入到指引线的末端；或输入“?”，列出当前已有图块，用户可从中选择。

④ 无(N)：不进行注释，没有注释文本。

⑤ 多行文字(M)：用多行文本编辑器标注注释文本，并定制文本格式，为默认选项。

(3)格式(F)：确定指引线的形式。选择该选项，命令行提示如下：

输入引线格式选项[样条曲线(S)/直线(ST)/箭头(A)/无(N)]<退出>：

选择指引线形式，或直接按 Enter 键返回上一级提示。

① 样条曲线(S)：设置指引线为样条曲线。

② 直线(ST)：设置指引线为折线。

③ 箭头(A)：在指引线的起始位置画箭头。

④ 无(N)：在指引线的起始位置不画箭头。

⑤ 退出：默认选项，选择该选项退出“格式(F)”选项，返回“指定下一点或[注释(A)/格式(F)/放弃(U)]<注释>”提示，并且指引线形式按默认方式设置。

例题：按图 7-40a 所示，标注图 7-40b 的引线标注。

解：命令行及操作提示：

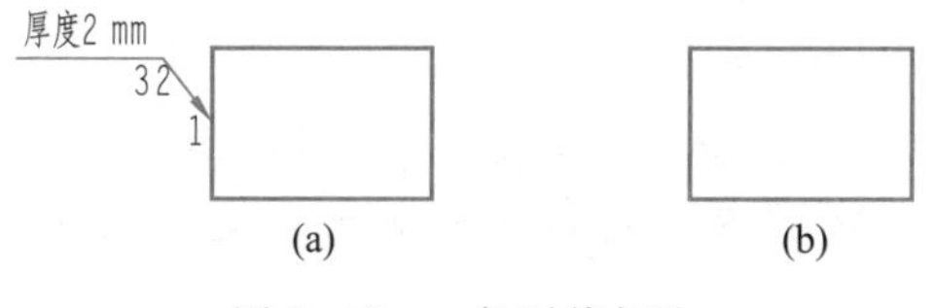

图 7-40　一般引线标注

选择“宋体”文字样式(宋体文字样式已经提前设好)

命令：leader

指定引线起点：(选择图中左侧竖直线上一点，如 1 点)

指定下一点：(指定指向的下一点位置，如 2 点)

指定下一点或[注释(A)/格式(F)/放弃(U)]<注释>：<正交 开>(指定水平指向

的下一点位置,如 3 点)

指定下一点或[注释(A)/格式(F)/放弃(U)]<注释>:(按 Enter 键或鼠标左键)

输入注释文字的第一行或<选项>:厚度 2mm(输入文字“厚度 2mm”)

输入注释文字的下一行:(按 Enter 键两次,结束命令)

快速引线标注

二、快速引线标注

利用 QLEADER 命令可快速生成指引线及注释,而且可以通过命令行优化对话框进行用户自定义,由此可以消除不必要的命令行提示,提高绘图的工作效率。

1. 执行方式

命令行:QLEADER(快捷命令:LE)

2. 操作步骤

命令行提示与操作如下。

命令:QLEADER ↙

指定第一个引线点或[设置(S)]<设置>:

3. 选项说明

(1) 指定第一个引线点:在命令行提示下确定一点作为指引线的第一点,命令行提示如下:

指定下一点:(输入指引线的第二点)

指定下一点:(输入指引线的第三点)

系统提示用户输入点的数目由“引线设置”对话框确定,如图 7-41 所示。输入完指引线的点后,命令行提示如下。

指定文字宽度<0.0000>:(输入多行文本文字的宽度)

输入注释文字的第一行<多行文字(M)>:

此时,有两种命令输入选择,含义如下:

① 输入注释文字的第一行:在命令行输入第一行文本文字,命令行提示如下。

输入注释文字的下一行:输入另一行文本文字

输入注释文字的下一行:输入另一行文本文字或按 Enter 键

② 多行文字(M):打开多行文字编辑器,输入编辑多行文字。

输入全部注释文本后,在此提示下直接按 Enter 键,系统结束 QLEADER 命令,并把多行文本标注在指引线的末端附近。

(2) 设置(S):在命令行提示下直接按 Enter 键或输入“S”,系统打开如图 7-42 所示“引线设置”对话框,允许对引线标注进行设置。该对话框包含“注释”“引线和箭头”“附着”3 个选项卡。

① “注释”选项卡(图 7-41):用于设置引线标注中注释文本的类型、多行文本的格式并确定注释文本是否多次使用。

② “引线和箭头”选项卡(图 7-42):用于设置引线标注中指引线和箭头的形式。其中“点数”选项组用于设置执行 QLEADER 命令时,系统提示用户输入的点的数目。例如,设置点数为 3,执行 QLEADER 命令时,当用户在提示下指定 3 个点后,系统自动提示用户输入注释文本。

图 7-41　“引线设置”对话框

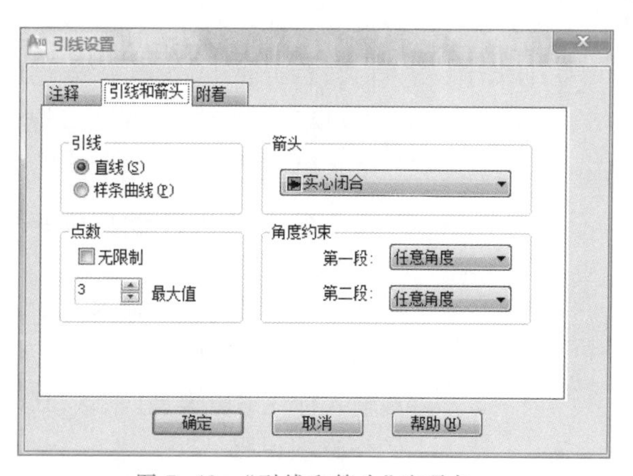

图 7-42　“引线和箭头”选项卡

注意:设置的点数要比用户希望的指引线段数多 1。可利用微调框进行设置,如果勾选“无限制”复选框,则系统会一直提示用户输入点直到连续按 Enter 键两次为止。“角度约束”选项组设置第一段和第二段指引线的角度约束。

③ “附着”选项卡(图 7-43):用于设置注释文本和指引线的相对位置。如果最后一段指引线指向右边,系统自动把注释文本放在右侧;如果最后一段指引线指向左边,系统自动把注释文本放在左侧。利用本选项卡左侧和右侧的单选钮分别设置位于左侧和右侧的注释文本与最后一段指引线的相对位置,二者可相同也可不相同。

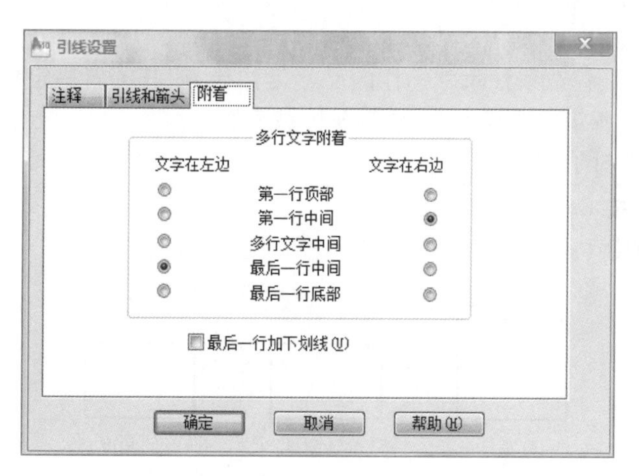

图 7-43　“附着”选项卡

第四节　编辑尺寸标注

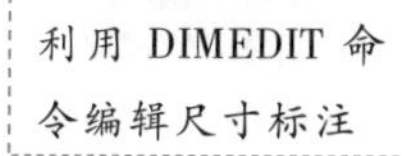

一、利用 DIMEDIT 命令编辑尺寸标注

系统允许对已经创建好的尺寸标注进行编辑修改。利用 DIMEDIT 命令用户可以修改已有尺寸标注的文本内容、把尺寸文本倾斜一定的角度,还可以对尺寸延伸线进行修改,使其旋转一定角度从而标注一段线段在某一方向上的投影尺寸。DIMEDIT 命

令可以同时对多个尺寸标注进行编辑。

1. 执行方式

菜单栏:标注(N)→对齐文字(X)→默认(H)

工具栏:

命令行:DIMEDIT(快捷命令:DED)

2. 操作步骤

命令行提示与操作如下。

命令:DIMEDIT↙

输入标注编辑类型[默认(H)/新建(N)/旋转(R)/倾斜(O)]<默认>:

3. 选项说明

(1) 默认(H):按尺寸标注样式中设置的默认位置和方向放置尺寸文本,如图 7-44a 所示。选择此选项,命令行提示如下:

选择对象:选择要编辑的尺寸标注

(2) 新建(N):选择此选项,系统打开多行文字编辑器,可利用此编辑器对尺寸文本进行修改。

(3) 旋转(R):改变尺寸文本行的倾斜角度。尺寸文本的中心点不变,使文本沿指定的角度方向倾斜排列,如图 7-44b 所示。选择此选项,命令行提示如下:

指定标注文字的角度:(输入旋转角度)

选择对象:找到 1 个

选择对象:(按 Enter 键)

(4) 倾斜(O):修改线性尺寸标注的尺寸延伸线,使其倾斜一定角度,与尺寸线不垂直,如图 7-44c 所示。选择此选项,命令行提示如下:

选择对象:找到 1 个

选择对象:(按 Enter 键)

输入倾斜角度 (按 Enter 键表示无):(输入倾斜角度)

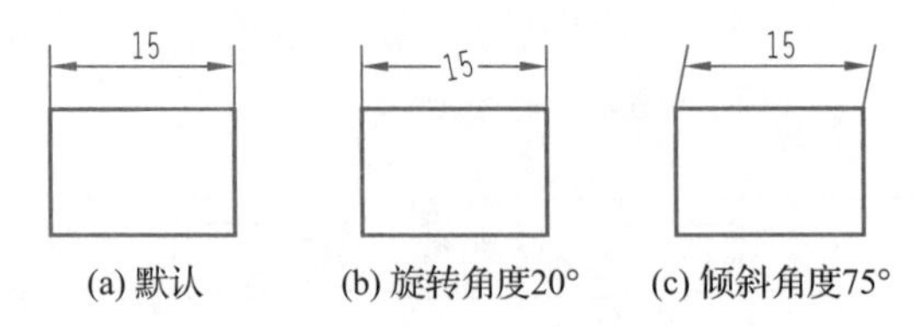

(a) 默认　(b) 旋转角度20°　(c) 倾斜角度75°

图 7-44　DIMEDIT 命令编辑尺寸标注

微课

利用 DIMTEDIT 命令编辑尺寸标注

二、利用 DIMTEDIT 命令编辑尺寸标注

利用 DIMTEDIT 命令可以改变尺寸文本的位置,使其位于尺寸线上的左端、右端或中间,而且可使文本倾斜一定的角度。

1. 执行方式

菜单栏:标注(N)→对齐文字(X)→除默认(H)外的其他命令

工具栏:

命令行:DIMTEDIT(快捷命令:DIMTED)

2. 操作步骤

命令行提示与操作如下。

命令:DIMTEDIT ↙

选择标注:选择一个尺寸标注

指定标注文字的新位置或[左(L)/右(R)/中心(C)/默认(H)/角度(A)]:

3. 选项说明

(1) 指定标注文字的新位置:更新尺寸文本的位置,用鼠标把文本拖到新的位置。

(2) 左(L):使尺寸文本沿尺寸线向左对齐,如图 7-45a 所示。此选项只对线性、半径型、直径型尺寸标注起作用(亦可通过拖动鼠标变动尺寸文本的位置)。

(3) 右(R):使尺寸文本沿尺寸线向右对齐,如图 7-45b 所示。

(4) 中心(C):把尺寸文本放在尺寸线上的中间位置,如图 7-45c 所示。

(5) 默认(H):把尺寸文本按默认位置放置。

(6) 角度(H):改变尺寸文本行的倾斜角度。

15　　15　　15

(a) 向左对齐　(b) 向右对齐　(c) 中心

图 7-45　利用 DIMTEDIT 命令编辑尺寸标注

即测即评七

第八章
图块的应用与设计中心

第一节 图块的应用

一、图块的定义

图块是由一个或多个对象组合而成的一个被整体命名保存的对象，需要时可以作为一个对象进行编辑修改等操作，可以任意比例和旋转角度插入到图中的任意位置。

课件

图块的应用与设计中心

1. 执行方式

功能区：常用→块→创建

菜单栏：绘图→块→创建

工具栏：绘图→

命令行：BLOCK（快捷命令：B）

执行上述操作后，系统打开如图 8-1 所示的“块定义”对话框。

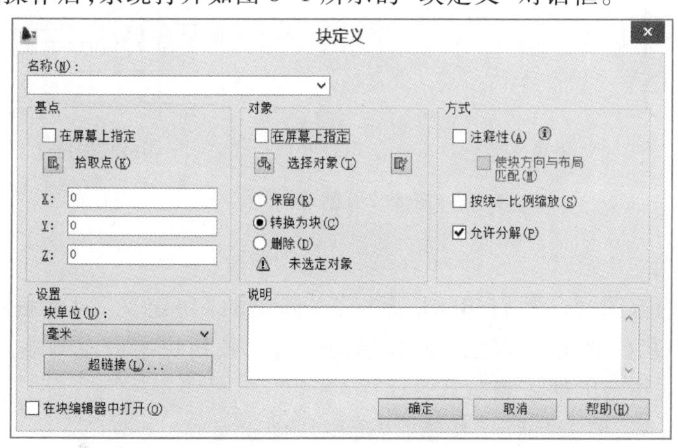

图 8-1 “块定义”对话框

微课

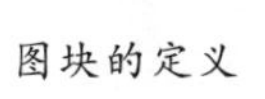

图块的定义

2. 选项说明

(1)“名称”文本框:指定要插入块的名称,或指定要作为块插入的文件的名称。

(2)“基点”选项组:确定图块的基点,默认值是(0,0,0),也可以在下面的X、Y、Z文本框中输入块的基点坐标值。

单击 拾取点(K) 按钮,系统临时切换到绘图区,在绘图区选择一点后,返回“块定义”对话框,把选择的点作为图块的放置基点。

(3)“对象”选项组:用于选择制作图块的对象,以及设置图块对象的相关属性。

单击“保留”单选按钮:创建块以后,将选定对象保留在图形中作为区别对象;

单击“转换为块”单选按钮:创建块以后,将选定对象转换成图形中的块实例;

单击“删除”单选按钮:创建块以后,从图形中删除选定的对象。

(4)“方式”选项组:指定块的行为。

选中“注释性”复选框:指定在图纸空间中块参照的方向与布局方向匹配;

选中“按统一比例缩放”复选框:指定组织块参照按统一比例缩放;

选中“允许分解”复选框:指定块参照可以被分解。

(5)“设置”选项组:指定从AutoCAD设计中心拖动图块时用于测量图块的单位,以及超链接设置。

(6)“在块编辑中打开”复选框:选中该复选框,可以在块编辑器中定义动态块。

二、创建图块

微课

创建图块

以常闭按钮SB_2(见图8-2a)为例,创建图块。

1. 画常闭按钮

按图8-2b所示标注画出常闭按钮SB_2图形。

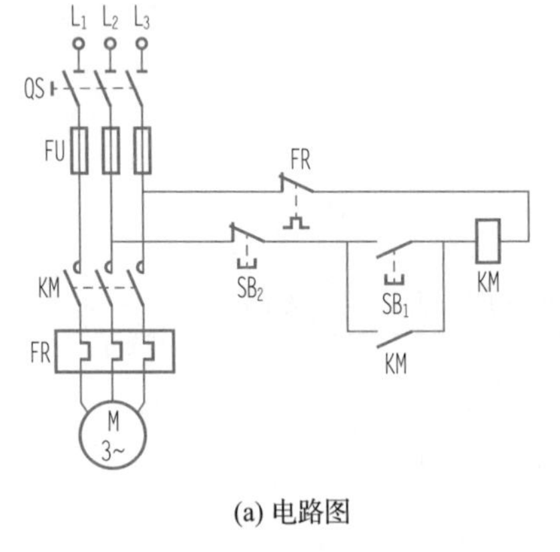

(a) 电路图

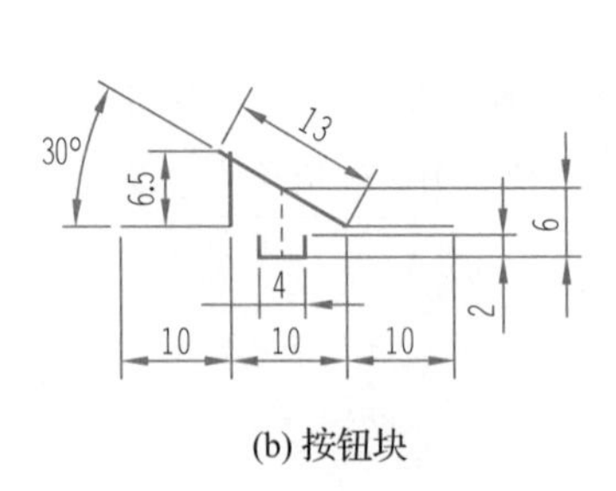

(b) 按钮块

图8-2 创建图块

2. 创建图块

(1) 创建内部图块。执行Block命令,在弹出的“块定义”对话框中设置块参数(图8-3),其中基点设置,建议用户指定基点为常闭按钮块中最左侧端点,以便在插入块时使块基点与指定的插入点对齐。

参数设置完毕,单击“确定”按钮,内部图块创建完成。

(2) 创建外部图块。在AutoCAD中使用Wblock(写块)命令可以创建外部图块。

执行 Wblock 命令的方法为:在命令行输入命令 Wblock 或者快捷命令 W。

执行 Wblock 命令后,弹出“写块”对话框,设置相关参数(图 8-4),基点、对象设置同上,在“文件名和路径”参数中设置图块的名称和保存到磁盘的路径。

参数设置完毕,单击“确定”按钮,外部图块创建完成。

(a) 基点设置　　　　(b) 常规设置

图 8-3　创建内部块

图 8-4　创建外部块

说明:

创建的内部图块仅能作为块插入到创建图块的图形文件中;而创建的外部图块,

是以图形文件的形式保存到磁盘中，它可以作为块插入到任何其他图形文件中。

三、创建带属性的块

微课

创建带属性的块

块属性是指图块所包含的附加文字信息，其内容可在图块插入时更改。仍以常闭按钮 SB_2 为例定义块属性。

1. 常用执行方式

功能区：常用→块→定义属性

菜单栏：绘图→块→定义属性

命令行：Attdef(快捷命令：ATT)

执行上述操作后，系统将弹出如图 8-5 所示的“属性定义”对话框，在其中设置相关参数。

(a) 属性定义对话框

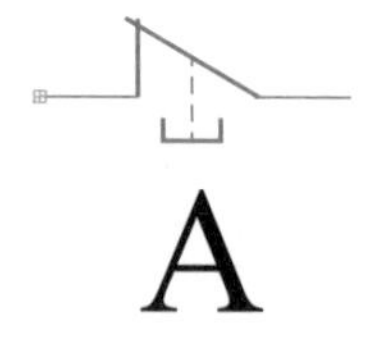

(b) 带属性的块

图 8-5 定义块属性

2. 设置属性

“模式”选项按照默认参数设置，选中“锁定位置”复选框。因为在动态块中，由于属性的位置包括在动作的选择集中，因此必须将其锁定。在“标记”文本框中，可输入A，“提示”文本框中输入常闭按钮。属性提示是插入图块时系统要求输入属性值的提示，若不输入文字，则以属性标签作为提示。如果在“模式”选项组中选中“固定”复选框，即设置属性为常量，不需设置属性提示。“默认”文本框，可不设默认值，也可把使用次数较多的属性值作为默认值。

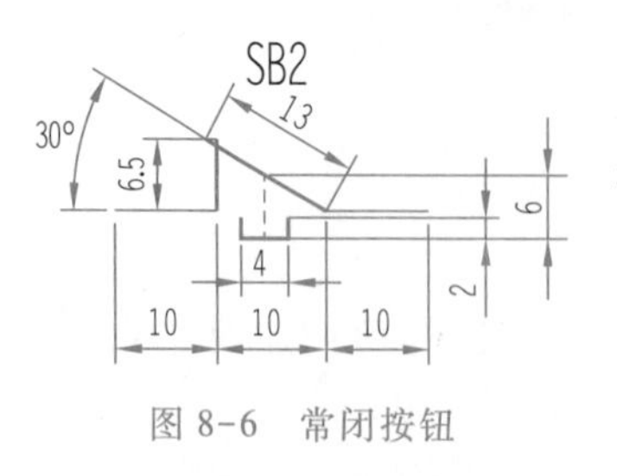

图 8-6 常闭按钮

3. 创建带属性的块实例

以常闭按钮 SB_2 为例，创建带属性的外部块“常闭按钮 1”，如图 8-5b 所示。

(1) 绘制常闭按钮，如图 8-6 所示。

(2) 定义块属性，如图 8-5 所示。

(3) 创建带属性的外部块，如图 8-7 所示。

图 8-7　创建带属性的块

四、插入图块

1. 常用执行方式

功能区:常用→块→插入

菜单栏:插入→块

工具栏:

命令行:INSERT(快捷命令:I)

执行上述操作后,系统弹出“插入”对话框,如图 8-8 所示。在对话框中选择要插入的图块的名称,指定插入位置、插入比例和插入角度,插入图块。

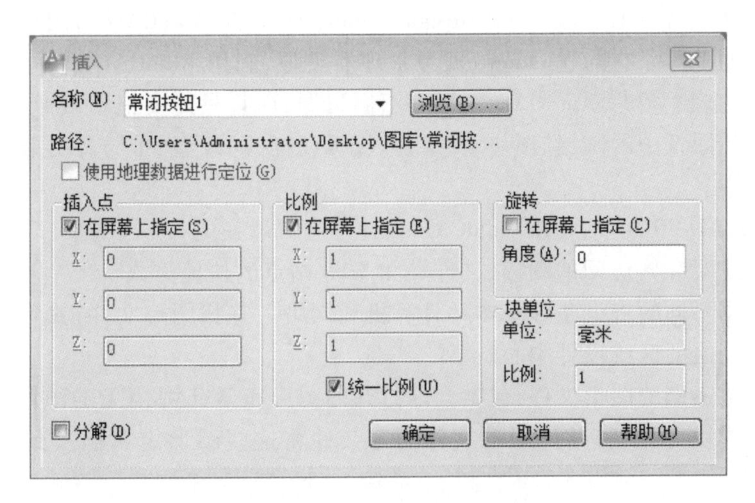

图 8-8　插入图块对话框

2. 操作步骤

执行命令，在“直接起动、停止的控制电路”中插入块“常闭按钮 SB_2”。插入图块前后的图形如图 8-9 所示。

命令：INSERT(快捷命令：I)

指定插入点或［基点(B)/比例(S)/旋转(R)］：

输入属性值

常闭按钮 1：<SB>：SB2

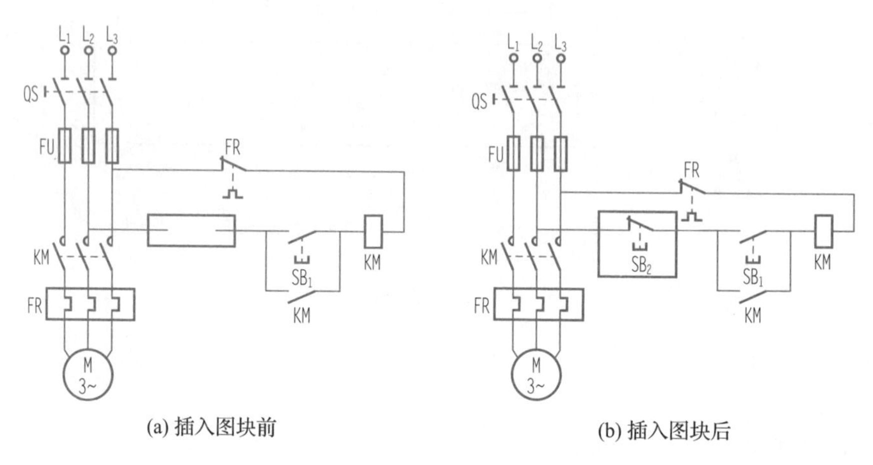

(a) 插入图块前　　(b) 插入图块后

图 8-9 插入图块

第二节 设计中心

微课

设计中心

一、设计中心概述

AutoCAD 设计中心(AutoCAD Design Center, ADC)是 AutoCAD 为用户提供的一个直观且高效的工具。它与 Windows 资源管理器类似，利用 AutoCAD 设计中心，用户不仅可以浏览、查找、管理 AutoCAD 图形等不同资源，而且只需要拖动鼠标，就可以轻松地将一张设计图纸中的图层、图块、文字样式、标注样式、线型、布局及图形等复制到当前图形文件中。

在 AutoCAD 2010 中，使用 AutoCAD 设计中心可以完成如下工作：

(1) 创建对频繁访问的图形、文件夹和 Web 站点的快捷方式。

(2) 根据不同的查询条件在本地计算机和网络上查找图形文件，找到后可以将它们直接加载到绘图区或设计中心。

(3) 浏览不同的图形文件，包括当前打开的图形和 Web 站点上的图形库。

(4) 查看块、图层和其他图形文件的定义并将这些图形定义插入到当前图形文件中。

(5) 通过控制显示方式来控制设计中心控制板的显示效果，还可以在控制板中显示与图形文件相关的描述信息和预览图像。

二、启动设计中心

启动设计中心：

命令行：ADCENTER

菜单栏：在快速访问工具栏选择“显示菜单栏”命令，在弹出的菜单中选择“工具”→“选项板”→“设计中心”命令

快捷方式：Ctrl+2

执行上述操作后，系统将弹出如图 8-10 所示的“设计中心”对话框。

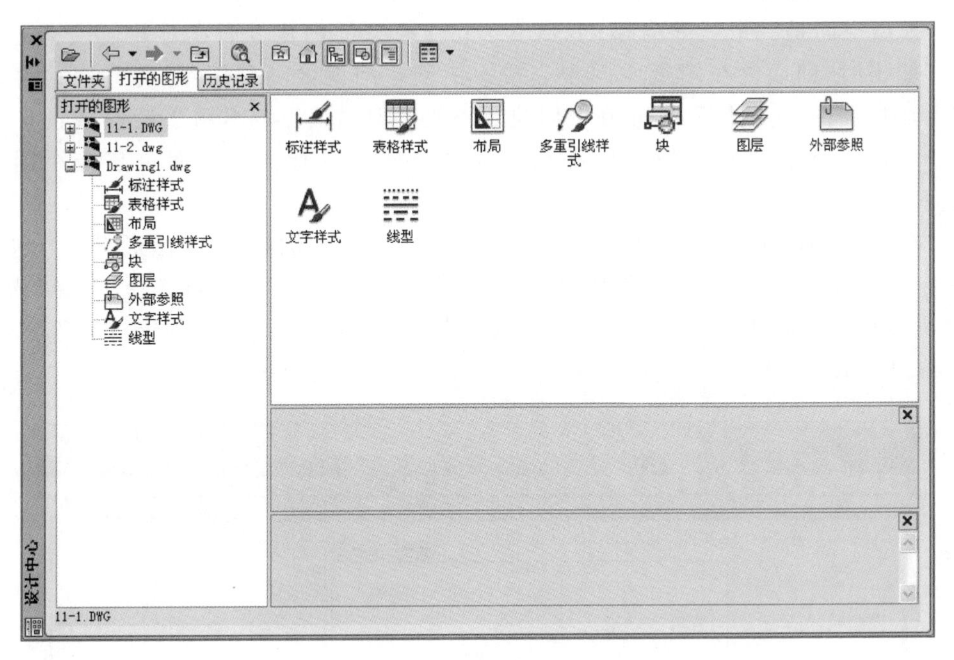

图 8-10 “设计中心”对话框

AutoCAD 设计中心窗口组成：

（1）树状视图框。树状视图框用于显示系统内的所有资源。

（2）内容框。内容框又称控制板，当在树状视图框中选中某一项时，AutoCAD 会在内容框中显示所选项的内容。

（3）工具栏。工具栏位于窗口上边，由“打开”“后退”“向前”“上一级”“搜索”“收藏夹”“树状视图框切换”“预览”“说明”“视图”等按钮组成。

（4）选项卡。AutoCAD 设计中心有“文件夹”“打开的图形”“历史记录”三个选项卡。

三、设计中心图形复制

利用 AutoCAD 设计中心，可以方便地将某一图形中的图层、线型、文字样式、尺寸样式及图块通过鼠标拖放添加到当前图形中。

操作方法：在内容框或通过“查询”对话框找到对应内容，然后将它们拖动到当前打开图形的绘图区后放开按键，即可将所选内容复制到当前图形中。

如果所选内容为图块文件，拖动到指定位置松开左键后，即完成插入图块操作。

也可以使用复制粘贴的方法:在设计中心的内容框中,选择要复制的内容,再用鼠标右键单击所选内容,打开右键菜单,在右键菜单中选择“复制”选项,然后单击主窗口工具栏中的“粘贴”按钮,所选内容即被复制到当前图中。

第三节 模型空间与图纸空间

微课

模型空间与图纸空间概述

一、模型空间与图纸空间概述

模型空间是一个三维空间,主要用于几何模型的构建。而在对几何模型进行打印输出时,则通常在图纸空间中完成。图纸空间就像一张图纸,打印之前可以在上面排放图形。图纸空间用于创建最终的打印布局,而不用于绘图或设计工作。前面各章节中所有的操作都是在模型空间中进行的。下面重点介绍图纸空间。

在 AutoCAD 2010 中,图纸空间是以布局的形式来使用的。一个图形文件可包含多个布局,每个布局代表一张单独的打印输出图纸。在绘图区域底部选择“布局”选项卡,就能查看相应的布局。选择“布局”选项卡,就可以进入相应的图纸空间环境,如图 8-11所示。

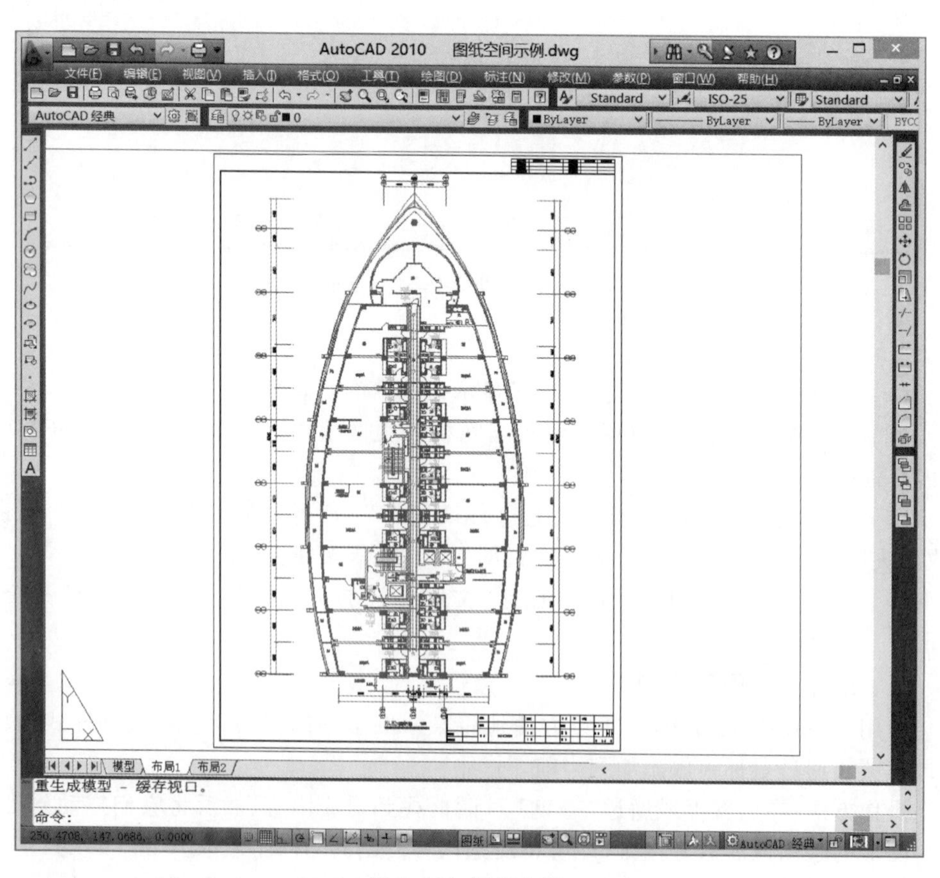

图 8-11 图纸空间

在图纸空间中，用户可随时选择“模型”选项卡（或在命令窗口输入 model）来返回模型空间，也可以在当前布局中创建浮动视图来访问模型空间。浮动视图相当于模型空间中的视图对象，用户可以在浮动视图中处理模型空间的对象。在模型空间中的所有修改都将反映到所有图纸空间视图中。

二、创建布局之新建布局

微课

创建布局之新建布局

在建立新图形的时候，AutoCAD 会自动建立一个“模型”选项卡和两个“布局”选项卡。其中，“模型”选项卡用来在模型空间中建立和编辑图形，该选项卡不能删除，也不能重命名；“布局”选项卡用来编辑打印图形的图纸，其个数没有限制，且可以重命名。

创建布局有三种方法：新建布局、使用样板、利用向导。

新建布局的方法：

鼠标在“布局”选项卡上右击，在弹出的快捷菜单中选择“新建布局”，系统会自动添加“布局 3”的布局。

三、创建布局之使用样板

微课

创建布局之使用样板

使用布局样板创建布局的操作如下：

（1）在下拉菜单“插入”→“布局”中选择“来自样板的布局”，系统弹出如图 8-12 所示的“从文件选择样板”对话框。在该对话框中选择适当的图形文件样板，单击“打开”按钮。

（2）系统弹出如图 8-13 所示的“插入布局”对话框。在“布局名称”下选择适当的布局，单击“确定”按钮，插入该布局。

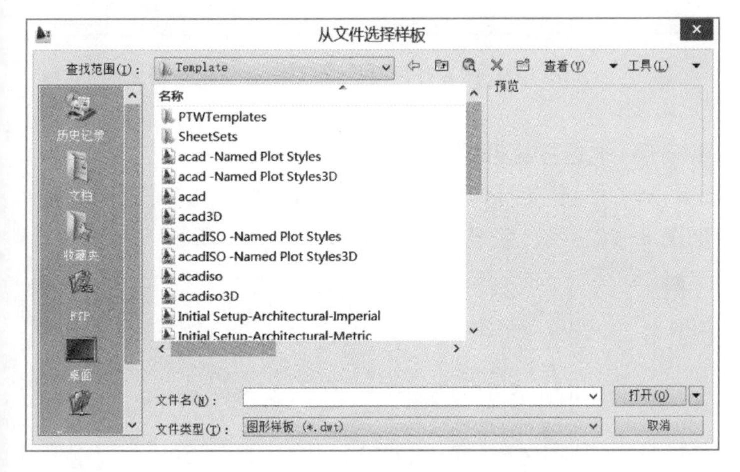

图 8-12 “从文件选择样板”对话框

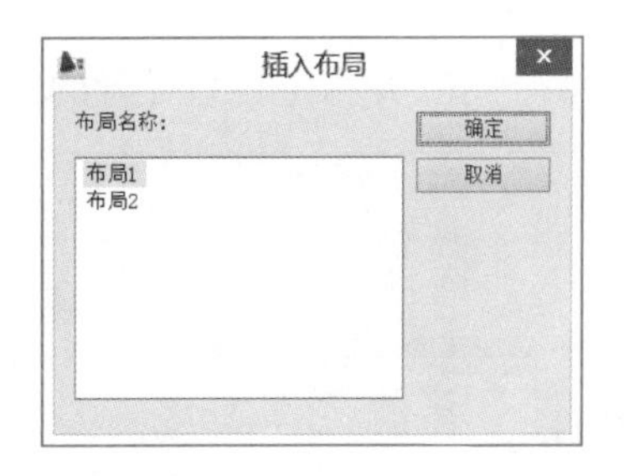

图 8-13 “插入布局”对话框

四、创建布局之利用向导

微课

创建布局之利用向导

（1）在下拉菜单“插入”→“布局”中选择“布局向导”，系统弹出如图 8-14 所示的对话框。在对话框中输入新布局名称，单击“下一步”按钮。

（2）在弹出的如图 8-15 所示的对话框中，选择打印机，单击“下一步”按钮，弹出如图 8-16 所示的对话框。在此对话框中选择图纸尺寸、图形单位，单击“下一步”按钮，弹出如图 8-17 所示的对话框，然后指定打印方向，并单击“下一步”按钮。

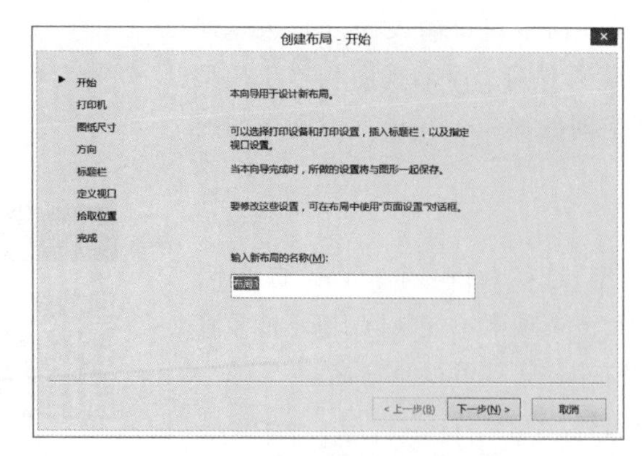

图 8-14 利用布局向导创建布局之一

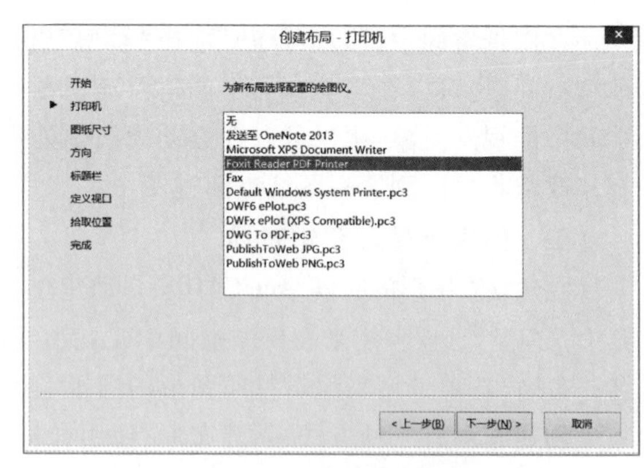

图 8-15 利用布局向导创建布局之二

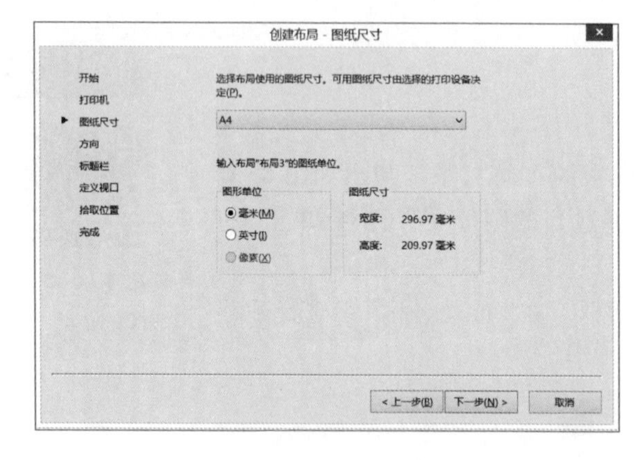

图 8-16 利用布局向导创建布局之三

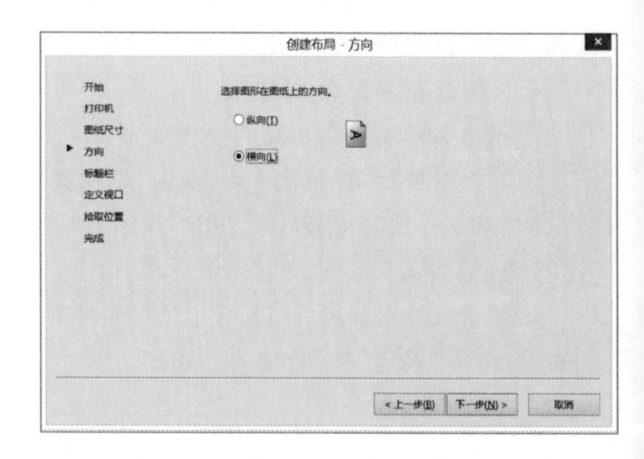

图 8-17 利用布局向导创建布局之四

（3）在弹出的对话框（图 8-18）中选择标题栏，单击“下一步”按钮。

（4）在弹出的对话框（图 8-19）中，定义打印的视口与视口比例，单击“下一步”按钮，并指定视口配置的角点，如图 8-20 所示，完成创建布局，如图 8-21 所示。

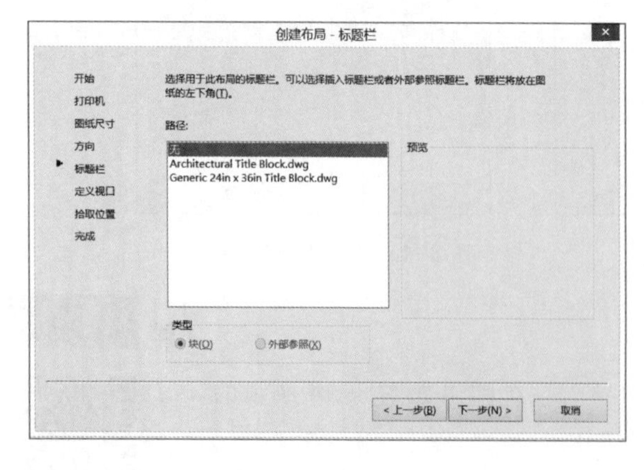

图 8-18 利用布局向导创建布局之五

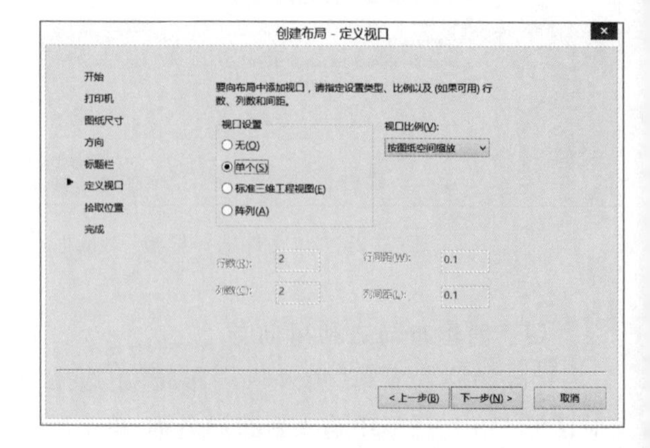

图 8-19 利用布局向导创建布局之六

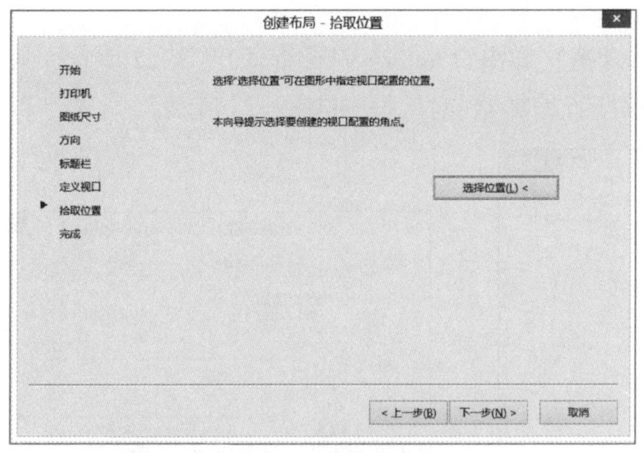

图 8-20　利用布局向导创建布局之七

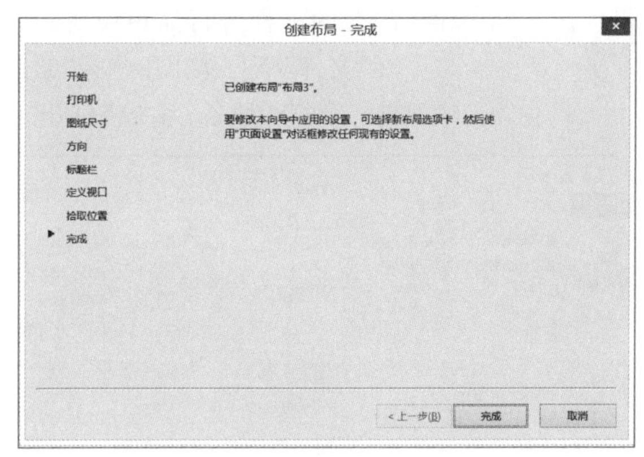

图 8-21　利用布局向导创建布局之八

第四节　图形打印

一、图形打印概述

微课

图形打印概述

在由图板画图转换到用 CAD 画图的过程中，绘图的目的没有变化，那就是要得到完整图形的"硬拷贝"。所谓"硬拷贝"，是指将屏幕图像进行有形的复制。"硬拷贝"通常不仅指打印机输出的图纸，还有许多其他的形式，如幻灯片、磁带或用绘图仪输出等。本节将介绍得到图形"硬拷贝"最常用的方法，并用打印机/绘图仪输出。

在使用图板绘图过程中，对于同一图形对象，如果要以两种不同的比例输出，则需要绘制两张不同比例的该对象的图形。而在使用 AutoCAD 绘图的过程中，对于同一图形对象，如果只做了很小的修改（如仅仅是图形的比例值不同），那么只需在"打印"对话框中进行一些必要的设置，即用打印机或绘图仪以不同的比例将该图形对象输出到尺寸大小不同的图纸上就可以了，而不必绘制两张不同比例的图形。使用 AutoCAD 2010 绘图，可以在图纸空间中使图形的界限等于图纸的尺寸，从而以 1 ∶ 1 的比例将图形对象输出。

二、打印机管理

微课

打印机管理

在打印图形之前，必须首先完成打印设备的配置。AutoCAD 2010 允许使用的打印设备有两种：一种是 Windows 的系统打印机；另一种是 Autodesk 打印及管理器中所推荐的专用绘图仪。

1. 添加打印机

为了使 AutoCAD 2010 能够使用现有的设备进行输出，有必要将该设备添加到 AutoCAD 2010 中。此项工作可以使用系统自带的添加打印机向导来完成，其步骤简述如下：在下拉菜单中选择"工具"→"向导"→"添加绘图仪"，在弹出的对话框中，单击"下一步"按钮，系统弹出"添加绘图仪——开始"对话框，选择"系统打印机"，单击"下一步"按钮，并选择一种系统打印机，其余操作按照提示完成。

2. 编辑打印机配置

完成添加打印机以后，要对它进行配置，使之更好地满足打印的要求。下面对打印机配置的过程进行简单说明。

在“文件”下拉菜单中选择“绘图仪管理器”，弹出“Plotters”对话框，如图 8-22 所示。从中双击一个打印设备，系统将打开“绘图仪配置编辑器”对话框，如图 8-23 所示。

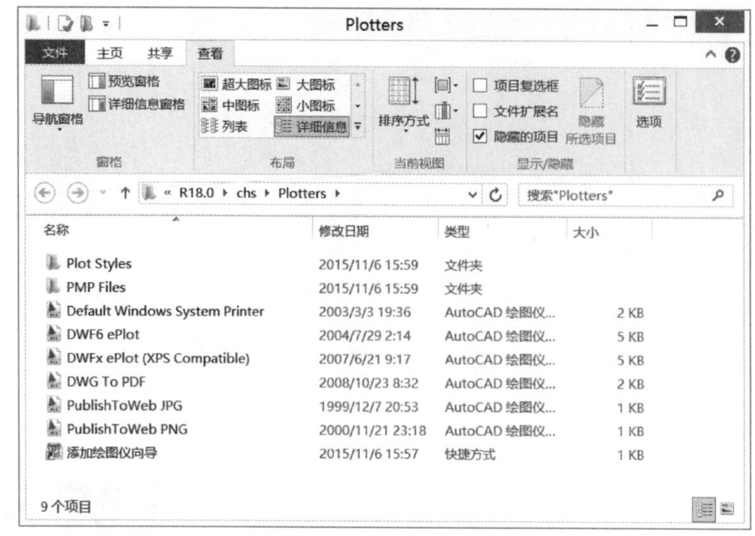

图 8-22 “Plotters”对话框

图 8-23 “绘图仪配置编辑器”对话框

“绘图仪配置编辑器”对话框包含三个选项卡，分别说明如下：

（1）“常规”选项卡

“常规”选项卡中包含了关于打印机配置（PC3）文件的基本信息。可在“说明”文本框添加或修改信息。选项卡的其余内容是只读的。

“绘图仪配置文件名”：显示在“添加绘图仪”向导中指定的文件名。

“说明”：显示有关打印机的信息。

“驱动程序信息”：包括位置、端口、版本等信息。

（2）“端口”选项卡

“端口”选项卡用于更改配置的打印机与用户计算机或网络系统之间的通信设置。可以指定通过端口打印、打印到文件或使用后台打印。

（3）“设备和文档设置”选项卡

“设备和文档设置”选项卡中包含了打印选项。在该选项卡中，可以修改打印配置（PC3）文件的多项设置。

打印图形

三、打印图形

用户可以在模型空间中或任一布局调用打印命令来打印图形，启动打印的方式有：

功能区：输出→打印→打印

菜单栏：文件→打印

工具栏：标准→

命令行：PLOT

选择任一种方式，系统将弹出“打印”对话框，如图 8-24 所示。

对话框中的各项含义如下：

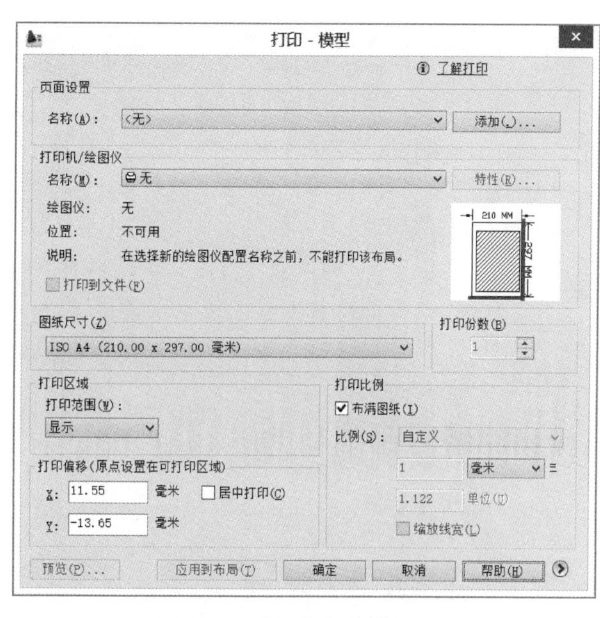

图 8-24 “打印”对话框

“页面设置”：列出图形中已命名或已保存的页面设置。可以将图形中保存的命名页面设置作为当前页面设置，也可以单击“添加”按钮，基于当前设置创建一个新的命名页面设置。

“打印机/绘图仪”：指定打印时使用已配置的打印设备。

“图纸尺寸”：设置所选打印设备可用的标准图纸尺寸。

“打印份数”：指定要打印的份数。

“打印区域”：指定要打印的图形部分。

“打印比例”：控制图形单位与打印单位之间的相对尺寸。打印布局时，默认缩放比例设置为 1∶1。从“模型”选项卡打印时，默认设置为“布满图纸”。

“打印偏移”：指定相对于可打印区域左下角的偏移量。如选择“居中打印”，则自动计算偏移值，以便居中打印。

“预览”：按在图纸上打印的方式显示图形。

“应用到布局”：将当前“打印”对话框中的设置保存到布局。

即测即评八

第九章 建筑电气工程图绘制

第一节 电气原理图的绘制

课件

建筑电气工程图绘制

课件

电气原理图的绘制

一、电气原理图绘制概述

电气原理图是指用国家标准规定的图形符号和文字符号代表各种元件，依据控制要求和各电器的动作原理，用线条代表导线连接起来。它包括所有电气元件的导电部件和接线端子，但不按电气元件的实际位置来画，也不反映电气元件的尺寸及安装方式。

绘制电气原理图应遵循以下原则：

（1）电气控制电路一般分为主电路和辅助电路。辅助电路又可分为控制电路、信号电路、照明电路和保护电路等。

主电路是指从电源到电动机的大电流通过的电路，其中电源电路用水平线绘制，受电动力设备及其保护电器支路应垂直于电源电路画出。

控制电路、照明电路、信号电路及保护电路等应垂直地绘于两条水平电源线之间。耗能元件的一端应直接连接在电位低的一端，控制触点连接在上方水平线和耗能元件之间。

不论主电路还是辅助电路，各元件一般应按动作顺序从上到下，从左到右依次排列，电路可以水平布置也可以垂直布置。

（2）在电气原理图中，所有电器元件的图形符号、文字符号、接线端子标记必须采用国家规定的统一标准。

（3）采用电器元件展开图的画法。同一电器元件的各部分可以不画在一起，但需用同一文字符号标出。若有多个同一种类的电器元件，可在文字符号后加上数字序号，如KM1、KM2。

(4) 在原理图中，所有电器按自然状态画出。所有按钮、触点均按电器没有通电或没有外力操作、触点没有动作的原始状态画出。

(5) 在原理图中，有直接电联系的交叉导线连接点，要用黑圆点表示。无直接联系的交叉导线连接点不画黑圆点。

图 9-1 所示为按钮接触器星—三角启动电气原理图。下面通过绘制该原理图来说明电气原理图的绘制过程。

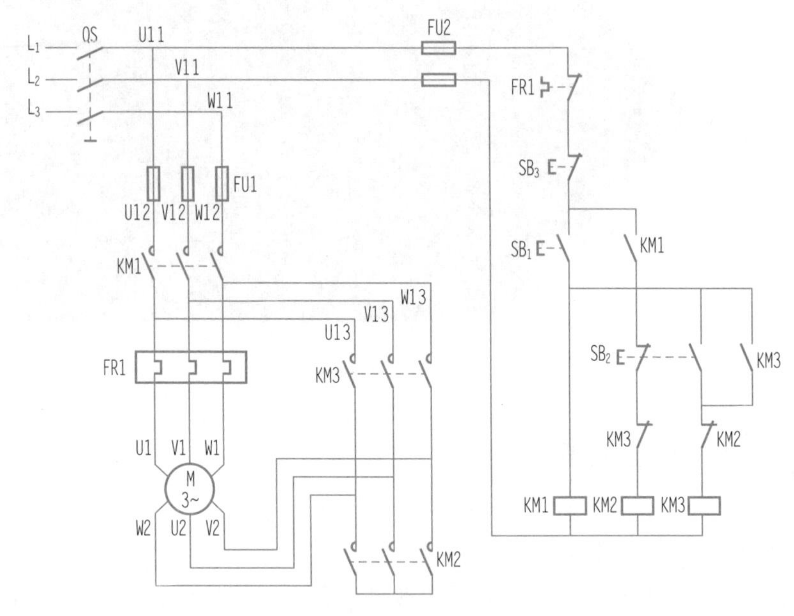

图 9-1　按钮接触器星—三角启动电气原理图

二、绘制新图

在绘制一幅新图之前应根据所绘制图形的大小，确定绘图比例和图形尺寸，建立或调用符合国家制图标准的样板文件。绘图应尽量采用 1 : 1 比例，如需绘制其他比例图样，通常先按 1 : 1 比例绘制图形，然后使用比例命令将所绘图形缩放到所需比例，再将缩放后的图形移至样板图中。

如果没有所需样板文件，则应先设置绘图环境。设置包括绘图界限、单位、图层、颜色、线型、文字样式、尺寸样式等内容。

本例选择 A3 图纸，所选用样本文件中仅设置了单位、图框及标题栏，故需自行设置图层、颜色和线型，具体设置见表 9-1，全局线型比例为 1 : 1。本实例已提前完成了电气原理图常用块的制作。

表 9-1　图层、颜色、线型设置

图层名	颜色	线型	线宽
实体符号层	蓝色	Continuous	默认
连接线层	白色	Continuous	默认
文字层	白色	Continuous	默认

1. 设置绘图环境

具体操作步骤如下：

（1）新建文件。选择菜单栏中的“文件”→“新建”命令，系统弹出“选择样板”对话框，如图 9-2 所示。在该对话框中选择需要的样板文件，本例选用 A3 样本文件，单击“打开”按钮后进入绘图环境，如图 9-3 所示。进入绘图环境后，选择菜单栏的“文件”→“保存”命令保存文件。在绘图过程中要养成随时存盘的习惯。

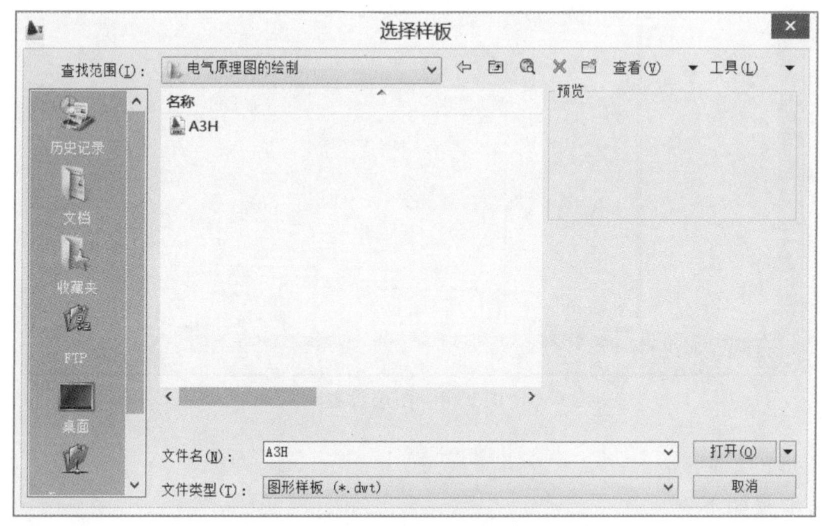

图 9-2　“选择样板”对话框

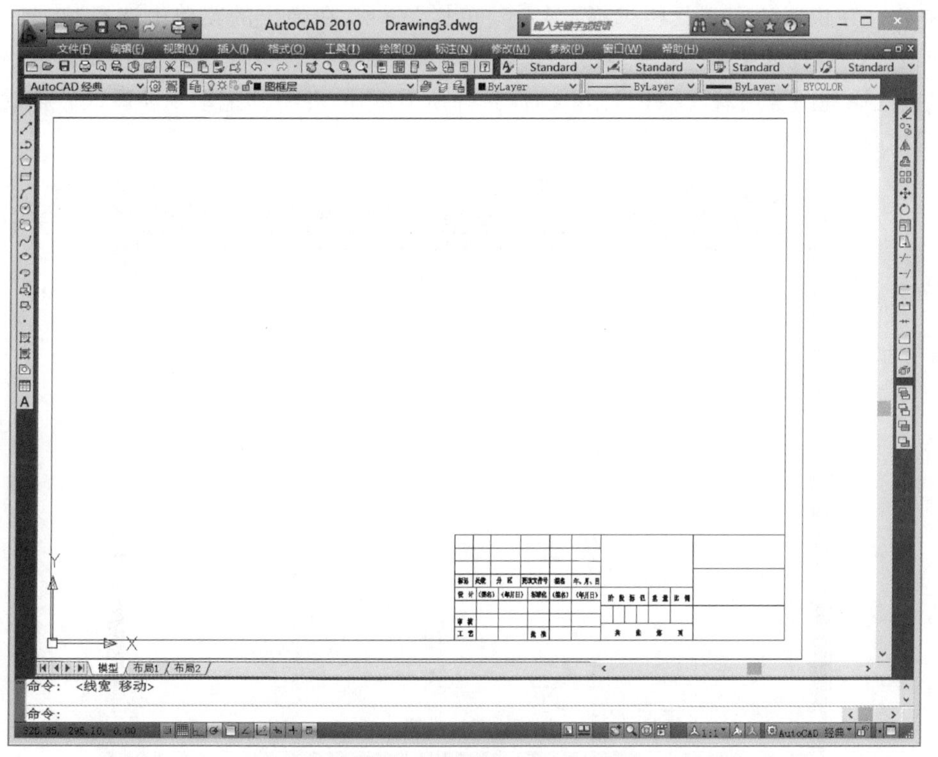

图 9-3　选择样板文件后的绘图环境

（2）设置图层。选择菜单栏中的“格式”→“图层”命令，参照表 1 新建 3 个图层，如图 9-4 所示。

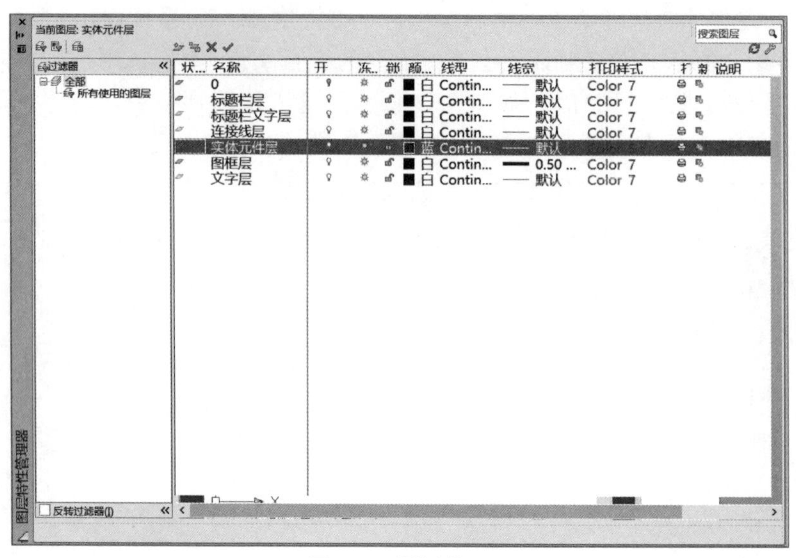

图 9-4 图层设置

2. 图形的绘制

操作步骤如下：

（1）将“实体元件层”设置为当前层。本实例已经提前完成了电气原理图常用块的制作。在快速访问工具栏选择“显示菜单栏”命令，在弹出的菜单中选择“工具”→“选项板”→“设计中心”命令，打开“设计中心”选项板。在选项板的文件夹列表中找到“电气原理图常用块”文件，打开文件，选择所需图块，并将其拖动到绘图区。拖动完成后如图 9-5 所示。

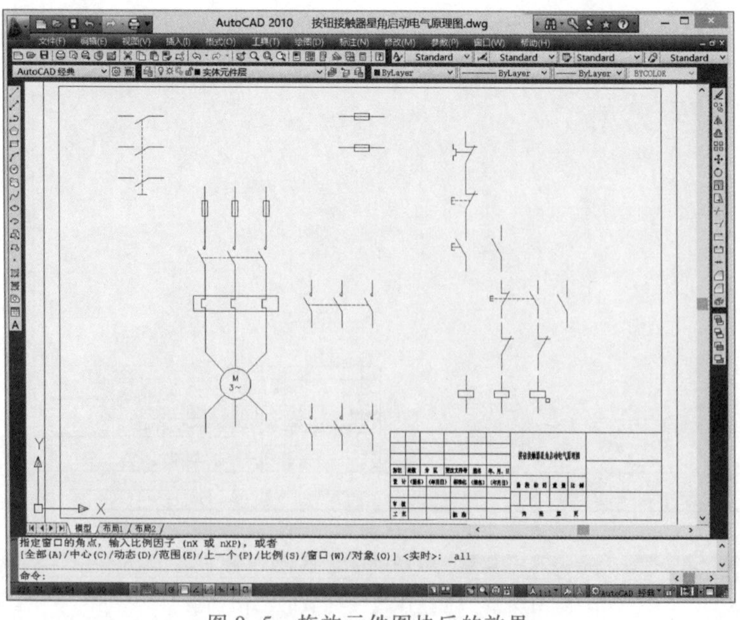

图 9-5 拖放元件图块后的效果

（2）将“连接线层”设置为当前层。使用“直线”命令依次连接实体元件，完成效果如图 9-6 所示。

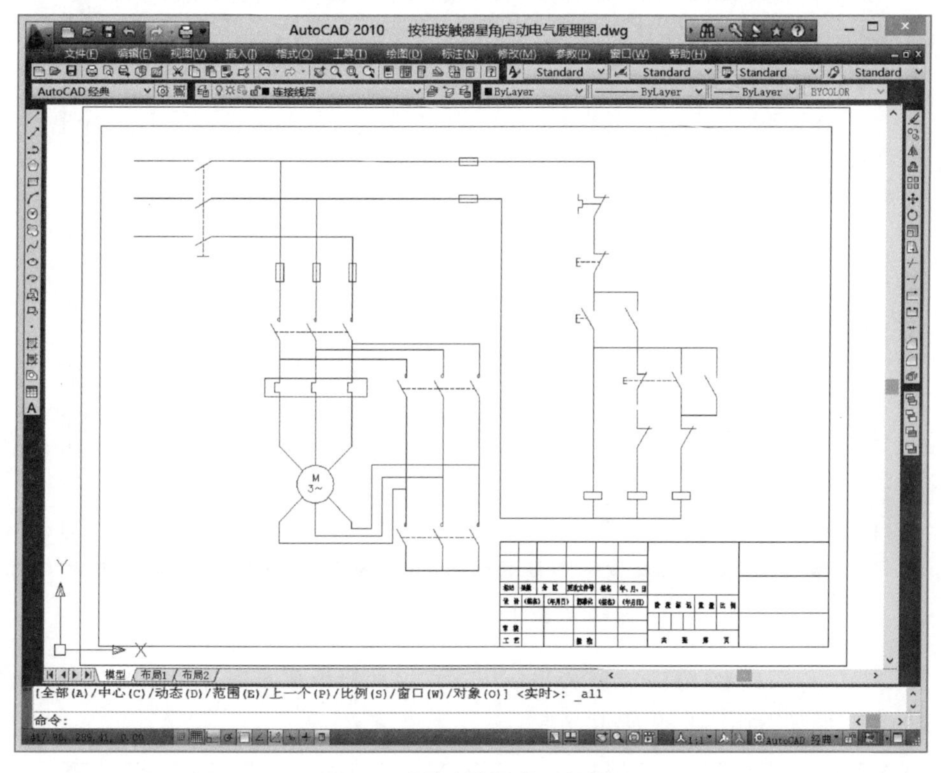

图 9-6　连接实体元件后的效果

（3）将“文字层”设置为当前层。在“文字样式”对话框中设置“注释文字”样式，如图 9-7 所示。为图中各元器件添加文字标号，如图 9-8 所示。

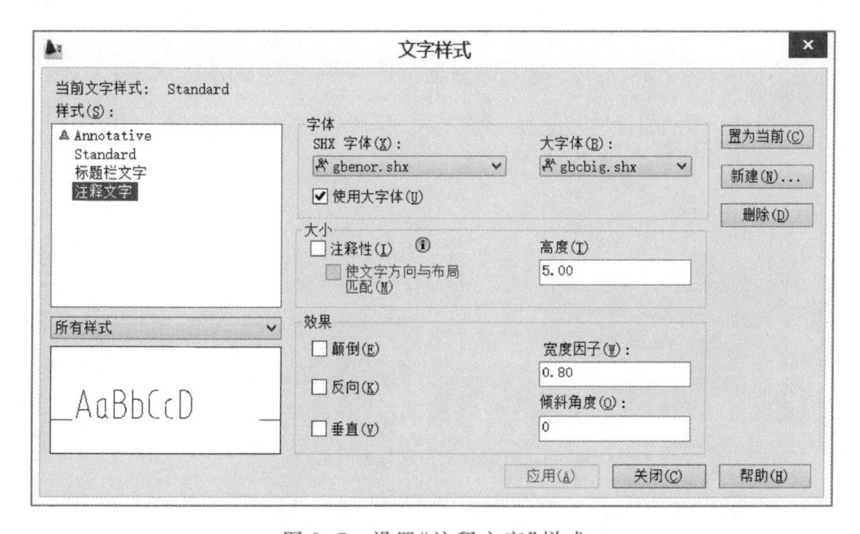

图 9-7　设置“注释文字”样式

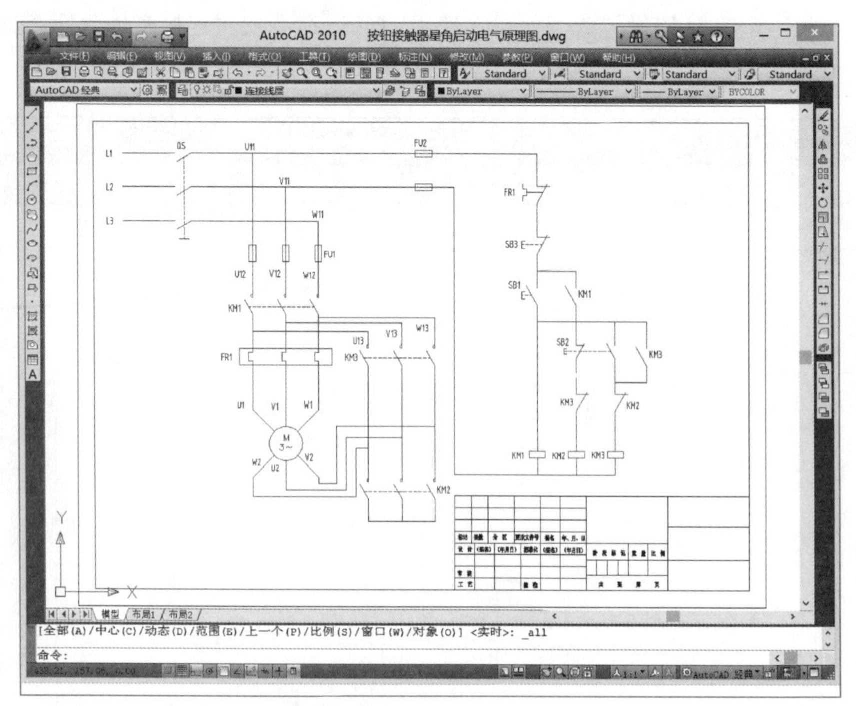

图 9-8 添加注释文字后的效果

（4）将“标题栏文字层”设置为当前层。在标题栏中填写原理图相关信息。最终完成的电气原理图如图 9-9 所示。

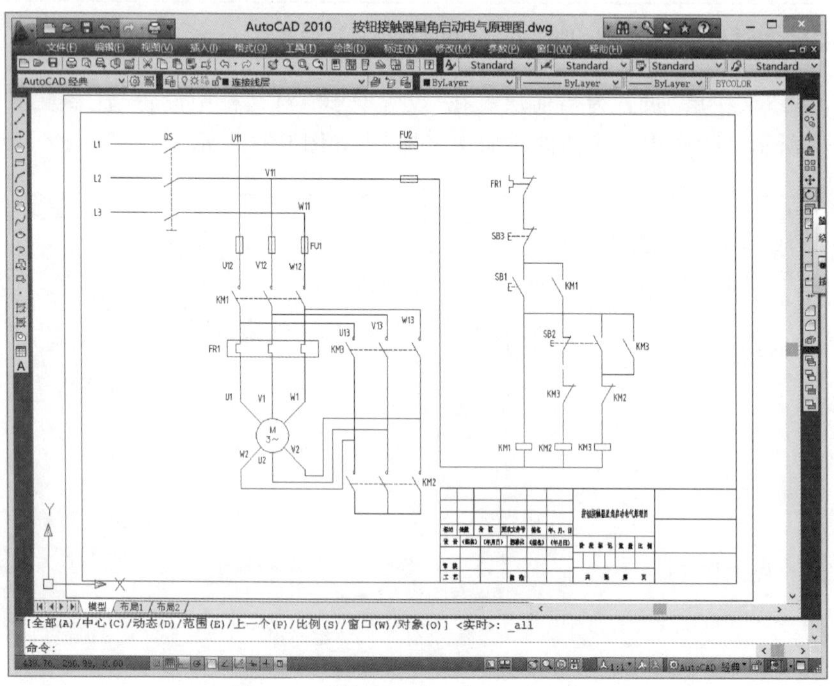

图 9-9 最终完成的电气原理图效果

第二节　变电所主接线图的绘制

一、变电所主接线图绘制概述

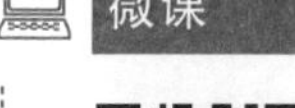

变电所主接线图的绘制

电气主接线是由多种电气设备通过连接线，按其功能要求组成的接受和分配电能的电路，也称电气一次接线或电气主系统。用规定的设备文字和图形符号将各种电气设备，按连接顺序排列，详细标示电气设备的组成和连接关系的接线图称为电气主接线图。电气主接线图一般画成单线图。图 9-10 所示为某变电所主接线图。下面通过绘制该主接线图来说明主接线图的绘制过程。

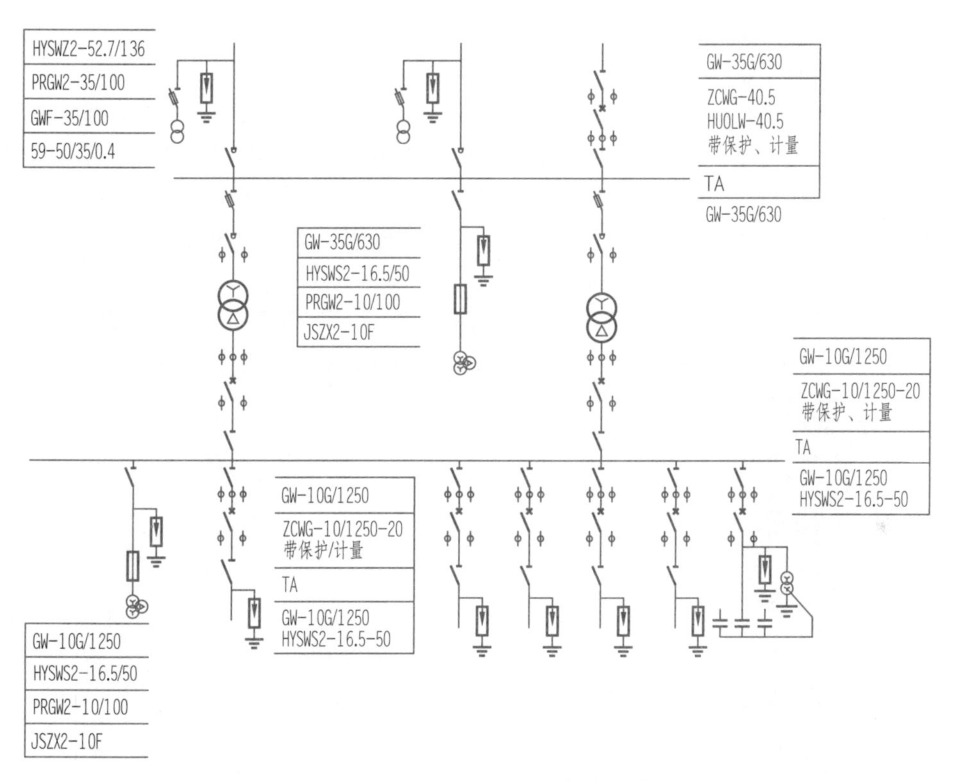

图 9-10　某变电所主接线图

二、绘制新图

在绘制一幅新图之前，应根据所绘制图形的大小，确定绘图比例和图形尺寸，建立或调用符合国家制图标准的样板文件。绘图应尽量采用 1∶1 比例，如需绘制其他比例图样，通常先按 1∶1 比例绘制图形，然后使用比例命令将所绘图形缩放到所需比例，再将缩放后的图形移至样板图中。

如果没有所需样板文件，则应先设置绘图环境。设置包括绘图界限、单位、图层、颜色、线型、文字样式、尺寸样式等内容。

本例选择 A3 图纸，所选用样本文件中仅设置了单位、图框及标题栏，故需自行设置图层、颜色和线型，具体设置见表 9-2，全局线型比例为 1∶1。本实例已提前完成了变电所主接线图常用块的制作。

表 9-2 图层、颜色、线型设置

图层名	颜色	线型	线宽
元件	蓝色	Continuous	0.25
导线	白色	Continuous	0.25
文字	红色	Continuous	0.25
干线	白色	Continuous	0.25

1. 设置绘图环境

具体操作步骤如下：

（1）新建文件。选择菜单栏中的“文件”→“新建”命令，系统弹出“选择样板”对话框，如图 9-11 所示。在该对话框中选择需要的样板文件，本例选用 A3 样本文件。单击“打开”按钮后进入绘图环境，如图 9-12 所示。进入绘图环境后，选择菜单栏中的“文件”→“保存”命令保存文件。在绘图过程中要养成随时存盘的习惯。

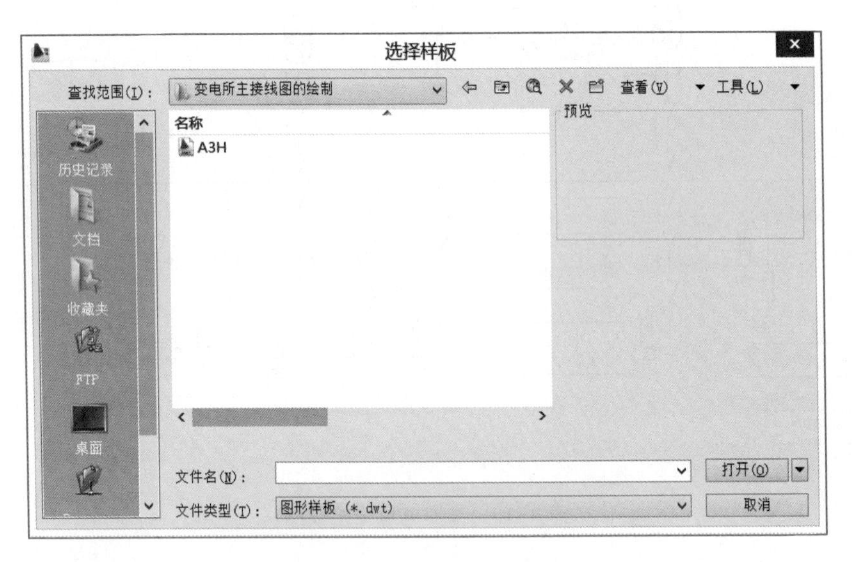

图 9-11 “选择样板”对话框

（2）设置图层。选择菜单栏中的“格式”→“图层”命令，参照表 1 新建 4 个图层，如图 9-13 所示。

2. 图形的绘制

操作步骤如下：

（1）本实例已经提前完成了变电所主接线图常用块的制作，如图 9-14 所示。经分析变电所主接线图，在文件“变电所主接线图常用块”中利用现有常用块，新建主变线路及各支路块，如图 9-15 所示。

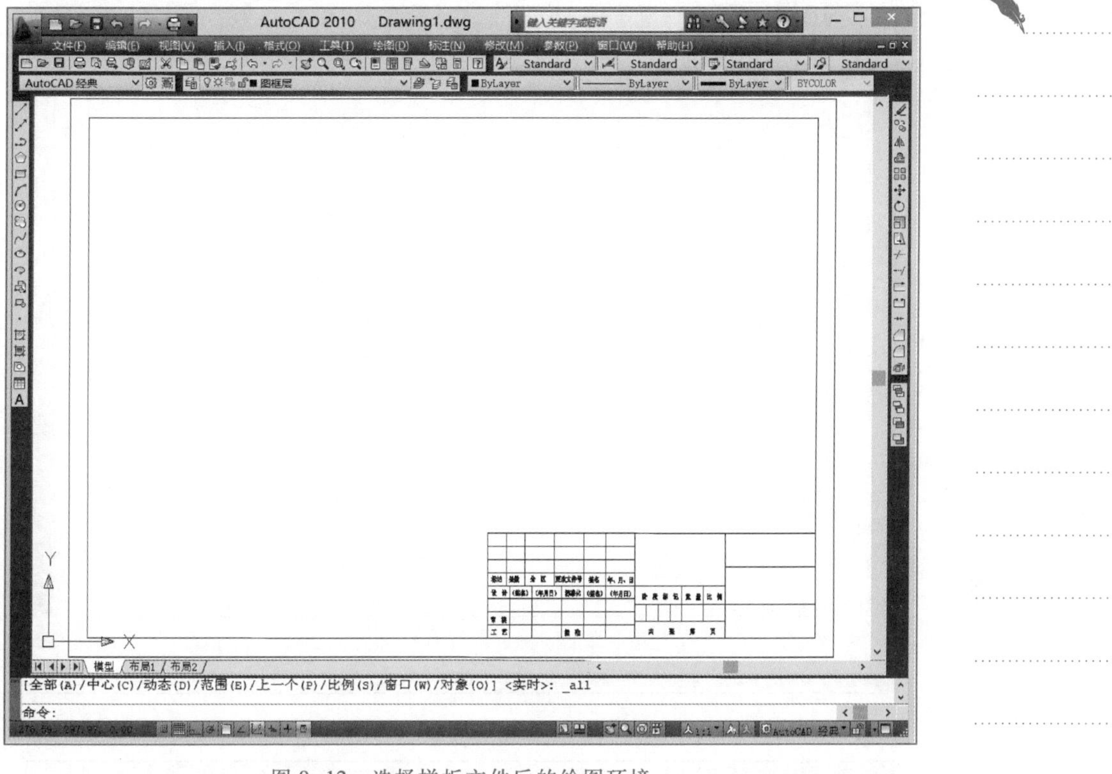

图 9-12 选择样板文件后的绘图环境

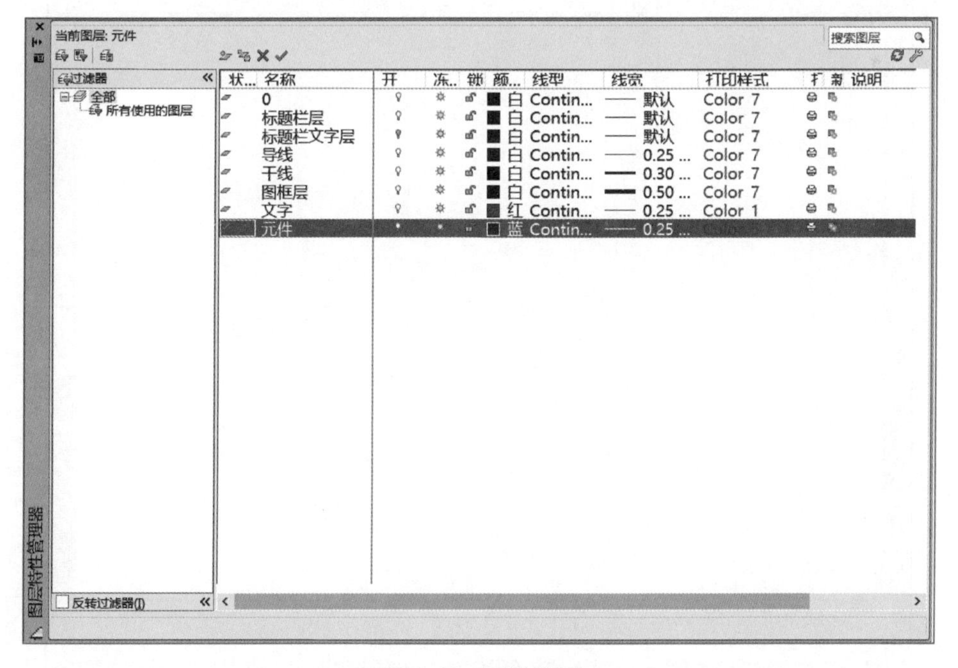

图 9-13 图层设置

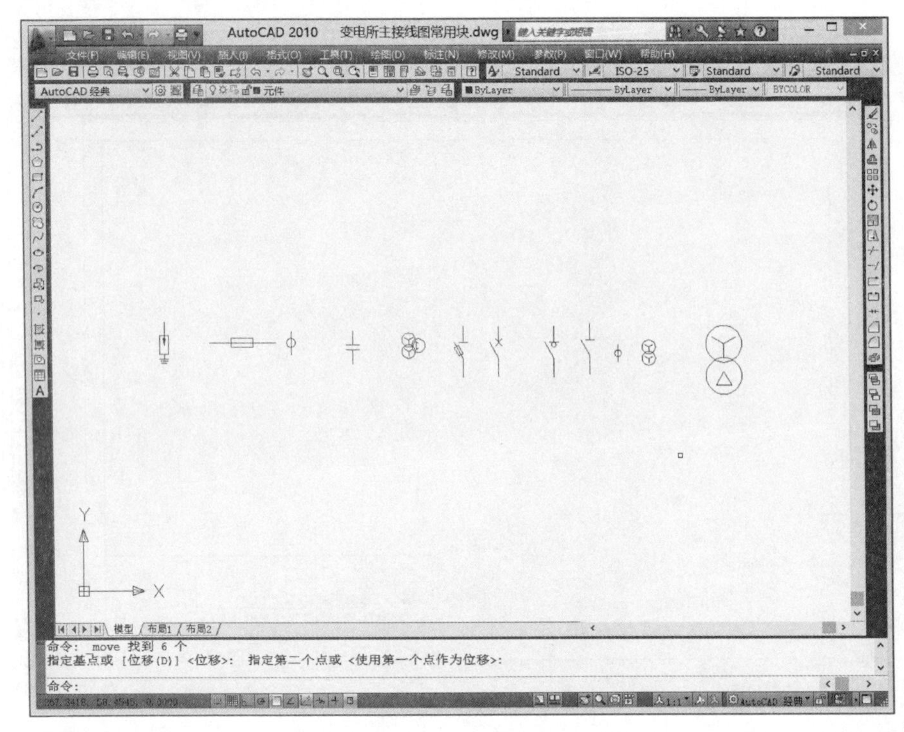

图 9-14 变电所主接线图常用块

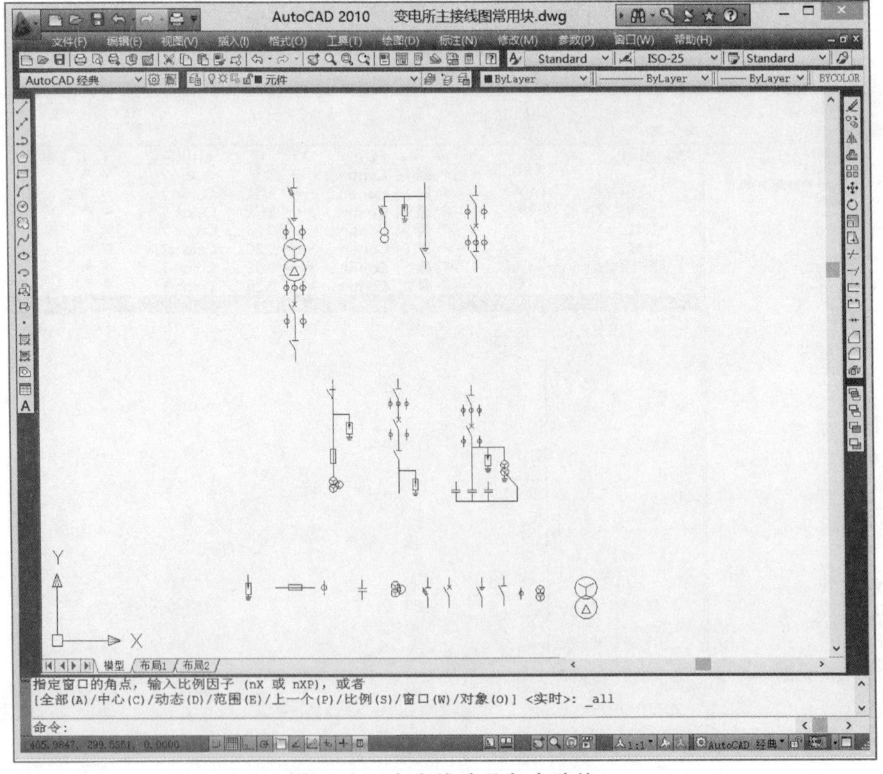

图 9-15 主变线路及各支路块

（2）在“变电所主接线图”文件中，将“元件”设置为当前层。在快速访问工具栏中选择“显示菜单栏”命令，在弹出的菜单中选择“工具”→“选项板”→“设计中心”命令，打开“设计中心”选项板。在选项板的文件夹列表中找到“变电所主接线图常用块”文件。打开文件，选择所需图块，并将其拖动到绘图区。由于新建块时，块尺寸偏大，将块暂时拖放至图框外。拖动完成后如图 9-16 所示。

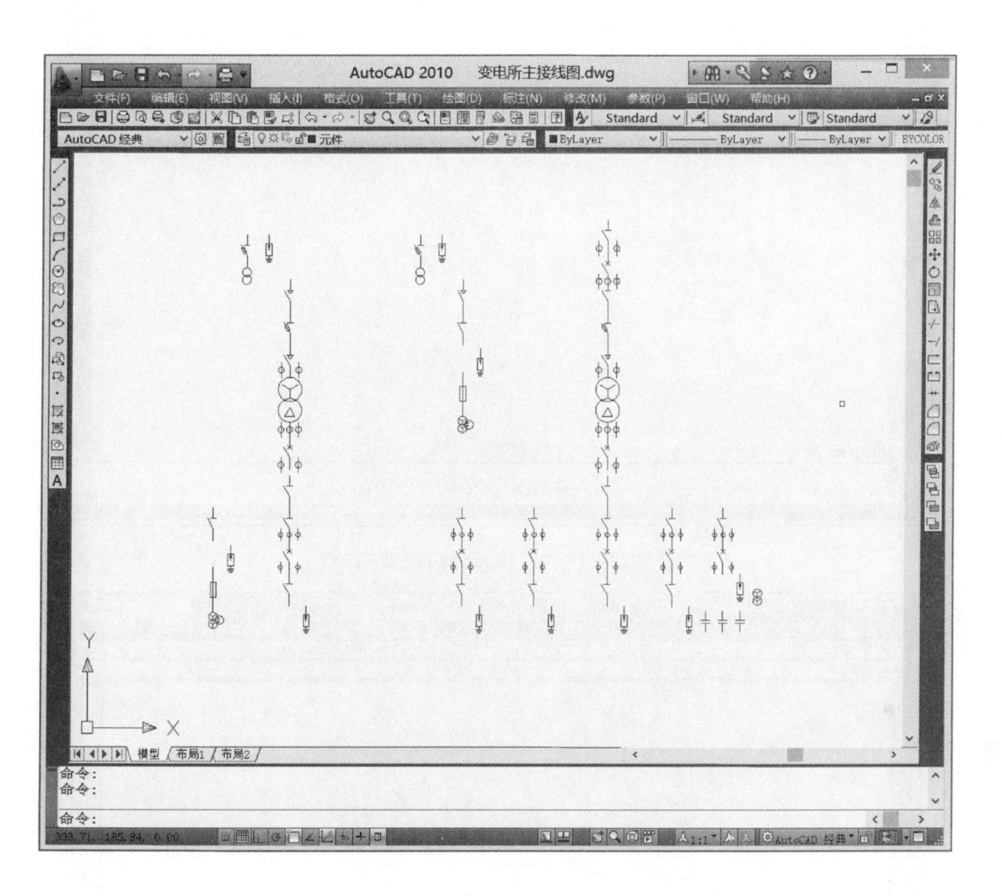

图 9-16　拖放元件图块后的效果

（3）将“导线”设置为当前层。使用“直线”命令依次连接实体元件，完成效果如图 9-17 所示。

（4）将“干线”设置为当前层。绘制干线，完成效果如图 9-18 所示。

（5）使用“修改”→“缩放”指令，缩放图形并将图形移动到图框中，完成效果如图 9-19 所示。

（6）将“文字”设置为当前层。在“文字样式”对话框中设置“注释文字”样式，如图 9-20 所示。对图中各元器件添加文字标号，如图 9-21 所示。

（7）将“标题栏文字层”设置为当前层。在标题栏中填写主接线图相关信息。最终完成的变电所主接线图如图 9-22 所示。

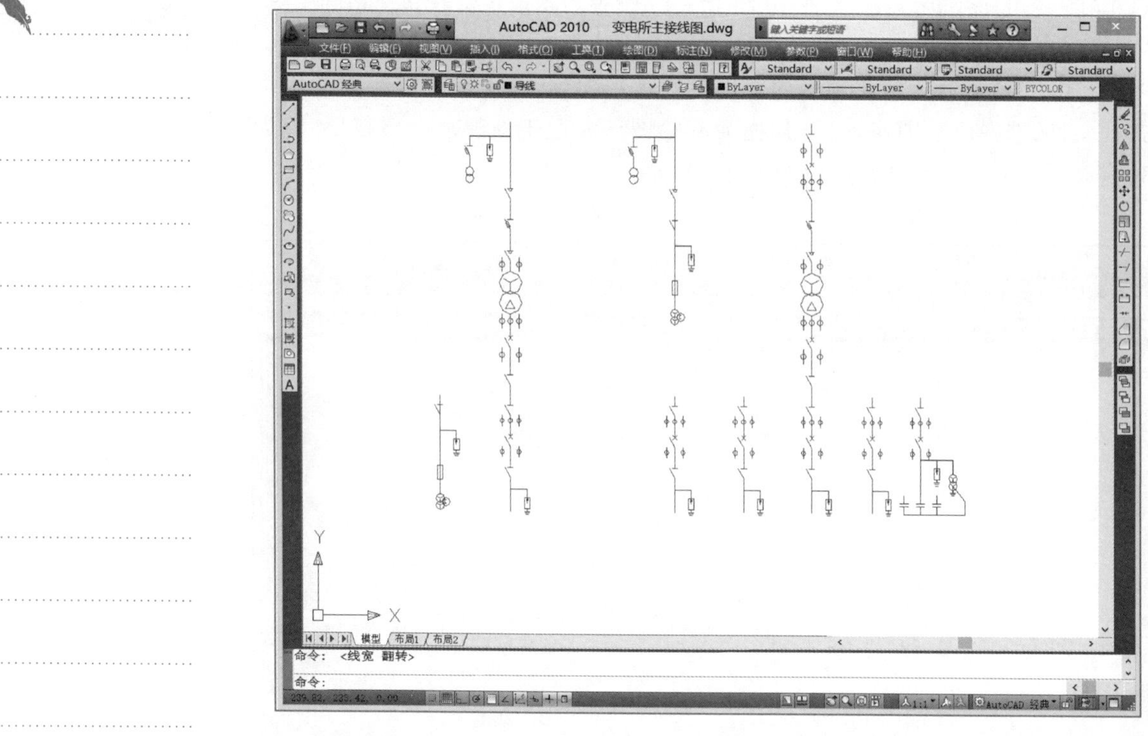

图 9-17 连接元件后的效果

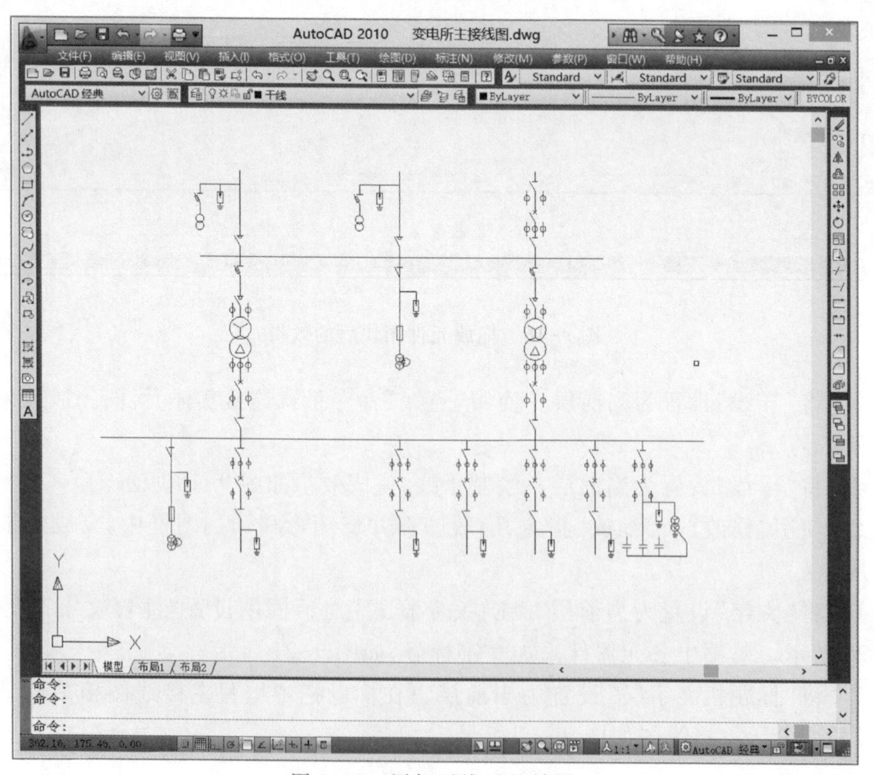

图 9-18 添加干线后的效果

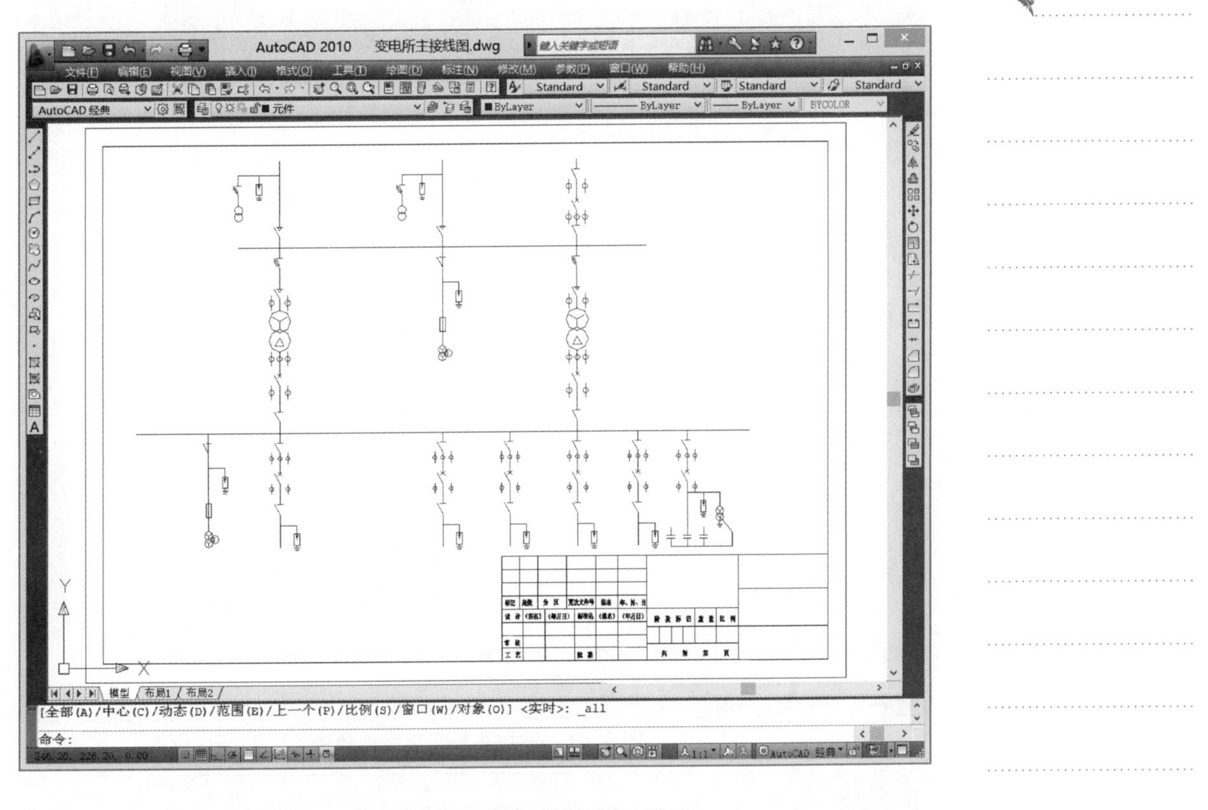

图 9-19　缩放图形并拖放至图框的效果图

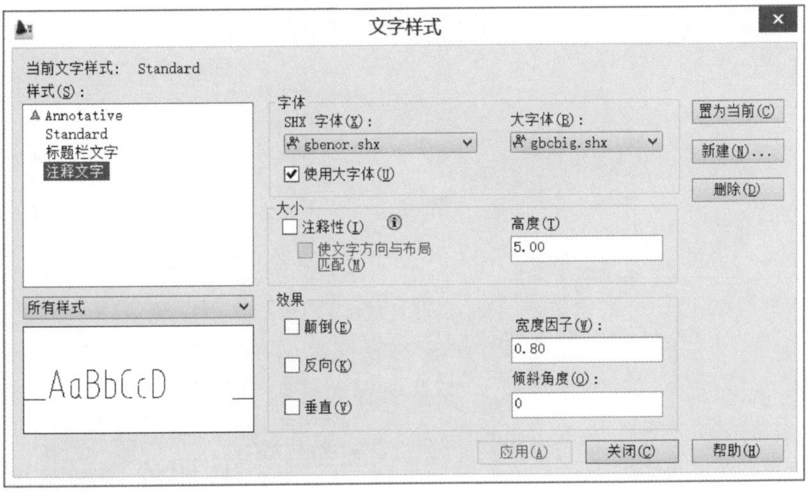

图 9-20　设置“注释文字”样式

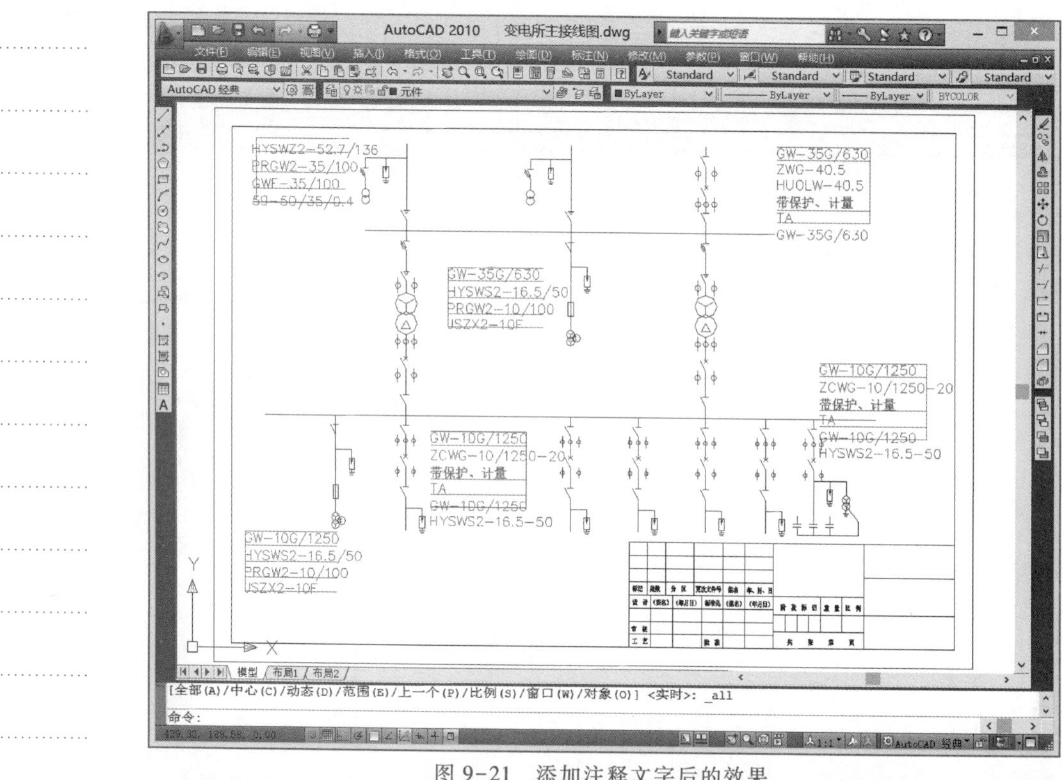

图 9-21　添加注释文字后的效果

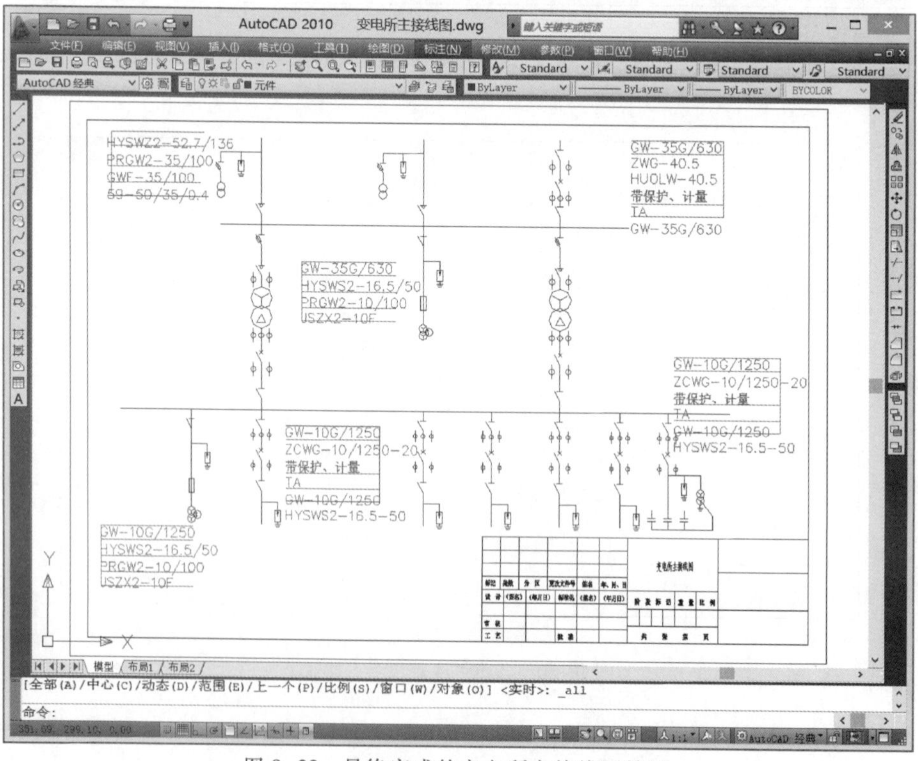

图 9-22　最终完成的变电所主接线图效果

第三节　电子电路图的绘制

一、电子电路图绘制概述

电子电路图又称作电路图或电路原理图。它是一种反映电子产品和电子设备中各元器件的电气连接情况的图纸。它是一种工程语言,可帮助人们尽快熟悉电子设备的电路结构及工作原理。图 9-23 所示为彩灯控制电路图。下面通过绘制该电路图来说明电子电路图的绘制过程。

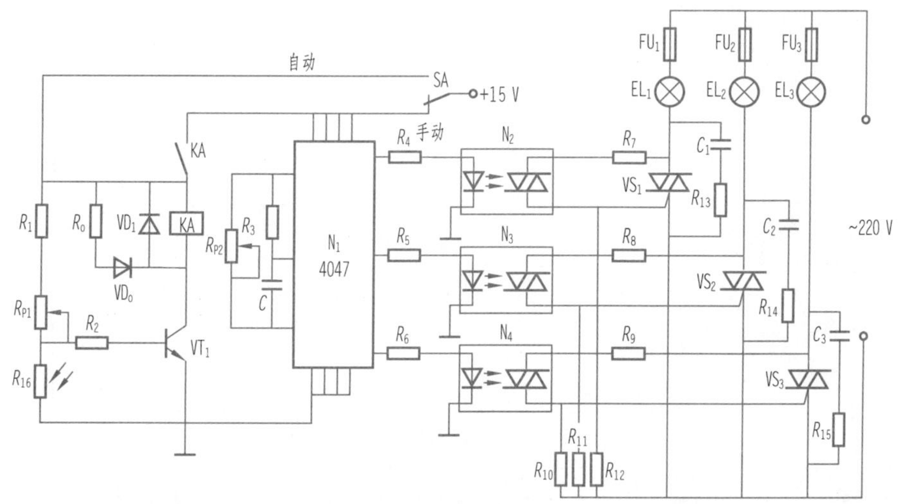

图 9-23　彩灯控制电路图

二、绘制新图

在绘制一幅新图之前应根据所绘制图形的大小,确定绘图比例和图形尺寸,建立或调用符合国家制图标准的样板文件。绘图应尽量采用 1∶1 比例,如需绘制其他比例的图样,通常先按 1∶1 比例绘制图形,然后使用比例命令将所绘图形缩放到所需比例,再将缩放后的图形移至样板图中。

如果没有所需样板文件,则应先设置绘图环境。设置包括绘图界限、单位、图层、颜色、线型、文字样式、尺寸样式等内容。

本例选择 A3 图纸,所选用样本文件中仅设置了单位、图框及标题栏,故需自行设置图层、颜色和线型,具体设置见表 9-3,全局线型比例为 1∶1。本实例已提前完成了彩灯控制电路图块的制作。

表 9-3　图层、颜色、线型设置

图层名	颜色	线型	线宽
元件	蓝色	Continuous	0. 25
导线	白色	Continuous	0. 25
文字	红色	Continuous	0. 25

1. 设置绘图环境

具体操作步骤如下：

（1）新建文件。选择菜单栏中的“文件”→“新建”命令，系统弹出“选择样板”对话框，如图 9-24 所示。在该对话框中选择需要的样板文件，本例选用 A3 样本文件。单击“打开”按钮后进入绘图环境，如图 9-25 所示。进入绘图环境后，选择菜单栏中的“文件”→“保存”命令保存文件。在绘图过程中要养成随时存盘的习惯。

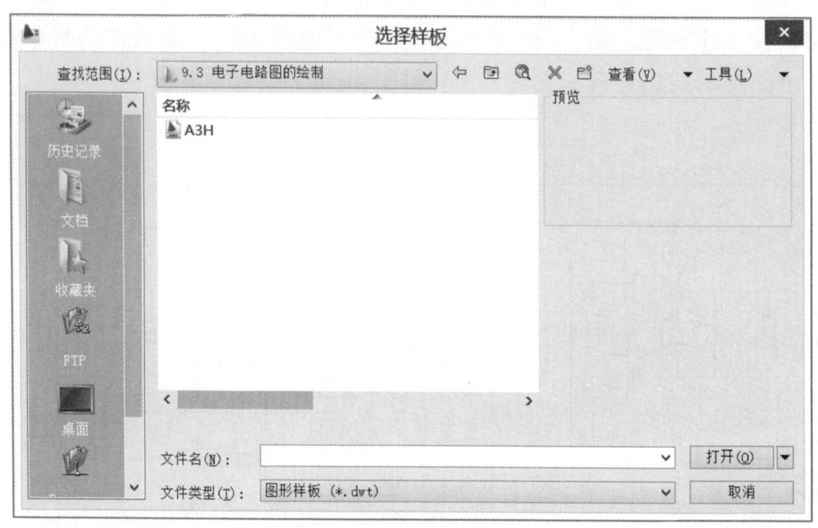

图 9-24 “选择样板”对话框

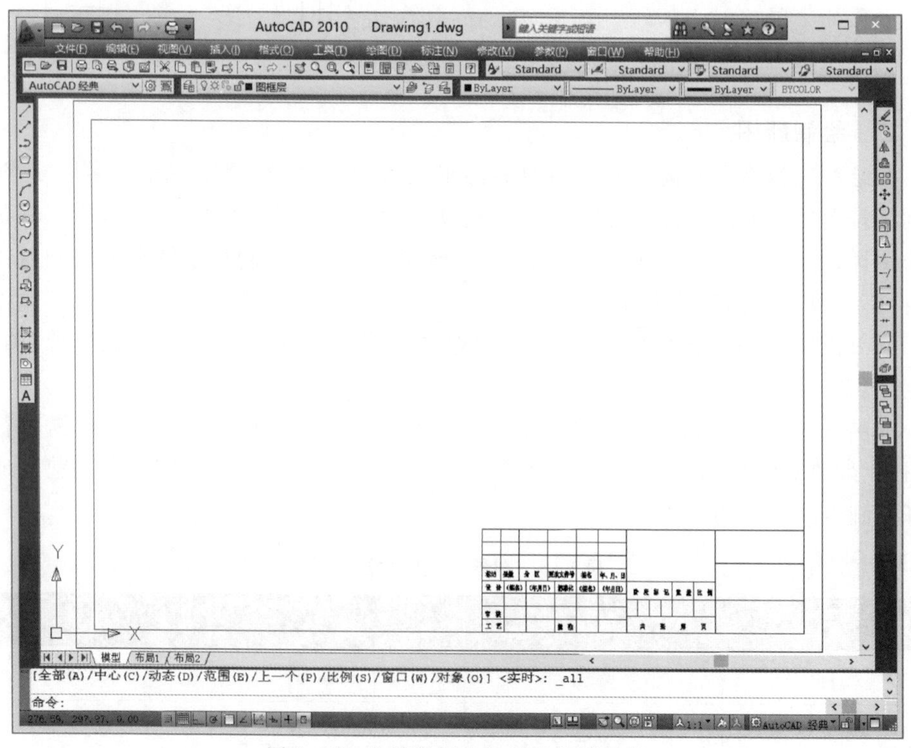

图 9-25 选择样板文件后的绘图环境

(2) 设置图层。选择菜单栏中的“格式”→“图层”命令,参照表9-3新建3个图层,如图9-26所示。

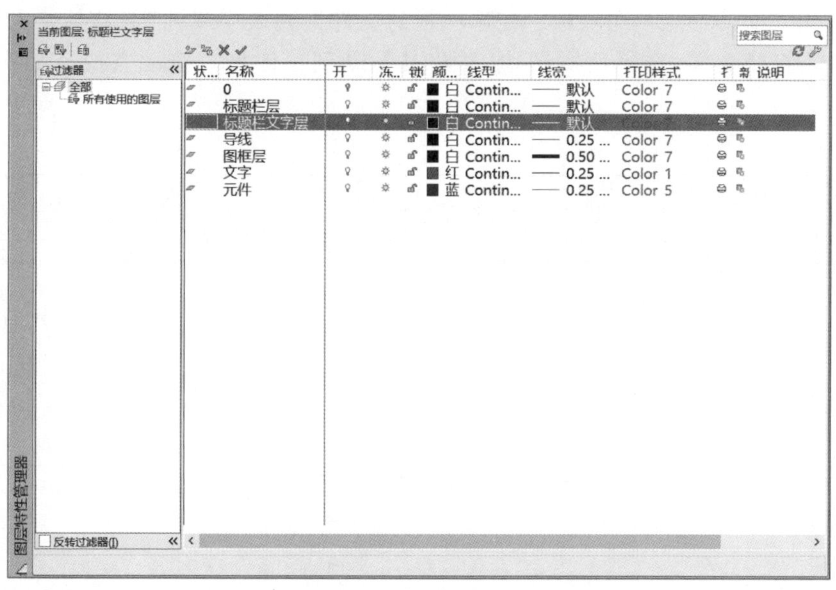

图9-26　图层设置

2. 图形的绘制

操作步骤如下:

(1) 本实例已经提前完成了彩灯控制电路所使用图块的制作,如图9-27所示。

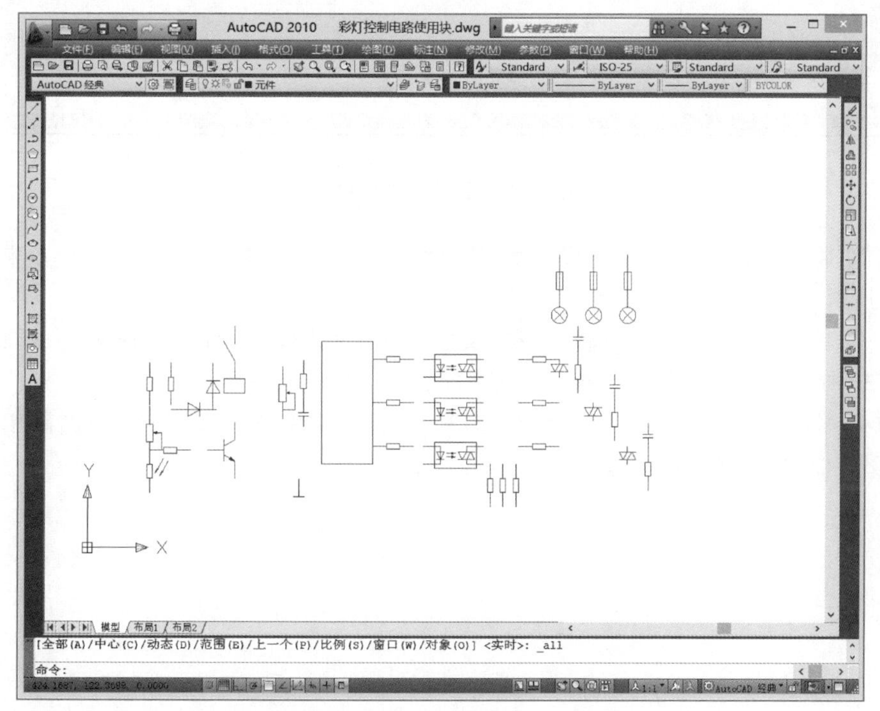

图9-27　彩灯控制电路使用的图块

在“彩灯控制电路图”文件中,将“元件”设置为当前层。在快速访问工具栏中选择“显示菜单栏”命令,在弹出的菜单中选择“工具”→“选项板”→“设计中心”命令,打开“设计中心”选项板。在选项板的文件夹列表中找到“彩灯控制电路使用块”文件。打开文件,选择所需图块,并将其拖动到绘图区。拖动完成后如图 9-28 所示。

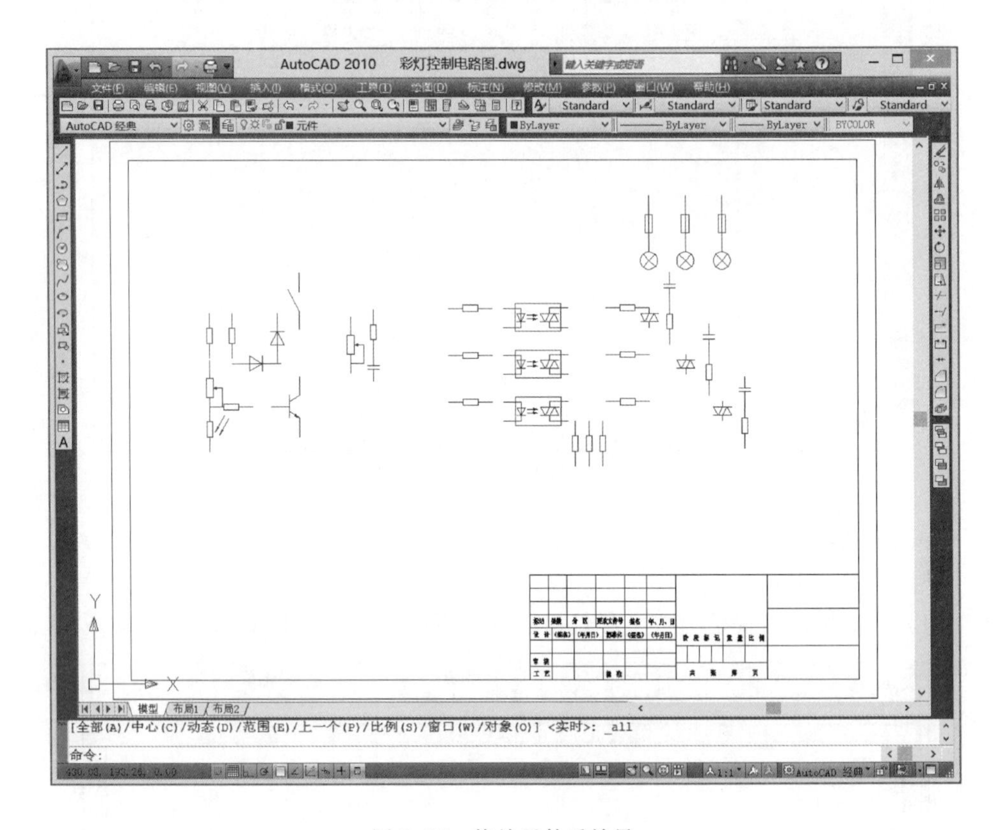

图 9-28 拖放元件后效果

(2) 将“导线”设置为当前层。使用“直线”命令依次连接实体元件,完成效果如图 9-29 所示。

(3) 将“文字”设置为当前层。在“文字样式”对话框中设置“注释文字”样式,如图 9-30 所示。为图中各元器件添加文字标号,如图 9-31 所示。

(4) 将“标题栏文字层”设置为当前层。在标题栏中填写彩灯控制电路图相关信息。最终完成的彩灯控制电路图如图 9-32 所示。

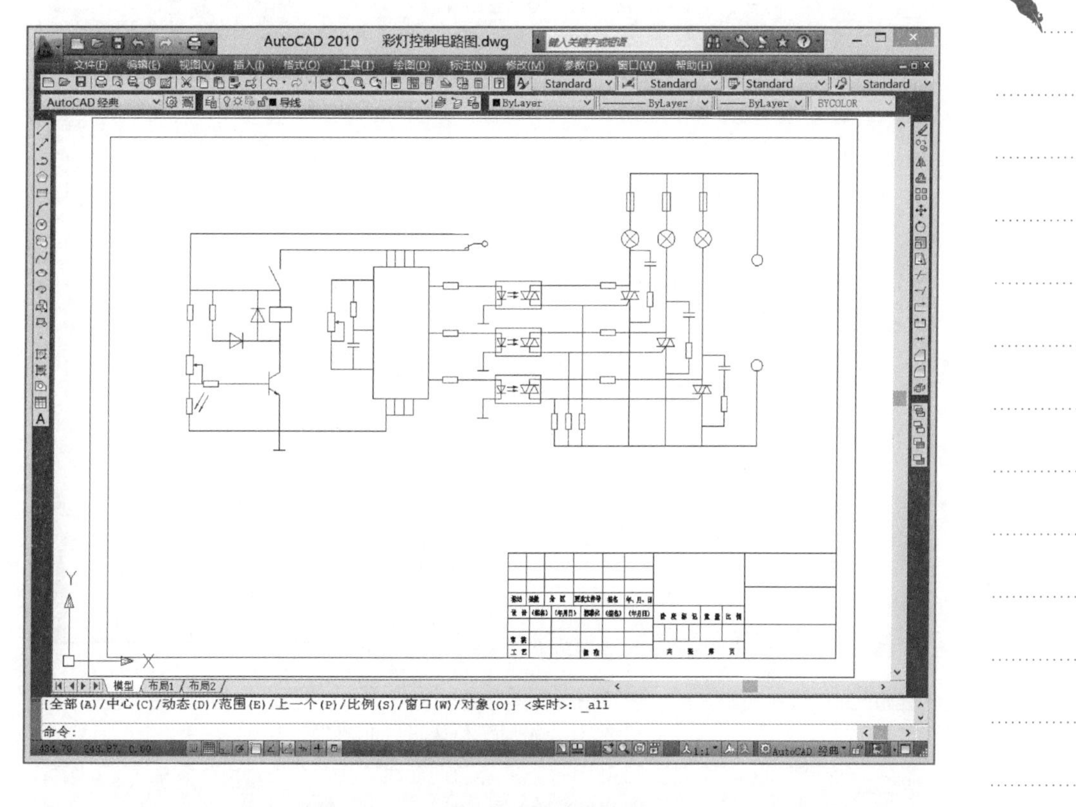

图 9-29 连接元件图块后的效果

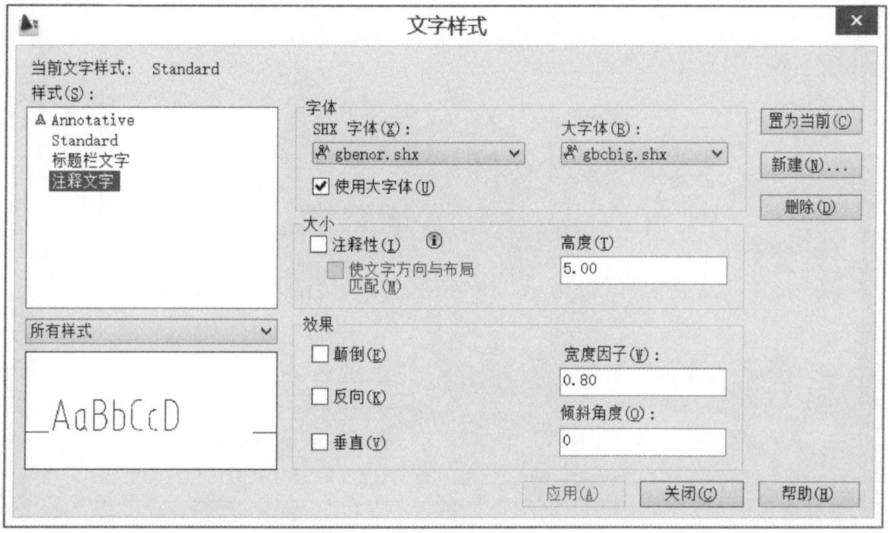

文字样式

当前文字样式： Standard
样式(S)：
Annotative
Standard
标题栏文字
注释文字
所有样式
AaBbCcD

字体
SHX 字体(X)： gbenor.shx
大字体(B)： gbcbig.shx
使用大字体(U)

大小
注释性(I)
使文字方向与布局匹配(M)
高度(T) 5.00

效果
颠倒(E)
反向(K)
垂直(V)
宽度因子(W)： 0.80
倾斜角度(O)： 0

置为当前(C)
新建(N)...
删除(D)
应用(A) 关闭(C) 帮助(H)

图 9-30 设置"注释文字"样式

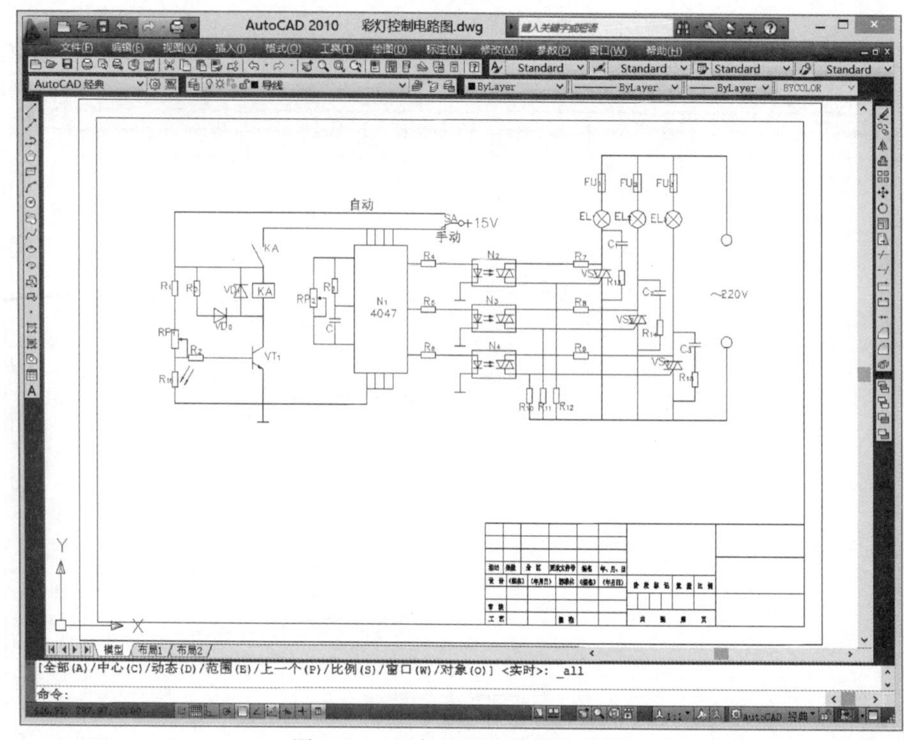

图 9-31 添加注释文字后的效果

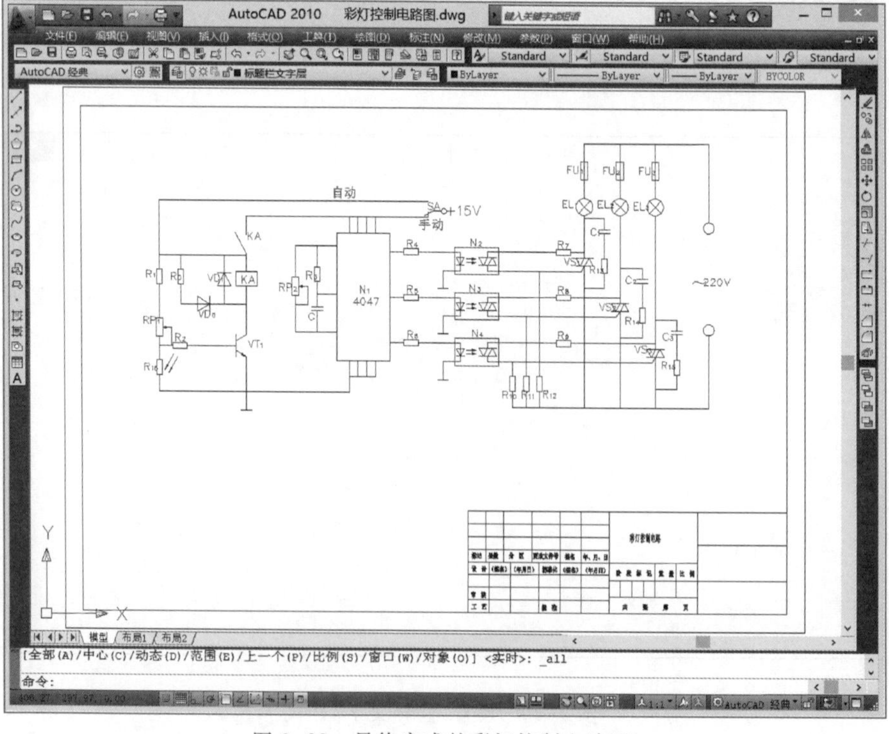

图 9-32 最终完成的彩灯控制电路图

[1] 黄志刚,朱爱华. AutoCAD 2014 中文版超级学习手册[M].北京:人民邮电出版社,2014.
[2] 陈桂山,高倩倩,代卧龙. AutoCAD 2014 必学技能 100 例[M].北京:电子工业出版社,2014.
[3] 蔡希林. AutoCAD 2012 中文版实用教程[M]. 北京:清华大学出版社,2013.
[4] 武晓丽. AutoCAD2010 基础教程[M]. 北京:中国铁道出版社,2010.
[5] 臧爱军. AutoCAD 2010 中文版实用教程[M]. 北京:机械工业出版社,2009.
[6] 吴秀华. AutoCAD 电气工程绘图教程[M]. 北京:机械工业出版社,2012.
[7] 孙晖. 实用 AutoCAD 教程[M].2 版. 北京:中国轻工业出版社,2014.
[8] 王素珍. 电气工程 CAD 实用教程[M]. 北京: 人民邮电出版社, 2012
[9] CAD/CAM/CAE 技术联盟. AutoCAD 2014 自学视频教程(实例版)[M]. 北京:清华大学出版社,2014.

"智慧职教"使用说明

欢迎访问职业教育数字化学习中心——"智慧职教"(http://www.icve.com.cn)，以前未在本网站注册的用户，请先注册。用户登录后，在首页或"课程"频道搜索本书对应课程"电气制图与CAD"进行在线学习。用户可以扫描"智慧职教"首页或扫描本页右侧提供的二维码下载"智慧职教"移动客户端，通过该客户端进行在线学习。

扫描下载官方APP